智能制造时代
机械设计制造及其自动化技术研究

陈艳芳　邹　武　魏娜莎　著

中国原子能出版社

图书在版编目 (CIP) 数据

智能制造时代机械设计制造及其自动化技术研究 /
陈艳芳,邹武,魏娜莎著 . —— 北京:中国原子能出版社,
2021.5

ISBN 978-7-5221-1383-8

Ⅰ.①智… Ⅱ.①陈… ②邹… ③魏… Ⅲ.①智能制
造系统—应用—机械设计—研究②智能制造系统—应用—
机械制造—研究③机械系统—自动化系统—研究 Ⅳ.
① TH ② TP271

中国版本图书馆 CIP 数据核字（2021）第 092282 号

内 容 简 介

《中国制造 2025》提出加快推动新一代信息技术与制造技术的融合发展,
将智能制造作为两化深度融合的主攻方向;提出着力发展智能装备和智能产
品,推动生产过程智能化,培育新型生产方式,全面提升企业研发、生产、
管理和服务的智能化水平。本书主要对智能制造时代机械设计制造及其自动
化技术进行研究,主要内容包括智能制造概述、智能制造模型、智能制造信
息技术基础、智能设计、工艺智能规划与智能数据库、制造过程的设备运维
管理、智能制造系统、智能制造装备。本书理论联系实际,内容深入浅出,
可供高校师生、制造领域的相关人员参考阅读。

智能制造时代机械设计制造及其自动化技术研究

出版发行	中国原子能出版社（北京市海淀区阜成路 43 号 100048）
责任编辑	张　琳
责任校对	冯莲凤
印　　刷	三河市德贤 弘印务有限公司
经　　销	全国新华书店
开　　本	787mm × 1092mm　1/16
印　　张	17.125
字　　数	307 千字
版　　次	2022 年 3 月第 1 版　2022 年 3 月第 1 次印刷
书　　号	ISBN 978-7-5221-1383-8　定　价　85.00 元

网　　址：http://www.aep.com.cn　　E-mail:atomep123@126.com
发行电话：010-68452845　　　　　版权所有　侵权必究

前　言

　　制造业是国民经济和国防建设的重要基础,是立国之本、兴国之器、强国之基。没有强大的制造业,就没有国民经济的可持续发展,更不可能支撑强大的国防事业。纵观历史,世界强国的发展之路,无不是以规模雄厚的制造业为支撑。先进制造业特别是其中的高端装备制造业已成为大国博弈的核心和参与国际竞争的利器。

　　随着以物联网、大数据、云计算为代表的新一代信息通信技术的快速发展,以及与先进制造技术的融合创新发展,全球兴起了以智能制造为代表的新一轮产业变革,智能制造正促使我国制造业发生巨大变化。智能制造是由智能机器和人类专家共同组成的人机一体化智能系统,它在制造过程中能进行智能活动,诸如分析、推理、判断、构思和决策等。通过人与智能机器的合作共事,扩大、延伸和部分地取代人类专家在制造过程中的脑力劳动。智能制造把制造自动化的概念更新、扩展到柔性化、智能化和高度集成化。它是互联网时代的一场再工业化革命,是制造业发展的未来方向,也是推动我国经济发展的关键动力。

　　多年来,我国推行工业化和信息化深度融合(两化融合),使得信息技术广泛应用于制造业的各个环节,在发展智能制造方面具有一定的优势。另外,"互联网 +" 行动计划,推动移动互联网、云计算、大数据、物联网等技术与现代制造业相结合,也进一步促进了传统制造业向智能制造转型。制造业由传统制造向智能制造的转化和发展,以及智能制造关键技术的不断涌现和应用,使制造业中从事设计、生产、管理和服务的应用型人才面临新的挑战,同时也对人才的培养提出了新的要求。人才短缺也日益成为我国发展智能制造的最大瓶颈,主要体现在三个方面:一是制造业人才培养与实际需求脱节,工程教育实践环节薄弱;二是技术技能型人才在企业中的地位和待遇整体较低,无法实现自己的价值,积极性不高;三是高技能人才和领军人才紧缺。当前,我国面临全球产业重新整合的机遇期,抓住了智能制造,就抓住了工业化和信息化融合的本质,就有望在新一轮产业竞争中抢占制高点。本书就是在这样的需求下应运而生的。

智能制造涉及内容十分丰富,领域非常广泛,目前国内外均处在探索阶段。智能制造具有较强综合性,不仅仅是单一技术和装备的突破与应用,而且是制造技术与信息技术的深度融合与创新集成,更是发展模式的创新和转变。本书对智能制造时代机械设计制造及其自动化技术展开研究,首先对智能制造的内涵特征、发展现状、体系构架进行了归纳总结,在此基础上对智能制造模型、智能制造信息技术基础、智能设计、工艺智能规划与智能数据库展开讨论,并进一步分析了制造过程的智能监测、诊断与控制,最后研究了智能制造系统、智能制造装备的内容。

机械制造自动化技术不仅包括机械领域的设计和制造内容,而且还包括控制、检测、管理和信息处理等方面的内容。因此,本书在内容的编排上,既注重与工程应用相结合,在阐述传统制造自动化技术的基础上,又注重介绍新技术新趋势。本书知识点分布合理,内容由浅入深,可作为从事智能制造、机械制造自动化工作的科技人员的参考书。

本书撰写过程中,得到了作者所在单位、同事的大力支持,也得到了国内许多同行专家的鼓励、支持与帮助,同时作者参考了许多专家学者的研究成果,在此表示衷心的感谢。智能制造技术目前仍处于发展阶段,许多新理论、新技术还在源源不断地涌现,作者也在不断学习之中。书中难免存在疏漏及不妥之处,恳请广大专家和读者不吝指正。

作　者
2021 年 3 月

目　录

第1章　智能制造概述

智能制造是未来制造业的发展方向,是制造过程智能化、生产模式智能化和经营模式智能化的有机统一。智能制造能够对制造过程中的各个复杂环节(包括用户需求、产品制造和服务等)进行有效管理,从而更高效地制造出符合用户需求的产品。在制造这些产品的过程中,智能化的生产线让产品能够"了解"自己的制造流程,同时深度感知制造过程中的设备状态、制造进度等,协助推进生产过程。

1.1　智能制造的概念及意义

1.1.1 智能制造的基本概念

智能制造(intelligent manufacturing, IM)的概念是 1988 年由美国的 P.K. Wright 和 D.A. Bourne 在 *Manufacturing Intelligence* 一书中首次提出的。

对于智能制造的定义,各国有不同的表述,但其内涵和核心理念大致相同。我国工业和信息化部推动的"2015 年智能制造试点示范专项行动"中,智能制造的定义为:基于新一代信息技术,贯穿设计、生产、管理与服务等制造活动各个环节,具有信息深度自感知、智慧优化自决策、精准控制自执行等功能的先进制造过程、系统和模式的总称。智能制造具有以智能工厂为载体、以关键制造环节智能化为核心、以端到端数据流为基础、以网络互联为支撑等特征,可有效满足产品的动态需求,缩短产品研制周期,降低运营成本,提高生产效率,提升产品质量,降低资源和能源消耗。

智能制造是一种集自动化、智能化和信息化于一体的制造模式,是信息技术特别是互联网技术与制造业的深度融合、创新集成,目前主要集中在智能设计(智能制造系统)、智能生产(智能制造技术)、智能管理、智能制造服务这四个关键环节,同时还包括一些衍生出来的智能制造产品。

（1）智能设计。

智能设计是指应用智能化的设计手段及先进的数据交互信息化系统（CAX、网络化协同设计、设计知识库等）来模拟人类的思维活动，从而使计算机能够更多、更好地承担设计过程中的各种复杂任务，不断地根据市场需求设计多种方案，从而获得最优的设计成果和效益。

（2）智能生产。

智能生产是指将智能化的软硬件技术、控制系统及信息化系统（分布式控制系统 DCS、分布式数控系统 DNC、柔性制造系统 FMS、制造执行系统 MES 等）应用到整个生产过程中，从而形成高度灵活、个性化、网络化的产业链。它也是智能制造的核心。

（3）智能管理。

智能管理是指在个人智能结构与组织（企业）智能结构基础上实施的管理，既体现了以人为本，也体现了以物为支撑基础。它通过应用人工智能专家系统、知识工程、模式识别、人工神经网络等方法和技术，设计和实现产品的生产周期管理、安全、可追踪与节能等智能化要求。智能管理主要体现在与移动应用、云计算和电子商务的结合方面，是现代管理科学技术发展的新动向

（4）智能制造服务。

智能制造服务是指服务企业、制造企业、终端用户在智能制造环境下围绕产品生产和服务提供进行的活动。智能制造服务强调知识性、系统性和集成性，强调以人为本的精神，能够为用户提供主动、在线、全球化的服务。通过工业互联网，可以感知产品的状态，从而进行预防性维修维护，及时帮助用户更换备品备件；通过了解产品运行的状态，可帮助用户寻找商业机会；通过采集产品运营的大数据，可以辅助企业做出市场营销的决策。

1.1.2 以传统技术为基础的智能制造体系

经典的管理技术如工业工程、精益生产、六西格玛管理体系等依然是智能制造管理的基石，任何系统在设计时都必须遵循相应的管理原则，这也是智能制造管理实施成功的关键所在。在智能制造中，需要将这些管理技术在系统中进行工具化和智能化，如我们在设计仓库管理系统（WMS）时，有一个原则必须遵守，即先进先出，在流程设定、作业执行等环节必须遵循这一原则，并提供相应的自动化流程、预警防错和反馈机制。再如在进行整体规划或单一系统甚至单一模块设计时，必须遵守过

程方法 PDCA 原则,形成闭环控制。

1.1.3 设备联网系统是实现智能制造的重要手段

设备联网系统的核心指导思想是实现分布式控制,分为三个部分:设备联网通信、生产程序传输、数据采集与监控。

(1)设备联网通信。设备联网通信是设备联网控制的核心部分,通过设备网口或网络通信模块,对不同操作系统、不同性能的设备与服务器进行双向并发远程通信,以实现设备与服务器的数据通信。

(2)生产程序传输。在正常情况下,程序按照程序名放在不同的目录下,有时同一程序又往往存在不同的版本,这样查找所需的程序就较为困难,并且容易出现程序调用错误的情况。因此,联网系统必须做到能准确快速地调用相应生产程序,同时又要保证程序版本正确。

程序管理系统平台构架在客户端／服务器体系结构上,产品数据集中放置在服务器中以实现数据的集中和共享。程序管理系统包括产品结构树的管理、加工程序的流程管理、人员权限的管理、安全管理、版本管理、产品及设备管理。

(3)数据采集与监控。数据采集与监控模块负责设备实时信息的采集,包括远程监控设备状态(运行、空闲、故障、关机、维修等状态)、设备的运行参数(转速等),实时获知每台设备的当前加工产品状况、产品加工的工艺参数、工单信息等。

1.1.4 智能工厂是智能制造载体

智能工厂利用设备联网技术和监控预警手段增强信息的准确性及实时性,并提高生产服务质量;让制程按照设定的流程工艺运行,具有高度的可控性,减少人为干预;具有采集、分析、判断、规划、推理预测功能,通过生产仿真系统和可视化手段使制造情景实时呈现,并可以进行自行协调、自行优化;其形成是自下而上的过程,即人和智能设施、智能管理形成智能工序,多智能工序的集成形成智能产线,智能产线的集成形成智能车间,智能车间的集成形成智能工厂。

1.1.5 智能运营模式是智能制造成功与否的关键因素

通过标准化流程体系的建立和三项集成实现智能运营模式。

（1）管理标准化。国内很多企业甚至一些规模比较大的企业，从开厂之初就在建立标准化工作，现在还是在做基础管理，其中问题之一就是标准化工作未落到实处。建立标准化流程，进行纵深推进，使之嵌入自动化、信息化系统中，实现流程自动化，是智能制造实现的基础工作之一。

标准化的建设可以帮助我们厘清思路和管理中千丝万缕的关系，指导日常的管理工作，使管理有序和效益最大化。标准化制定的前提是要守法遵章、有据可查，通过梳理现有流程、工艺、动作等进行查漏补缺，特别需对散乱、不协调的标准进行改善和精简。在标准化过程中还需要借鉴先进的管理思想，进行系统规划，以最少的标准覆盖全部业务。在标准化过程中，首先考虑管理的基本要素——人、机、料、法、环、管理、测量等；其次是任务流、数据流、物流、信息流和资金流；再者是要全过程、全方位地通盘考虑，覆盖全员。在建设时每个层次必须建立标准化，共性的标准要指导底层个性化标准，并有制约和协调作用[1]。在建设的过程中，除了借鉴先进的管理模式，还必须突出领导作用，对标准化工作进行系统管理，运用过程方法，明确关键控制点，在运行的过程中不断进行合格评定和持续改进。

（2）网状集成。实现端到端横向和纵向的网状集成，是智能制造的基础。

①纵向集成。企业内部由于管理职能划分和组织的细化，导致信息系统围绕着不同的管理阶段和管理职能来展开，如采购系统、生产系统、销售系统和财务系统等，这些系统常常将一些完整的业务链划分成一个个管理单元。随着企业新部门的出现，其所应用的互联网技术也不同，开发队伍的经验、从事的服务范围限制、系统开发平台和工具的不统一，以及管理过程和管理系统的规范标准缺失，使各个信息系统之间的兼容性和集成性成为问题。一些"弊端"正迅速展露出来，其中重要的问题就是：不同的系统、应用、技术平台将企业陷在信息难以全面流通的"信息孤岛"之中，这些分散开发或引进的应用系统一般不会考虑统一数据标准或信息共享问题。[2]企业由于追求"局部实用快上"的目标而导致"信息孤岛"不断产生，改变这种信息孤岛的局面有很大的困难，包括很多企业订单的处理、货物的运输调度、流水线生产的控制等都成为一时无法解决的难题。智能制造所要追求的就是在企业内部实现所有环节信息无缝连接，打破信息孤岛，这也是所有智能化的基础。如以产品模型为核心的垂直

---

① 胡成飞，姜勇，张旋.智能制造体系构建面向中国制造 2025 的实施路线 [M].
北京：机械工业出版社，2017.
② 同上。

体系,应在企业内部建立有效的沟通渠道和统一的任务流、数据流、信息流、物流、资金流,进行全流程的信息贯通,将企业不同层面的 IT 系统集成在一起,消除"信息孤岛"现象,其中包括工人与班组、班组与部门、部门内部、部门与部门、分厂和总厂、子公司和集团公司之间的集成等。通过建立信息共享平台,任何节点可在平台上进行交互,并使之可视可控。

②横向集成。横向集成是以产品供应链为核心,通过价值链及信息网络进行资源整合,将企业内部和外部的 IT 系统进行无缝连接,建立社会化的分工协作,形成信息、物流、资源、数据协同体系,如企业内部的价值链重构、研发协同、供应链协同到不同企业间的价值链重构、研发协同、供应链协同,对资源、技术和信息进行合理化配置,实现包括内部的工程、计划、生产、供应链、销售及外部的市场、研发人员、供应商、外协商、经销商、终端客户等各个节点和角色之间的信息集成和共享。

1.1.6 智能制造的意义

20 世纪以来,大规模的生产模式在全球制造领域中曾长期占据统治地位,促进了全球经济的飞速发展。在过去的 30 多年中,随着经济浪潮一次又一次的冲击,作为经济发展支柱的制造业也迎来了一次次生产方式的变革。

1.1.6.1 智能制造是传统制造业转型发展的必然趋势

在经济全球化的推动下,发达国家最初是将制造企业的核心技术、核心部门留在本土,将其他非核心部分、劳动密集型产业向低劳动力和原材料成本的发展中国家和地区转移。

由于发展中国家具有相对较低的劳动力和原材料成本,发达国家以便集中资源专注于对高新技术和产品的研发,也推动了传统制造业向先进制造业的转变。

但是,劳动力和原材料成本的逐年上涨,对传统制造业发展构成的压力在逐渐增大。此外,人们越来越意识到传统制造业对自然环境、生态环境的损害。受到资源短缺、环境压力、产能过剩等因素的影响,传统制造业不能满足时代要求,也纷纷向先进制造业转型升级。

随着世界经济和生产技术的迅猛发展,产品更新换代频繁,产品的生命周期大幅缩短,产品用户多样化、个性化、灵活化的消费需求也逐渐呈现出来。市场需求的不确定性越来越明显,竞争日趋激烈,这要求制造企业不但要具有对产品更新换代快速响应的能力,还要能够满足用户个性化、定制化的需求,同时具备生产成本低、效率高、交货快的优势,而之前大规模的自动化生产方式已不能满足这种时代进步的需求。

因此,全球兴起了新一轮的工业革命。生产方式上,制造过程呈现出数字化、网络化、智能化等特征;分工方式上,呈现出制造业服务化、专业化、一体化等特征;商业模式上,将从以制造企业为中心转向以产品用户为中心,体验和个性成为制造业竞争力的重要体现和利润的重要来源。

新的制造业模式利用先进制造技术与迅速发展的互联网、物联网等信息技术,计算机技术和通信技术的深度融合来助推新一轮的工业革命,从而催生了智能制造。智能制造已成为世界制造业发展的客观趋势,许多工业发达国家正在大力推广和应用。

1.1.6.2 智能制造是实现我国制造业高端化的重要路径

虽然我国已经具备了成为世界制造大国的条件,但是制造业"大而不强",面临着来自发达国家加速重振制造业与其他发展中国家以更低生产成本承接劳动密集型产业的"双重挤压"。就我国目前的国情而言,传统制造业总体上处于转型升级的过渡阶段,相当多的企业在很长时间内的主要模式仍然是劳动密集型,在产业分工中仍处于中低端环节,产业附加值低,产业结构不合理,技术密集型产业和生产性服务业都较弱。

在国际社会智能发展的大趋势下,国际化、工业化、信息化、市场化、智能化已成为我国制造业不可阻挡的发展方向。制造技术是任何高新技术的实现技术,只有通过制造业升级才能将潜在的生产力转化为现实生产力。在这样的背景下,我国必须加快推进信息技术与制造技术的深度融合,大力推进智能制造技术研发及其产业化水平,以应对传统低成本优势削弱所面临的挑战。此外,随着智能制造的发展,还可以应用更节能环保的先进装备和智能优化技术,从根本上解决我国生产制造过程的节能减排问题。

因此,发展智能制造既符合我国制造业发展的内在要求,也是重塑我国制造业新优势实现转型升级的必然选择,应该提升到国家发展目标的高度。

纵观智能制造概念与技术的发展,经历了兴起和缓慢推进阶段,直到2013年以来爆发式发展。究其原因有很多:其一,近几年来,世界各国都将智能制造作为重振和发展制造业战略的重要抓手;其二,随着以互联网、物联网和大数据为代表的信息技术的快速发展,智能制造的范畴有了较大扩展,以 CPS、大数据分析为主要特征的"智能制造"已经成为制造企业转型升级的巨大推动力。

1.2 智能制造的内涵与特征

1.2.1 智能制造的内涵

智能制造是"中国制造 2025"的主攻方向,是实现中国制造业由大到强的关键路径。智能制造具有三个基本属性:对制造过程信息流和物流的自动感知和分析,对制造过程信息流和物流的自主控制,对制造过程的自主优化运行。智能制造是一个大的系统工程,要从产品、生产、模式、基础四个维度系统推进。智能产品是主体,智能生产是主线,以用户为中心的产业模式变革是主题,信息物理系统 CPS 和工业互联网是基础。

智能制造是在网络化、数字化、智能化的基础上融入人工智能和机器人技术形成的人、机、物之间交互与深度融合的新一代制造系统。机包括各类基础设施,物包括内部和外部物流。网络化指人、机、物之间的互联互通;数字化指包含了产品设计、工艺、制造、生产、服务整个产品生命周期管理(PLM)过程的数字化研制体系;智能化指通过网络、大数据、物联网和人工智能等技术支持,自动地满足人、机、物的各种需求。智能制造不仅是生产制造的概念,还要向前延伸到个性设计、向后推移到服务保障、向上上升到管理模式①。

智能制造蕴含丰富的科学内涵(人工智能、生物智能、脑科学、认知科学、仿生学和材料科学等),是高新技术的制高点(物联网、智能软件、智能设计、智能控制、知识库、模型库等),汇聚了广泛的产业链和产业集群,是新一轮世界科技革命和产业革命的重要发展方向。

1.2.2 智能制造的特征

智能制造的特征包括:实时感知、自我学习、计算预测、分析决策、优化调整。

---

① 宁振波.智能制造——从美、德制造业战略说起[J].数控机床市场,2016(3):18-23.

1.2.2.1 实时感知

智能制造需要大量的数据支持,利用高效、标准的方法进行数据采集、存储、分析和传输,实时对工况进行自动识别和判断、自动感知和快速反应。

1.2.2.2 自我学习

智能制造需要不同种类的知识,利用各种知识表示技术和机器学习、数据挖掘与知识发现技术,实现面向产品全生命周期的海量异构信息的自动提炼,得到知识并升华为智能策略。

1.2.2.3 计算预测

智能制造需要建模与计算平台的支持,利用基于智能计算的推理和预测,实现诸如故障诊断、生产调度、设备与过程控制等制造环节的表示与推理。

1.2.2.4 分析决策

智能制造需要信息分析和判断决策的支持,利用基于智能机器和人的行为的决策工具和自动化系统,实现诸如加工制造、实时调度、机器人控制等制造环节的决策与控制。

1.2.2.5 优化调整

智能制造需要在生产环节中不断优化调整,利用信息的交互和制造系统自身的柔性,实现对外界需求、产品自身环境、不可预见的故障等变化的及时优化调整。

1.3 智能制造关键技术

智能制造在制造业中的不断推进发展,对制造业中从事设计、生产、管理和服务的应用型专业人才提出了新的挑战。他们必须掌握智能工厂制造运行管理等信息化软件,不但要会应用,还要能根据生产特征、产品特点进行一定的编程、优化。

智能制造要求在产品全生命周期的每个阶段实现高度的数字化、智能化和网络化,以实现产品数字化设计、智能装备的互联与数据的互通、人机的交互以及实时的判断与决策。工业软件的大量应用是实现智能制造的核心与基础,这些软件主要有计算机辅助设计(CAD)、计算机辅助制造(CAM)、计算机辅助工艺(CAPP)、企业资源管理(ERP)、制造执行系统(MES)、产品生命周期管理(PLM)等。

除工业软件外,工业电子技术、工业制造技术和新一代信息技术都是构建智能工厂、实现智能制造的基础。应用型专业人才在掌握传统学科专业知识与技术的同时,还必须熟练掌握及应用这几种智能制造关键技术,以适应未来智能制造岗位的需求。

工业电子技术集成了传感、计算和通信三大技术,解决了智能制造中的感知、大脑和神经系统问题,为智能工厂构建了一个智能化、网络化的信息物理系统。它包括现代传感技术、射频识别技术、制造物联技术、定时定位技术,以及广泛应用的可编程控制器、现场可编程门阵列技术(FPGA)和嵌入式技术等[1]。

工业制造技术是实现制造业快速、高效、高质量生产的关键。智能制造过程中,以技术与服务创新为基础的高新化制造技术需要融入生产过程的各个环节,以实现生产过程的智能化,提高产品生产价值。工业制造技术主要包括高端数控加工技术、机器人技术、满足极限工作环境与特殊工作需求的智能材料生产技术、基于3D打印的智能成形技术等信息技术主要解决制造过程中离散式分布的智能装备间的数据传输、挖掘、存储和安全等问题,是智能制造的基础与支撑。新一代信息技术包括人工智能、物联网、互联网、工业大数据、云计算、云存储、知识自动化、数字孪生技术及产品数字孪生体、数据融合技术等。

1.3.1 智能制造装备及其检测技术

在具体的实施过程中,智能生产、智能工厂、智能物流和智能服务是智能制造的四大主题,在智能工厂的建设方案中,智能装备是其技术基础,随着制造工艺与生产模式的不断变革,必然对智能装备中测试仪器、仪表等检测设备的数字化、智能化提出新的需求,促进检测方式的根本变化。检测数据将是实现产品、设备、人和服务之间互联互通的核心基础之一,如机器视觉检测控制技术具有智能化程度高和环境适应性强等特点,

① 吴国兴,范君艳,樊江玲.智能制造背景下应用型本科机械类专业人才培养[J].教育与职业,2017(16):89-92.

在多种智能制造装备中得到了广泛的应用。

1.3.2 工业大数据

工业大数据是智能制造的关键技术,主要作用是打通物理世界和信息世界,推动生产型制造向服务型制造转型。

智能制造需要高性能的计算机和网络基础设施,传统的设备控制和信息处理方式已经不能满足需要。应用大数据分析系统,可以对生产过程数据进行分析处理。鉴于制造业已经进入大数据时代,智能制造还需要高性能计算机系统和相应网络设施。云计算系统提供计算资源专家库,通过现场数据采集系统和监控系统,将数据上传云端进行处理、存储和计算,计算后能够发出云指令,对现场设备进行控制(例如控制工业机器人)。

1.3.3 数字制造技术及柔性制造、虚拟仿真技术

数字化就是制造要有模型,还要能够仿真,这包括产品的设计、产品管理、企业协同技术等。总而言之,就是数字化是智能制造的基础,离开了数字化就根本谈不上智能化。

柔性制造技术(Flexible Manufacturing Technology, FMT)是建立在数控设备应用基础上并正在随着制造企业技术进步而不断发展的新兴技术,它和虚拟仿真技术一道在智能制造的实现中,扮演着重要的角色。虚拟仿真技术包括面向产品制造工艺和装备的仿真过程、面向产品本身的仿真和面向生产管理层面的仿真。从这三方面进行数字化制造,才能实现制造产业的彻底智能化。

增强现实技术(Augmented Reality, AR),它是一种将真实世界信息和虚拟世界信息"无缝"集成的新技术,是把原本在现实世界的一定时间空间范围内很难体验到的实体信息(视觉、声音、味道、触觉等信息)通过计算机等科学技术,模拟仿真后再叠加,将虚拟的信息应用到真实世界,被人类感官所感知,从而达到超越现实的感官体验。真实的环境和虚拟的物体实时地叠加到了同一个画面或空间同时存在。增强现实技术,不但展现了真实世界的信息,而且将虚拟的信息同时显示出来,两种信息相互补充、叠加。增强现实技术包含了多媒体、三维建模、实时视频显示及控制、多传感器融合、实时跟踪及注册、场景融合等新技术与新手段。

1.3.4 传感器技术

智能制造与传感器紧密相关。现在各式各样的传感器在企业里用得很多,有嵌入的、绝对坐标的、相对坐标的、静止的和运动的,这些传感器是支持人们获得信息的重要手段。传感器用得越多,人们可以掌握的信息越多。传感器很小,可以灵活配置,改变起来也非常方便。传感器属于基础零部件的一部分,它是工业的基石、性能的关键和发展的瓶颈。传感器的智能化、无线化、微型化和集成化是未来智能制造技术发展的关键之一。

当前,大型生产企业工厂的检测点分布较多,大量数据产生后被自动收集处理。检测环境和处理过程的系统化提高了制造系统的效率,降低了成本。将无线传感器系统应用于生产过程中,将产品和生产设施转换为活性的系统组件,以便更好地控制生产和物流,它们形成了信息物理相互融合的网络体系。无线传感网络分布于多个空间,形成了无线通信计算机网络系统,主要包括物理感应、信息传递、计算定位三个方面,可对不同物体和环境做出物理反应,例如温度、压力、声音、振动和污染物等。无线数据库技术是无线传感器系统的关键技术,包括查询无线传感器网络、信息传递网络技术、多次跳跃路由协议等。

1.3.5 人工智能技术

人工智能(Artificial Intelligence, AI)是研发用于模拟、延伸和扩展人的智能的理论、方法、技术及应用系统的科学。它企图了解智能的实质,并生产出一种新的能以人类智能相似的方式做出反应的智能机器,该领域的研究包括机器人、语言识别、图像识别、自然语言处理和专家系统、神经科学等。

1.4　智能制造国内外发展状况

1.4.1 欧洲智能制造

1.4.1.1 德国工业 4.0

德国政府在 2010 年推出的《德国 2020 高技术战略》中提出了十大

未来项目,其中最重要的一项就是工业4.0。汉诺威工业博览会之后,2013年4月,德国"工业4.0"工作组发表了《保障德国制造业的未来:关于实施"工业4.0"战略的建议》报告,正式将工业4.0推升为国家战略,旨在支持工业领域新一代革命性技术的研发与创新,德国政府为此投入达2亿欧元。

德国将制造业领域技术的发展进程用工业革命的4个阶段来表示,工业4.0就是第四次工业革命。

(1)工业1.0—机械制造时代。18世纪60年代至19世纪中期,水力和蒸汽机实现的工厂机械化代替了人类的手工劳动,经济社会从以农业、手工业为基础转型成为以工业及机械为基础。

(2)工业2.0—电气化与自动化时代。19世纪后半期至20世纪初,采用电力驱动产品和大规模的分工合作模式开启了制造业的第二次革命。零部件生产与产品装配的成功分离,开创了产品批量生产的新模式。

(3)工业3.0—电子信息化时代。工业3.0始于20世纪70年代并延续至今,在升级工业2.0的基础上,广泛应用电子与信息技术,使制造过程自动化控制程度进一步大幅度提高,机器能够逐步替代人类作业。

(4)工业4.0—实体物理世界与虚拟网络世界融合的时代。德国学术界和产业界认为,未来10年,基于信息物理系统(Cyber-Physical System,CPS)的智能化,将使人类步入以智能制造为主导的第四次工业革命。产品全生命周期、全制造流程的数字化以及基于信息通信技术的模块集成,将形成高度灵活的个性化、数字化的产品与服务的生产模式。

"工业4.0"战略的核心就是通过CPS实现人、设备与产品的实时连通、相互识别和有效交流,从而构建一个高度灵活的个性化、数字化的智能制造模式。人、事、物都在一个"智能化、网络化的世界"里,物联网和互联网(服务互联网技术)将渗透到所有的关键领域。

在这种模式下,生产由集中向分散转变,产业链分工将重组,传统的行业界限将消失。将现有的工业相关技术、销售与产品体验综合起来,使产品生产由之前的趋同性向个性化转变,未来产品完全可以按照个人意愿进行生产,成为自动化、个性化的单件制造。用户由部分参与向全程参与转变,能够广泛、实时地参与到生产和价值创造的全过程中去。

1.4.1.2 英国的"高值制造"

欧洲另一代表性国家英国提出了"高值制造"。

英国是第一次工业革命的起源国家,20世纪80年代之后,英国逐渐向金融、数字创意等高端服务产业发展,制造业发展放缓。2008年金融危机后,英国制造业开始回归。英国政府科学办公室在 2013 年 10 月推出了《英国工业 2050 战略》,被看作"英国版的工业 4.0"。

《英国工业 2050 战略》提出,制造业并不是传统意义上的"制造之后再销售",而是"服务再制造(以生产为中心的价值链)"。"高值制造"就是高附加值的制造,是一场制造业的革命,通过信息通信技术、新工具、新方法、新材料等与产品和生产网络的融合,极大地改变了产品的设计、制造、提供甚至使用方式。英国政府科学办公室将其定义为:由新技术、新方法和新材料驱动,同时伴之以基于 3D 打印技术的本地化定制生产,走向产品加服务的商业模式。它的产业形态是按需制造、分布式制造和产品服务化,技术形态是新兴技术群、数据网和智能基础设施,整个制造形态和商业模式都在发生变革。

1.4.2 美国的先进制造(再工业化)

为重塑美国制造业在全球的竞争优势,美国国家科学技术委员会于 2012 年 2 月正式发布了《先进制造业国家战略计划》,对未来的制造业发展进行了重新规划,依托新一代信息技术和新材料、新能源等创新技术,加快发展技术密集型先进制造业。美国政府也提出了"再工业化"来重振美国制造业,重塑制造业全球竞争优势。

根据美国总统科学技术顾问委员会的定义,"先进制造"是基于信息协同、自动化、计算、软件、传感、网络和 / 或使用尖端先进材料和物理及生物领域科技的新原理的一系列活动,"先进制造"与数字革命相关联。当前的数字革命有三个特征:计算能力持续增长;通信和分析能力快速提高;机器人技术和控制系统不断进步。"先进制造"包括先进产品的制造,还包括先进的、基于信息通信技术的生产过程。智能制造主要指后者,即现代生产制造过程的各个环节中信息技术的应用过程。

与德国不同,美国将"工业 4.0"概念称为"工业互联网"。2012 年美国通用电气公司(GE)发布了《工业互联网:突破智慧和机器的界限》,正式提出"工业互联网"概念。它倡导将人、数据和机器连接起来,形成开放而全球化的工业网络。工业互联网系统由智能设备、智能系统和智能决策三大核心要素构成,是数据流、硬件、软件和智能的交互。由智能设备和网络收集并存储数据,利用大数据分析工具进行数据分析和可视化,由此产生的"智能信息"可以由决策者在必要时进行实时判断处理,成为大范围工业系统中工业资产优化战略决策过程的一部分。

作为先进制造业的重要组成部分,以先进传感器、工业机器人、先进制造测试设备等为代表的智能制造,得到了美国政府、企业各个层面的高度重视。而且,约束美国制造业发展的一大因素是居高不下的劳动力成本,智能制造的发展能够大幅减少制造业的用工需求,使制造业的劳动力成本降低,从而使美国的科技优势进一步转化为产业优势。

1.4.3 "中国制造2025"

"中国制造2025"是中国版的"工业4.0"规划,由国务院于2015年5月8日公布,是我国实施制造强国战略的第一个十年的行动纲领。

建设制造强国,必须紧紧抓住当前难得的战略机遇,积极应对挑战,加强统筹规划,突出创新驱动,制定特殊政策,发挥制度优势,动员全社会力量奋力拼搏,更多依靠中国装备、依托中国品牌,实现中国制造向中国创造的转变,中国速度向中国质量的转变,中国产品向中国品牌的转变,完成中国制造由大变强的战略任务。

"中国制造2025"指导思想是全面贯彻党的十八大和十八届二中、三中、四中全会精神,坚持走中国特色新型工业化道路,以促进制造业创新发展为主题,以提质增效为中心,以加快新一代信息技术与制造业深度融合为主线,以推进智能制造为主攻方向,以满足经济社会发展和国防建设对重大技术装备的需求为目标,强化工业基础能力,提高综合集成水平,完善多层次、多类型人才培养体系,促进产业转型升级,培育有中国特色的制造文化,实现制造业由大变强的历史跨越。

实现制造强国的战略目标,必须坚持问题导向,统筹规划,突出重点;必须凝聚行业共识,加快制造业转型升级,全面提高发展质量和核心竞争力。立足国情,立足现实,力争通过"三步走"战略实现制造强国的战略目标。

第一步:力争用十年时间,迈入制造强国行列。到2020年,基本实现工业化,制造业大国地位进一步巩固,制造业信息化水平大幅提升。掌握一批重点领域关键核心技术,优势领域竞争力进一步增强,产品质量有较大提高。制造业数字化、网络化、智能化取得明显进展。重点行业单位工业增加值能耗、物耗及污染物排放明显下降。

到2025年,制造业整体素质大幅提升,创新能力显著增强,全员劳动生产率明显提高,两化(工业化和信息化)融合迈上新台阶。重点行业单位工业增加值能耗、物耗及污染物排放达到世界先进水平。形成一批具有较强国际竞争力的跨国公司和产业集群,在全球产业分工和价值链中的地位明显提升。

第二步:到 2035 年,我国制造业整体达到世界制造强国阵营中等水平。创新能力大幅提升,重点领域发展取得重大突破,整体竞争力明显增强,优势行业形成全球创新引领能力,全面实现工业化。

第三步:新中国成立一百年时,制造业大国地位更加巩固,综合实力进入世界制造强国前列。制造业主要领域具有创新引领能力和明显竞争优势,建成全球领先的技术体系和产业体系。

"中国制造 2025"的核心内容是加快推动新一代信息技术与制造技术融合发展,把智能制造作为两化深度融合的主攻方向,着力发展智能装备和智能产品,推进生产过程智能化,培育新型生产方式,全面提升企业研发、生产、管理和服务的智能化水平。具体如下:

(1)研究制定智能制造发展战略。

(2)加快发展智能制造装备和产品。

(3)推进制造过程智能化。

(4)深化互联网在制造领域的应用。

(5)加强互联网基础设施建设。

"中国制造 2025"瞄准新一代信息技术、高端装备、新材料、生物医药等战略重点,引导社会各类资源集聚,推动优势和战略产业快速发展。特别是在以下产业加大扶持力度,力求与发达国家比肩。

(1)新一代信息技术产业。

(2)高档数控机床和机器人。

(3)航空航天装备。

(4)海洋工程装备及高技术船舶。

(5)先进轨道交通装备。

(6)节能与新能源汽车。

(7)电力装备。

(8)农机装备。

(9)新材料。

(10)生物医药及高性能医疗器械。

1.5 智能制造技术体系

1.5.1 智能制造体系

智能制造是一种全新的智能能力和制造模式,核心在于实现机器智能和人类智能的协同,实现生产过程中自感知、自适应、自诊断、自决策、自修复等功能。从结构方面,智能工厂内部灵活可重组的网络制造系统的纵向集成,将不同层面的自动化设备与 IT 系统集成在一起。

从系统层级方面,完整的智能制造系统主要包括 5 个层级,如图 1-1 所示,包括设备层、控制层、车间层、企业层和协同层。

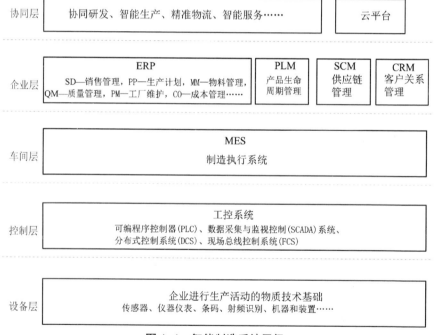

图 1-1 智能制造系统层级

在智能制造系统中,其控制层级与设备层级涉及大量测量仪器、数据采集等方面的需求,尤其是在进行车间内状态感知、智能决策的过程中,更需要实时、有效的检测设备作为辅助,所以智能检测技术是智能制造系统中不可缺少的关键技术,可以为上层的车间管理、企业管理与协同层级提供数据基础。

智能制造体系是管理综合体,实现了虚拟与现实、设备与设备、地域 /
组织与管理、作业与管理、信息化与自动化、产品与服务的融合。图 1–2
是智能制造体系实现的融合方向。

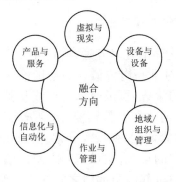

图 1–2　智能制造体系实现的融合方向

1.5.1.1　虚拟与现实的融合

实现物料工厂与制造平台、管理平台的集成:利用计算机技术将物
流、供应链、设计、工艺、制造、测试等通过虚拟环境,与厂房、车间、设备、
路线、用户环境等现实进行融合,使之相互作用、相互影响,展现执行需求
条件、过程及结果,从而对制造管理提供前期的策略支持,提高对市场的
反应能力,有效提升效率,降低生产成本。

实现客户需求、客户定制、产品设计、产品工艺、供应商协作、制造技
术、测试技术、网络集成等跨平台系统之间的集成。

利用人体工程学、生物科学、多媒体技术、网络技术等在计算机中建
立虚拟环境,借助于专业的设备使用户进入虚拟世界,感知、操作虚拟空
间的各种对象,通过触觉、嗅觉、听觉、视觉等获得身临其境的产品体验。

通过对用户自身条件的 3D 扫描采集,生成设计、制造数据,让客户
体验个性化定制服务,如服装行业、鞋业,可通过对人体的扫描实现个性
化定制。

1.5.1.2 设备与设备的融合

通过设备与控制器的组合,实现数据的缓冲、差错控制、数据交互、设
备状态标识与回报、接收和识别加工指令、为数据采集提供识别地址等。

通过控制器与工业软件的集成,对设备、机群、流水线实现逻辑及顺
序控制;对各种仪器仪表的模拟量进行过程控制及转换,实现对机器人、
电梯、加工中心的运动控制;对设备的运行数据、工艺数据进行采集、分

析、自动比对、处理,完成过程控制。设备与设备、人与设备、移动网络与设备之间通过通信连接的技术和手段,使设备互联互通、互相制约,使人、设备、系统协同作业,实现流程自动化[①]。

1.5.1.3 地域 / 组织与管理的融合

通过岗位与岗位之间的互联互通,进行互锁反应,防止异常的发生,如在生产中上一岗位对下一岗位信息的精确推送和生产跳序的防错预警;通过产线与产线的集成,可随时掌握产线与其相关联产线的生产状况,对异常的发生可实时进行监控预警,出现异常能第一时间发现,提前采取防范措施,避免频繁调度、换线等异常,造成工时、人力、设备能力的浪费;通过车间与车间的集成,实现车间之间的信息共享,建立规范、健康的内部生产运作;通过部门与部门之间的集成和信息共享,对生产异常事件快速地判断、通知、响应、处理。中高层主管可以实时了解生产状况、异常处理状态,必要时可进行协助处理,可以随时随地了解运营状况,并及时调整制造策略;总部可以实时了解各个分公司的运营状况,根据实时监控的运营状况,进行远程指令的发送及指令执行反馈与监控,并进行策略的调整,也可以通过远程对设备进行控制及诊断。通过地域 / 组织与管理的融合,建立数据共享平台,大大提升了工作效率,有效降低了成本。

1.5.1.4 作业与管理的融合

通过资源计划、生产计划、供应体系、制造体系的融合,可以根据客户需求、供应体系供应能力、公司能力对资源计划、客户需求及预测进行综合评估,寻找最优制造模型,如最低的库存、最优效率、最短交期、最低成本等。

研发体系提供研发技术,制造体系完成产品,同时制造体系的生产数据、工艺参数、设备运行参数、质量数据等,客服部门的客户体验、客户应用、客户投诉、客户退货,供应商提供的零组件的性能参数数据等,为研发体系、制造体系、服务体系提供改善的基础数据,使管理与数据相辅相成,互为补充。

在生产执行过程中,生产计划的制定需要大量的实时信息:客户订单、客户交期、物料需求、库存状况、采购状态、来料收货状况、生产进度、

---

① 胡成飞,姜勇,张旋.智能制造体系构建面向中国制造 2025 的实施路线 [M].北京: 机械工业出版社,2017.

质量状况、设备状况、人员状况、事件信息及处理进度等。实施计划作业必须与执行状况进行无缝融合,避免信息不透明,造成计划作业困扰。

实时了解供应体系的状况,如供应商库存、生产计划、生产订单执行状况、物流状况等,对供应进行管理,避免断料等异常。

服务体系所收集的服务信息,如客户的抱怨、投诉、退货、应用体验、评价等,为产品升级、产品生产提供改善依据。

智能制造体系运作产生大量精细化成本数据,通过对其分析,对财务目标、财务预算等进行实时的监控预计,为企业运营策略改善提供依据。

1.5.1.5 信息化与自动化的融合

智能制造体系需实现系统之间的融合(自动化与信息化),实现执行层与运营层、运营层与决策层的信息化软件系统融合。

通过自动化的应用,提升操作安全性,降低劳动强度,提升效率,减少人为差错,降低企业用工成本;信息化的应用使数据可以共享,提升管理效率和透明度,降低管理人员劳动强度,改善制造组织架构。自动化是信息化的基础,信息化是自动化的目标,通过两者的融合,将设备层与执行层、运营层、决策层进行无缝对接,使企业资源管理更加高效,使动态过程变得更加透明、可控,提升了企业管理水平,增强了企业竞争力。

1.5.1.6 产品与服务的融合

产品与服务的融合主要体现在以下方面。

(1)以外部协作商产品为主,服务客户。设备厂家对设备远程监控,通过监控获得设备的运行参数,对参数进行分析,以更专业的角度提供设备运营管理建议,同时也为设备的升级提供参考。如供应商、外协商为客户提供实时库存数据、外协商加工与库存数据信息,使客户供应体系更加透明。

(2)以企业产品为主,服务外部客户。以企业产品为主,建立完善的客户服务体系,如产品的上下游协作研发、产品应用生命周期的指导及跟踪、客户对产品的投诉及退货、未来产品的研发与服务等。比如新能源汽车电池未来的服务模式不单是提供产品,在产品应用时还通过通信技术手段,实现对电池充电次数记录、充电的安全环境检测、应用里程预计、电池寿命检测、保养周期提醒等功能。

(3)以企业内部产品制造为主,服务内部客户。以产品的制造工艺为主线,建立企业内部制造管理体系。

1.5.2 智能制造系统框图

智能制造通过智能制造系统应用于智能制造领域,在"互联网＋人工智能"的背景下,智能制造系统具有自主智能感知、互联互通、协作、学习、分析、认知、决策、控制和执行整个系统和生命周期中人、机器、材料、环境和信息的特点。智能制造系统一般包括资源及能力层、泛在网络层、服务平台层、智能云服务应用层及安全管理和标准规范系统。

1.5.2.1 资源及能力层

资源及能力层包括制造资源和制造能力。

（1）硬制造资源,如机床、机器人、加工中心、计算机设备、仿真测试设备、材料和能源。

（2）软制造资源,如模型、数据、软件、信息和知识。

（3）制造能力,包括展示、设计、仿真、实验、管理、销售、运营、维护、制造过程集成及新的数字化、网络化、智能化制造互联产品。

1.5.2.2 泛在网络层

泛在网络层包括物理网络层、虚拟网络层、业务安排层和智能感知及接入层。

（1）物理网络层。主要包括光宽带、可编程交换机、无线基站、通信卫星、地面基站、飞机、船舶等。

（2）虚拟网络层。通过南向和北向接口实现开放网络,用于拓扑管理、主机管理、设备管理、消息接收和传输、服务质量（QoS）管理和IP协议管理。

（3）业务安排层。以软件的形式提供网络功能,通过软硬件解耦合功能抽象,实现新业务的快速开发和部署,提供虚拟路由器、虚拟防火墙、虚拟广域网（WAN）、优化控制、流量监控、有效负载均衡等。

（4）智能感知及接入层。通过射频识别（RFID）传感器,无线传感器网络,声音、光和电子传感器及设备,条码及二维码,雷达等智能传感单元以及网络传输数据和指令来感知诸如企业、工业、人、机器和材料等对象。

1.5.2.3 服务平台层

服务平台层包括虚拟智能资源及能力层、核心智能支持功能层和智能用户界面层。

（1）虚拟智能资源及能力层。提供制造资源及能力的智能描述和虚拟设置,把物理资源及能力映射到逻辑智能资源及能力上以形成虚拟智能资源及能力层。

（2）核心智能支持功能层。由一个基本的公共云平台和智能制造平台,分别提供基础中介软件功能,如智能系统建设管理、智能系统运行管理、智能系统服务评估、人工智能引擎和智能制造功能(如群体智能设计、大数据和基于知识的智能设计、智能人机混合生产、虚拟现实结合智能实验)、自主管理智能化、智能保障在线服务远程支持。

（3）智能用户界面层。广泛支持用于服务提供商、运营商和用户的智能终端交互设备,以实现定制的用户环境。

1.5.2.4 智能云服务应用层

智能云服务应用层突出了人与组织的作用,包括四种应用模式:单租户单阶段应用模式、多租户单阶段应用模式、多租户跨阶段协作应用模式和多租户点播以获取制造能力模式。在智能制造系统的应用中,它还支持人、计算机、材料、环境和信息的自主智能感知、互联、协作、学习、分析、预测、决策、控制和执行。

1.5.2.5 安全管理和标准规范

安全管理和标准规范包括自主可控的安全防护系统,以确保用户识别、资源访问与智能制造系统的数据安全,标准规范的智能化技术及对平台的访问、监督、评估。

显然,智能制造系统是一种基于泛在网络及其组合的智能制造网络化服务系统,它集成了人、机、物、环境、信息,并为智能制造和随需应变服务在任何时间和任何地点提供资源和能力。它是基于"互联网(云)加上用于智能制造的资源和能力"的网络化智能制造系统,集成了人、机器和商品。

（1）第一个层次是支撑智能制造、亟待解决的通用标准与技术。

（2）第二个层次是智能制造装备。这一层的重点不在于装备本体,而更应强调装备的统一数据格式与接口。

（3）第三个层次是智能工厂、车间。按照自动化与IT技术作用范围,划分为工业控制和生产经营管理两部分。工业控制包括DCS、PLC、FCS和SCADA系统等工控系统,在各种工业通信协议、设备行规和应用行规的基础上,实现设备及系统的兼容与集成。生产经营管理在MES和ERP的基础上,将各种数据和资源融入全生命周期管理,同时实现节能与工艺优化。

（4）第四个层次实现制造新模式，通过云计算、大数据和电子商务等互联网技术，实现离散型智能制造、流程型智能制造、个性化定制、网络协同制造与远程运维服务等制造新模式。

（5）第五个层次是上述层次技术内容在典型离散制造业和流程工业的实现与应用。

1.5.3 智能制造涉及的主要技术

智能制造主要由通用技术、智能制造平台技术、泛在网络技术、产品生命周期智能制造技术及支撑技术组成（见图1-3）。

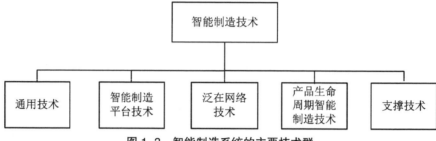

图1-3　智能制造系统的主要技术群

（1）通用技术。通用技术主要包括智能制造体系结构技术、软件定义网络（SDN）系统体系结构技术、空地系统体系结构技术、智能制造服务的业务模型、企业建模与仿真技术、系统开发与应用技术、智能制造安全技术、智能制造评价技术、智能制造标准化技术。

（2）智能制造平台技术。智能制造平台技术主要包括面向智能制造的大数据网络互联技术，智能资源及能力传感和物联网技术，智能资源及虚拟能力和服务技术，智能服务、环境建设、管理、操作、评价技术，智能知识、模型、大数据管理、分析与挖掘技术，智能人机交互技术及群体智能设计技术，基于大数据和知识的智能设计技术，智能人机混合生产技术，虚拟现实结合智能实验技术，自主决策智能管理技术和在线远程支持服务的智能保障技术。

（3）泛在网络技术。泛在网络技术主要由集成融合网络技术和空间空地网络技术组成。

（4）产品生命周期智能制造技术。智能制造技术产品生命周期智能制造技术主要由智能云创新设计技术、智能云产品、设计技术、智能云生产设备技术、智能云操作与管理技术、智能云仿真与实验技术、智能云服务保障技术组成。

（5）支撑技术。支撑技术主要包括 AI2.0 技术、信息通信技术（如基于大数据的技术、云计算技术、建模与仿真技术）、新型制造技术（如 3D 打印技术、电化学加工等）、制造应用领域的专业技术（航空、航天、造船、汽车等行业的专业技术）。

1.5.4《中国制造 2025》之智能制造

智能制造技术体系的总体框架如图 1-4 所示，智能制造基础关键技术为智能制造系统的建设提供支撑，智能制造系统是智能制造技术的载体，它包括智能产品、智能制造过程和智能制造模式三部分内容。

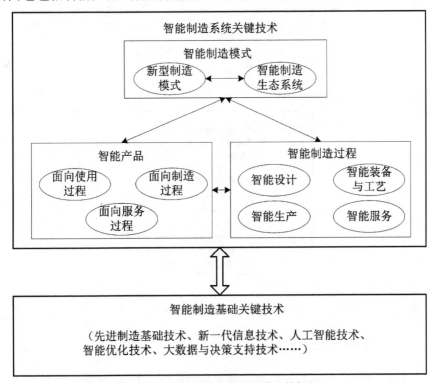

图 1-4　智能制造技术体系的总体框架

1.5.5《中国机械工程技术路线图》之智能制造

《中国机械工程技术路线图》智能制造的技术体系主要包括制造智能技术、智能制造装备、智能制造系统、智能制造服务、智能制造工厂，如图

1-5 所示。

制造智能	感知、物联网与工业互联网技术 大数据、云计算与制造知识发现技术 面向制造大数据的综合推理技术 图形化建模、规划、编程与仿真技术 新一代人机交互技术
智能制造装备	工况感知与系统建模技术 智能控制与驱动技术 工艺规划与自动编程技术 性能保持，预测与维护技术
智能制造系统	制造系统建模与自组织技术 智能制造执行系统技术 智能企业管控技术与智能供应链管理技术 智能控制技术 信息物理融合技术
智能制造服务	服务状态/环境感知与控制的互联技术 工业产品智能服务技术 生产性服务工程的智能运行与控制技术 虚拟化云制造服务综合管控技术 海量社会化服务资源的组织与配置技术
智能制造工厂	基于工业互联网的制造资源互联技术 智能工厂制造大数据集成管理技术 面向业务应用的制造大数据分析技术 大数据驱动的制造过程动态优化技术 制造云服务敏捷配置技术

图 1-5 智能制造技术体系

1.5.5.1 制造智能技术

制造智能技术主要包括智能感知与测控网络技术、知识工程技术、计算智能技术、大数据处理与分析技术、智能控制技术、智能协同技术、人机交互技术等。工业互联网、大数据和云计算技术为制造智能的实现提供了一个动态交互、协同操作、异构集成的分布计算平台。智能感知、工业互联网与人机交互是智能制造的基石；大数据和知识是智能制造的核心;推理是智能制造的灵魂,是系统智慧的直接体现[①]。

制造智能的关键技术主要有:

(1)感知、物联网与工业互联网技术。

(2)大数据、云计算与制造知识发现技术。

(3)面向制造大数据的综合推理技术。

(4)图形化建模、规划、编程与仿真技术。

(5)新一代人机交互技术。

1.5.5.2 智能制造装备

智能制造装备相关关键技术主要有:

(1)装备运行状态和环境的感知与识别技术。

(2)基于大数据的性能预测和主动维护技术。

(3)大数据多条件约束下的精确工艺规划与自动编程技术。

(4)智能数控系统技术与智能伺服驱动技术。

(5)基于工业大数据的智能制造装备共性技术。

(6)智能装备嵌入式系统、智能装备控制系统、智能装备人机交互系统、智能增材制造装备、智能工业机器人、其他智能装备等六项智能装备相关标准的建立。

1.5.5.3 智能制造系统

智能制造系统是一种由智能机器和人类专家共同组成的人机一体化智能系统,它在制造过程中能进行诸如分析、推理、判断、构思和决策等智能活动。通过人与智能机器的合作共事,扩大、延伸和部分地取代人类专家在制造过程中的脑力劳动。智能制造系统有:大批量定制智能制造系统、精密超精密电子制造系统、绿色智能连续制造关键技术与系统、无人化智能制造系统。

智能制造系统的关键技术有:

(1)制造系统建模与自组织技术。

(2)智能制造执行系统技术。

(3)智能企业管控技术。

(4)智能供应链管理技术。

(5)智能控制技术。

---

① 邓朝晖,万林林,邓辉,等.智能制造技术基础[M].武汉:华中科技大学出版社,2017.

（6）信息物理融合技术。

1.5.5.4 智能制造服务

制造服务包含产品服务和生产性服务。前者指制造企业对产品售前、售中及售后的安装调试、维护、维修、回收、再制造、客户关系的服务,强调产品与服务相结合;后者指与企业生产相关的技术服务、信息服务、物流服务、管理咨询、商务服务、金融保险服务、人力资源与人才培训服务等,为企业非核心业务提供外包服务。智能制造服务采用智能技术、新兴信息技术(物联网、社交网络、云计算、大数据技术等)提高服务状态/环境感知,以及服务规划、决策和控制水平,提升服务质量,扩展服务内容,促进现代制造服务业这一新的产业业态的不断发展和壮大。

智能制造服务发展表现为:重大装备远程可视化智能服务平台、生产性服务智能运控平台、智能云制造服务平台、面向中小企业的公有云制造服务平台、社群化制造服务平台具有较大的市场需求。

制造智能服务的关键技术有:

（1）服务状态/环境感知与控制的互联技术。

（2）工业产品智能服务技术。

（3）生产性服务过程的智能运行与控制技术。

（4）虚拟化云制造服务综合管控技术。

（5）海量社会化服务资源的组织与配置技术。

1.5.5.5 智能制造工厂

智能制造工厂将智能设备与信息技术在工厂层级完美融合,涵盖企业的生产、质量、物流等环节,是智能制造的典型代表,主要解决工厂、车间和生产线以及产品的设计到制造实现的转化过程。智能工厂发展模式有:复杂产品研发制造一体化智能工厂、精密产品生产管控智能化工厂、包装生产机器人化智能工厂和家电产品个性化定制智能工厂。

智能工厂关键技术有:

（1）基于工业互联网的制造资源互联技术。

（2）智能工厂制造大数据集成管理技术。

（3）面向业务应用的制造大数据分析技术。

（4）大数据驱动的制造过程动态优化技术。

（5）制造云服务敏捷配置技术。

第 2 章 智能制造模型

本章从智能制造模型的基本概论出发,分别对传统经典管理技术、基于识别传感和设备的智能设备模型、少人化、无人化的自动化模型,以及基于业务需求的基础网络架构进行阐述。

2.1 智能制造模型概论

在进行智能制造体系设计之前,首先要了解企业中各个应用系统所处的位阶及相互关系,以及每个位阶中各个系统的定义和作用[①]。

(1)现场层。

现场生产设施及生产辅助设施。生产设备:单体设备、整线设备;检测设备:实验室检测设备、在线监测设备、检具/量具;物流搬运设备:AGV、堆垛机、升降机、货梯、物料车等;标准化容器载具:筐、箱、槽、盒、袋等;其他:识别传感设备、传感识别标签、智能仓储设备、打印刻码设备、工具、工装治具、网络设备、软件载体、终端设备、动力系统等工厂设施。

(2)控制层。

工业控制软体:设备可编程控制软件(PLC)、设备分布式控制软件(DCS)、设备数据控制软件等。

(3)操作层。

通过操作界面和控制软件对设备设施进行操作管理。操作系统包括HMI 集成操作、拧紧操作、ANDON 操作、DCS 操作等。

(4)执行层。

①高级计划与排程(Advanced Planning and Scheduling, APS)。在业界 APS 被称为"供应链优化引擎",由物料计划、生产计划、生产排程、销售计划、发运计划、供应链系统分析等在资源约束的基础上均衡资源,同

---

① 邓朝晖,万林林,邓辉,等.智能制造技术基础[M].武汉:华中科技大学出版社,2017.07

步给出在不同的条件下最优的生产排程,实现快速排产,对需求变化做出快速反应,优化管理目标。

将生产作业准备时间降至最低,对生产任务合理安排。生产计划安排最合理,工单生产时间最优,流程时间缩短,降低在制库存。延迟时间最小化,准时交货,保证交期。将瓶颈工序能力最大化,充分利用瓶颈资源。充分合理利用设备设施资源,提高效率和产能。设备利用率最大化,尽量使设备满负荷运转,充分利用设备资源,提高产能。成本最小化,利益最大化。

②制造执行系统(Manufacturing Execution System,MES)。MES能通过信息传递对从订单下达到产品完成的整个生产过程进行优化管理,有效地指导工厂的生产运作过程,从而使其既能提高工厂及时交货能力,改善物料的流通性能,又能提高生产回报率。生产管理技术工具化。源数据管理精细化。制造标准管理规范化。生产管理智能化。全方位和智能化的设备管理。实现闭环控制的质量管理。客户投诉、退货标准化管理。强化实时数据采集、监控、分析、改善管理。建立完善的生产追溯履历。实现单一工单、单一产品成本核算精细化管理。

③仓库管理系统(Warehouse Management System,WMS)。WMS能够有效控制并跟踪仓库业务的物流和成本管理全过程,实现或完善企业仓储信息管理。该系统可以独立执行库存操作,也可与其他系统的单据和凭证等结合使用,可为企业提供更为完整的物流管理流程和财务管理信息。将传统仓库管理技术转为数字模型,进行精确分析管理。实时采集仓库数据,对过程精细管理。精确地对库区、库位进行定位管理,对其全面监控,使仓库空间利用率最高。精确的库存数据,对策略智能化管理。实现对产品批序管理,保证产品追溯的完整性。由事后管理变为实时管理,提高库存、资金周转率和响应速度。

④运输管理系统(Transportation Management System,TMS)。TMS是一种"供应链"分组下的管理系统,它能通过多种方法提高物流的管理能力。运输管理系统内容包括装运单管理,制定发货计划,管理运输模型和优化运输路线,运输和硬件运维成本、费用管理,采集和维护运输数据,运输招标管理,审计和支付货运单,管理货损索赔,运输相关人员的调度管理,文件和第三方物流管理等。建立统一的调度管理平台,智能化管理调度,提升车辆的利用效率。实现人性化、灵活的调度机制,并建立预警机制,快速响应非正常事件并快速处理。整合GPS技术、IC、行车记录仪、加油记录、胎压监测、接口等技术。运用灵活的配置功能,合理排班,支持订单拆分,委外管理、派工管理。建立效率较高的订单处理机制,使订单与运输管理系统无缝对接。实时采集费用、损耗、车辆维修、违章等数据,

对关键性指标进行分析改善。建立集中的财务管理机制、合同管理、费用生成、应收付账管理、备用金管理、费用流程管理、多种核销方式等。

⑤能源管理系统（Energy Management System，EMS）。EMS 是对电能、用水、天然气、蒸汽、水处理系统等能源的监测，对能源信息进行采集和管理，制定合理的能源充分利用计划，完成能源的优化调度和管理，优化供能体系，降低能源消耗，降低制造成本。完善能源数据采集、能源数据实时监控和发布管理。对能源系统进行分散控制和集中管理。对能源管理体系优化，实现扁平化管理，建立客观的能源消耗评价体系。提升能源事故反应能力，快速应对故障。降低能源管理系统运行成本，提高劳动生产率。通过优化能源调度和指挥系统，节约能源和改善环境。对能源数据资源有效应用。

（5）运营层。

①产品生命周期管理（Product Lifecycle Management，PLM）。PLM 是一种应用于单一地点或分散在多个地点的企业内部，以及在产品研发领域具有协作关系的企业之间的，支持产品全生命周期的信息的创建、管理、分发和应用的一系列应用解决方案，它能够集成与产品相关的人力资源、流程、应用系统和信息。

建立由市场需求驱动的产品开发。可进行多方协同作业，简化评审流程，提升效率，降低成本，加快产品投放市场的速度。建立三维数据整合平台，建立无纸化的设计，实现对产品生命周期管理。产品设计周期的可视化管理，掌握产品生命周期，对产品设计质量进行追溯管理，确保所有步骤有理有据。建立标准化的企业数据字典。

②计算机辅助工艺过程设计（Computer Aided Process Planning，CAPP）。CAPP 借助于计算机软硬件技术和支撑环境，利用计算机进行数值计算、逻辑判断和推理等来制定零件机械加工工艺。借助于 CAPP 系统，可以解决手工工艺设计效率低、一致性差、质量不稳定、不易达到优化等问题。大量的运算通过系统实现，工艺设计人员工作量减少。缩短设计周期，加快产品上市，应对市场变化，提高企业产品竞争力。对数据资源应用，有利于整体工艺设计水平提升。对工艺设计最优化和标准化。承上启下，实现集成，为并行工程和柔性制造提供前提条件。

③企业资源计划（Enterprise Resource Planning，ERP）。ERP 系统是企业核心系统，主要包括生产资源计划、制造、财务、销售、采购、质量管理、业务流程管理、产品数据管理、存货、分销与运输管理、人力资源管理和定期报告等子系统。它主要用于改善企业业务流程以提高企业核心竞争力。面向市场，能够快速响应。强调了供应商、制造商、分销商之间的

合作管理。对企业行政、人事、后勤进行管理。实现企业流程信息化,对人、收发货、生产、销售、财务与供应商、客户进行集成。完善的企业财务管理体系,实现资金流、物流、信息流有机结合,实现财务税务系统管控。

④供应链管理(Supply Chain Management, SCM)。SCM 的应用代表着公司业务网络的形成,供应链涉及生产与交付最终产品和服务的一切过程,从供应商的供应商到客户的客户,供应链管理包括管理供应与需求,原材料、备品备件的采购、制造与装配,物料的存放及库存查询,订单的录入与管理,渠道分销及最终交付用户。实现以客户为中心,提高客户满意度的终极目标。建立专注于核心业务的管理体系,构建核心竞争力。建立企业间信息共享、风险共担、利益共享。提升企业管理水平,对企业工作流、物流、信息流、资金流进行设计,并进行流程自动化管理,同时在执行中不断优化。缩短产品交付时间。使生产与实际需求保持一致。减少采购、库存、运输、交易等环节的成本。

⑤客户关系管理(Customer Relationship Management, CRM)。客户关系管理就是为企业提供全方位的客户管理视角,赋予企业更完善的客户交流能力,最大化客户的收益率。客户关系管理是企业活动面向长期的客户关系,以求提升企业成功率的管理方式,其目的之一是要协助企业管理销售循环:新客户的招徕、保留旧客户、提供客户服务及进一步优化企业和客户的关系,并运用市场营销工具。提供创新式,个性化的客户商谈和服务。通过客户关系管理,提升客户满意度。为产品研发、财务金融策略、调整内部管理提供决策支持。优化企业销售业务流程,提高企业快速响应和应变能力。

⑥业务流程管理(Business Process Management, BPM)。BPM 是一种以规范化的端到端卓越业务构造流程为中心,以持续地提高组织业务绩效为目的的系统化方法。进行流程的标准化建模与运行管理。以流程为中心,协调业务目标的执行,推进人与人、人与系统、系统与系统的整合。对业务流程进行自动化管理,通过对流程进行分析和监控,对业务进行整合、衡量,从组织、业务、IT 等角度获取可量化的改善效果。完善严谨的审批制度流程。

(6)分析平台。

①云计算(cloud computing)平台。企业中日益变多的互联网相关服务,以及其所使用的交付模式,通常都涉及互联网提供的动态、易扩展且经常是虚拟化的资源。云是网络、互联网的一种比喻说法。过去往往用云来表示电信网,后来也用它来表示互联网和底层基础设施的抽象。云计算可以让用户体验每秒 10 万亿次的运算能力,这么强大的计算能力,

能让用户模拟核爆炸、预测气候变化和市场发展趋势。赋予用户超强的计算能力。建立虚拟化运行模式。建立容错、计算节点同构可互换等措施保障服务的高可靠性。建立一个可同时支撑不同应用的"云"通用性模式。建立高可扩展性的动态伸缩,满足应用和用户规模增长的需要。按需拉动服务,流量计费,价格低廉。云计算的存储服务有一定潜在风险,比如数据资源一旦掌握在云计算服务机构手中。服务商便有可能将此作为资源来赚取利润,信息也有泄露的风险。

②大数据平台。"大数据"(big data)是利用新处理模式产生具有更强的决策力、洞察发现力和流程优化能力。可以适应海量、高增长率和多样化的信息资产,是一种规模大到在获取、存储、管理、分析方面大大超出了传统数据库软件工具能力的数据集合。具有海量的数据规模、快速的数据流转、多样的数据类型和价值密度低四大特征。大数据可以帮助企业进行产品或服务的精准营销。制造型企业可以充分利用大数据价值转型升级。及时分析企业运营中的问题根源并进行解析,节省企业成本。根据大数据分析客户的各种反应和做法,分析客户的喜好,满足或超越客户需求。

(7)战略层。绩效管理系统(Performance Management System,PMS)。PMS是为了达到组织目标而设置的管理组织和员工绩效的平台,通过接口与其他系统进行交互,读取所需要的绩效管理的基础数据,对数据进行定性和定量的评价,验证各管理系统的运行效果,提升个人、主管、部门和组织的绩效,最终实现企业目标。将个人绩效达成状况下的个人行为与组织目标建立联系,有助于帮助组织达成目标。绩效管理是过程管理,通过PDCA循环过程的绩效管理,改善公司整体运营管理。对利益进行合理分配,是激励组织人员的有效手段,可促进员工的成长。实现了组织和个人定期或不定期的全面评估,发现距离,查漏补缺,为下一阶段的绩效指标做准备。

(8)协同层。企业内部及企业之间在研发、供应、生产、发运、销售、服务等过程活动中依据逻辑关系和时空布局关系进行协同作业,并实现业务流程和信息系统的深度融合,进行一体化运作,资源、信息、利益共享。

推动协同企业间资源的整理,提升资源配置效率,使整个价值链最优化,进行标准化协同作业,降低企业成本,提升管理协调效率。促进企业间的协同,对分工协作进行细化,提升产品和服务专业化程度,同时细化的分工使专业技术得到提升,为顾客提供更优质的产品和服务,并使企业品牌价值得到提升。通过协同使价值链上的企业更关注于优势产业,使产业专业技术得到提升。突破了各企业之间的壁垒,使资源、信息、技术等要素充分展现活力,形成协同创新的氛围。促进地区、国家产业经济的发展。

通过以上内容认识了各应用系统的位阶,现在就可以很清晰地描绘出智能制造总体模型,智能制造总体模型分为以下四个部分(见图 2-1)。

第一部分是以本质贯标的两化融合管理体系为基础,进行智能制造体系模型构建。

第二部分为智能制造基础模型部分,分别为:通过把传统管理技术进行智能升级,使之工具化,形成智能管理综合体,贯穿整个制造过程。

第三部分为应用模型部分。建立以 BOM 和流程管理为核心的运营管理模型;建立基于工业大数据分析的决策管理模型;建立基于智能产品、智能服务的商业管理模型。

第四部分是信息安全,信息安全是智能制造的重要部分,企业须参照 ISO 27001 信息安全管理体系标准,制定自身的信息安全体系,用以规范企业员工行为,这是各种信息技术实施的有效保证。

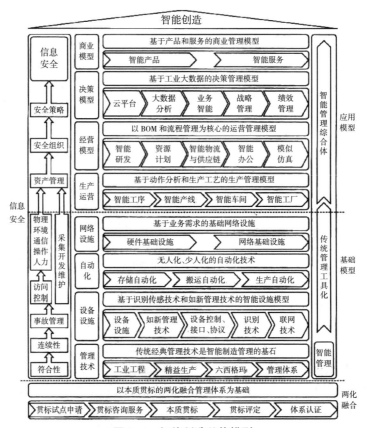

图 2-1　智能制造总体模型

2.2　传统经典管理技术

在智能制造体系中,智能管理贯穿其中,以传统经典管理技术为基石,把传统经典管理技术用信息化、自动化等技术手段来实现,将传统经典管理技术应用推向一个新境界。图 2-2 列举了相关管理技术,但现实不仅限于此[①]。

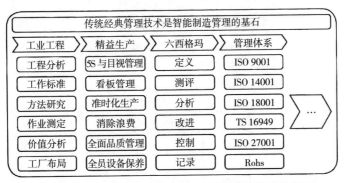

图 2-2　传统经典管理技术是智能制造管理体系的基石

2.2.1 工业工程

工业工程(Industrial Engineering, IE)的应用成为很多企业管理应用的核心,使投入的要素得到有效的利用,保证安全和质量,提高生产效率,保证交期,降低制造成本,获得最佳效益。图 2-3 是工业工程运用流程。

2.2.2 精益生产

精益生产(Lean Production, LP)是通过系统结构、人员组织、运行方式和市场供求等方面的变革,使生产系统能很快适应用户需求的不断变化,并能使生产过程中一切无用、多余的东西被精简,最终达到包括市场供销在内的各方面最好结果的生产管理方式。其特色是"多品种""小批量",中心思想是 JIS (Just In Time)在需要的时候,按需要的量,生产所

---

① 　胡成飞,姜勇,张旋.智能制造体系构建 面向中国制造 2025 的实施路线 [M].北京:机械工业出版社,2017.

需的产品。图 2-4 为精益生产模型。

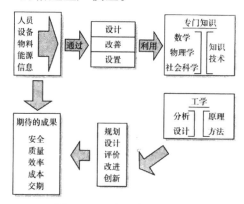

图 2-3　工业工程运用流程

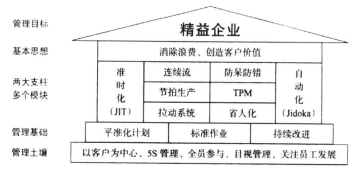

图 2-4　精益生产模型

2.2.2.1 5S 与目视管理

"5S"即整理、整顿、清扫、清洁和素养。5S 管理是现场管理的基础，其对现场进行综合管理，维持整洁和高效的工作现场，教育、启发员工养成良好的工作习惯。目视管理既可以在瞬间识别正常和异常状态，又能快速、正确地传递信息。

5S 管理本身也是一项系统工程，与现场的人、机、物等因素有着千丝万缕的联系，不能切割开来。很多企业在实施 5S 管理的时候缺乏有效的工具，对流程模式和工具无法固化，这是很多企业 5S 管理失败的根本原因。

在智能制造环境下，通过软件系统对 5S 管理的方法、手段、过程进行工具化，比如在现场现实终端上实时显示工位 5S 布局标准，实现现场作业文件图纸无纸化，在终端中根据生产任务自动调用，避免现场存在不易管理的大量纸质文件。图 2-5 所示为通过终端工具实现 5S 标准化管理。

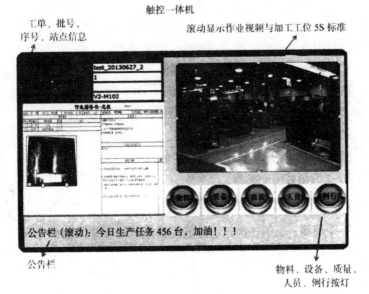

图 2-5　5S 标准化管理

目视管理的典型应用：生产中的各种信号灯、流转卡、标识卡、设备监控看板、按灯看板、中央监控看板、生产进度看板、物料需求看板、生产物料拉动看板、工艺质量看板等①。

2.2.2.2 准时化生产

在需要的时候，按需要的量，生产所需的产品，这是准时化生产的基本思想，其核心是追求零库存或最小库存。

准时化强调生产同步化和均衡化，两者的实现是通过拉动看板管理传递指令。在汽车整车厂，通过看板直接从供应商车间进行物料需求拉动管理，在企业内部，前道工序是后道工序的供应商，后道工序是前道工序的客户，当客户提出需求时，供应商才允许送货和生产。比如生产需求物料的配送，传统的做法是仓库配料按天或按小时来配送，在 MES 中则是根据生产工单，链接生产 BOM 和生产工艺生成各工序的物料需求计划，其中包括工序名称，需求物料品名、规格、数量，需求时间；根据物料需求计划生成仓库的配料计划与配送计划，计算 AGV 配送距离和时间，指挥 AGV 配送，最后的工序是对物料进行接收和确认回报。所有的需求拉动都是通过看板实现同步化和均衡化。

---

① 穆东，洪燕云.企业管理[M].徐州：中国矿业大学出版社，2003.

2.2.2.3 消除浪费

不增加价值的流程和动作都是浪费,在精益生产中利用如图 2-6 所示的价值流图(Value Stream Mapping)识别浪费。

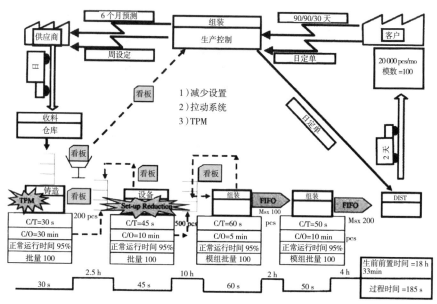

图 2-6　价值流图

（1）等待的浪费。

在运营过程中,作业设计和执行进度不平衡、计划性不强、停工待料、品质异常、设备异常、监控与预警缺失等环节会造成等待的浪费。每个节点都有可能出现异常,出现异常后无法及时共享信息,将造成交期延误、产品异常,继而会造成计划的变更、加班,甚至必须采用非正常手段而影响产品质量等问题。很多异常都需人为监视,这将造成人力的等待浪费。通过系统对信息进行实时采集和分析,借助模拟仿真技术,声、光、电技术,大数据分析技术等进行分析、监控和报警。比如可通过模拟仿真系统,将各环节可能会造成等待浪费的节点找出来,对风险点进行预防控制;在生产过程中可通过 ANDON 系统,对人员、设备、物料、质量等异常及时反馈、响应、处理。对于设备停机的预防,可以通过 MES 对相应时间内的设备运行参数(转速、负载等)进行监控、分析,以提前对设备进行预防性维修。

另外,通过 APS 对生产计划进行平衡,缩短换型工时;通过移动App,使流程、异常得到快速处理;通过 BPM,对流程节点进行控制,避免跨流程和延误作业。

（2）搬运的浪费。

工厂集中水平式布置和仓储集中管理会造成大量的搬运活动。智能制造系统中搬运的管理也是重要内容之一，因为涉及大量物品放置、堆积、移动、整理。就本身的搬运设计来看，通过模拟仿真系统对搬运距离、时间进行模拟，可以找出最优搬运路线。再结合工艺对工厂布局进行改善。

搬运成本分析：根据对搬运人员工作量和工时进行评估，进行立体自动化仓库的设计和自动搬运系统的设计。立体自动化仓库的使用可将库内的搬运通过堆垛机自动完成，库外的搬运依靠 AGV 或其他传送设备完成，节约搬运设备维护成本、人力和管理成本。

（3）不良的浪费。

在生产过程中，产品质量的异常会造成工时、设备、原材料等的浪费进行的弥补工作也会增加额外的制造成本。产品生产过程中的不良浪费有诸多产生因素。

必须先解决人员的因素：人员上岗前必须经过相关教育培训和考核并授予技能等级，在 MES 中进行人员资料设置时，将设定人员的技能等级，确保人员上岗时，其资质符合岗位要求，否则无法上岗作业；工人在工作中的情绪管理也至关重要，若管理失当会导致各种问题，有些企业通过按灯系统设置人员情绪按键，当员工情绪有波动和需要寻求帮助时可以及时呼叫反馈。

在生产过程中对工艺质量数据的监控也尤为重要，以预防为主，进行预警监控，通过设备联网系统将生产和检测设备数据实时上传 MES，MES 再对数据进行整理分析，实时生成相关监控报表（如 SPC），借助看板将质量状况实时呈现和预警。

（4）动作的浪费。

在生产中，因场地的规划、生产方式设计不周，存在很多动作的浪费，动作的规范管理是效率提升的重要因素。

IE 工程师可以根据动作的 3D 仿真，进行动作分析，去除不必要的动作，制作简洁标准的作业指导书；在 MES 客户端实时更新，将最新的作业指导书传至现场终端，其在终端可以作为培训员工动作的教材，并在日常的操作中实时呈现，让员工可以对比纠正。根据生产工艺对设备、容器、工作台等进行布局规划、定位，在 MES 中形成图片化 5S 标准。

（5）加工的浪费。

在加工过程中，因为工艺设计不合理，存在多余的加工，比如精度和检验标准过高会造成多余的作业时间,管理工时增加,同时增加了生产成本。可通过对工艺模拟仿真,制定经济的加工工艺流程,使生产成本最低。

（6）库存的浪费。

在智能制造体系中,库存依然是我们关注的重点,在 ERP、SCM、MES、WMS 等系统中都在关注库存,通过系统间无缝连接（接口方式或运营一体化平台）,构成了企业完整的库存管理体系。体系中各个系统分工和服务对象也不尽相同,ERP 的库存更多的是反映企业内部库存,为企业财务服务；SCM 反映的则是在整个链条上相关联的库存,为企业价值链服务；MES 库存则是线边仓、车间仓（未列入 ERP 管控）库存,为计划调度服务；WMS 的库存则更多的是对诸如盘点、移位、库存加工、锁定、调拨、变更等进行精细化管理,为订单生命周期服务。

库存合理化是实现准时化生产的基础,在系统设计时要考虑供应和生产必须"适时,适量,适物"的要求,供应商根据客户需求确定供应量及供应时间（包含内部供应商和客户）,生产根据客户需求安排生产。若要达到准时化生产,必须对库存计划、生产计划、物料需求计划、物料配送计划、生产数据等信息实时更新、采集、分析,还必须具有一定的柔性。这些问题必须由 APS 经过条件约束、算法技术、事件管理等来实现；通过 MES 对生产数据实时采集,提供实时更新的正常和异常的数据,再由 APS 进行处理,实现准时化管理。

（7）生产过多(早)的浪费。

生产的产能和效率虽然从一定程度上会产生利润,但企业最终利润的产生时间是产品销售后,如果生产过多(早)的产品,但没有销售出去,反而会造成库存积压。增加的库存需要增加场地来存储,甚至要增加厂房,这会导致成本的增加,也会给管理增加难度,比如物料先进先出的实现。

造成以上问题有诸多原因,在智能制造条件下这些问题必须要解决：通过 APS 进行精细化排产,明确资源需求,物料资源通过 ERPISCM 与供应商进行沟通,在 MES 中对资源进行拉动管理,WMS 根据拉动需求进行物料管理和配送。在制造执行过程中,MES 对进度、在制品数量、损耗等监控管理。

2.2.2.4 全员生产性保全活动（TPM）

TPM 是 Total Productive Maintenance 的英文缩写,意为"全员生产性保全活动",其于 1971 年首先由日本人倡导提出。它原来的狭义定义是：全体人员,包括企业领导、生产现场工人以及办公室人员参加的生产维修、保养体制。TPM 的目的是达到设备的最高效益,它以小组活动为基础,涉及设备全系统。图 2-7 为 TPM 体系。

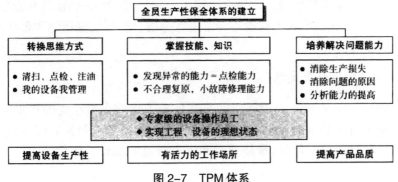

图 2-7　TPM 体系

　　智能制造下 TPM 是以全员参与的方式,打造信息化环境下的设备系统,包括设备安全、设备管理、设备应用、设备效率、设备故障管理、备品备件管理等,目的是降低成本,全面提升生产效率。

　　目前的实现方式有三种:一是专业化的设备管理软件;二是在设备联网系统中实现;三是在 MES 中设置设备管理模块。在 MES 中实现是未来的发展趋势,因为前两种方式的数据采集不够完整,如产能信息、计划信息等,只能通过接口和其他系统进行数据传递,导致成本高、实施风险大[①]。

　　涉及管理,首先要解决组织的问题,在 MES 中必须建立全员生产性保全的组织,明确设备的使用者、保养者(各级)、维修者、管理者及相应工作职责。

　　建立完整的设备档案,很多公司在 ERP 已经实现其中一部分(固定资产管理),但远远不够。在 MES 中必须建立设备基础档案、采购档案、验收档案、所属工作群组、辅助设备、备品备件清单、调试工具、设备主要参数及参数标准、对应的工艺流程等。

　　设备的使用、监控、维护保养和维修是设备管理的主题,必须解决这个问题;在 MES 中管理点检、三级保养、维修呼叫、维修响应、设备维修、维修记录、维修验证。再者必须建立预防性维修体制,根据对设备运行参数的采集、分析,设置相应临界点,自动提醒设备管理者对设备进行不定期预防性维修,确保设备处于良好状态。

　　对设备的管理需求也必须进行设置,定义设备的状态(如运行、故障、

①　胡成飞,姜勇,张旋.智能制造体系构建 面向中国制造 2025 的实施路线[M].
北京:机械工业出版社,2017.

维修、闲置等），监控实时状态，对生产、设备数据进行采集、汇总分析，实时监控其相应的指标，如利用率、OEB 数据，实时真实地了解设备状况。

对设备异常的处理必须形成闭环的过程管理，MES 必须具有设备异常分析平台，在此平台上对设备异常进行分析、记录、实施行动改善计划、行动跟踪等。

2.2.2.5 全面质量管理（TQM）

TQM（Total Quality Management）是为了能够在最经济的水平下和充分满足顾客要求的条件下进行市场研究、设计、制造和售后服务，把企业内各部门的研制质量、维持质量和提高质量的活动一体化的一种有效的体系。

全面质量管理和 TPM 非常相近，必须让组织、人、流程、节点进行有效连接，借助于信息化手段实现新环境下的全面质量管理工作。传统的质量管理数据大部分是依靠人工统计、分析，有时会统计出错和存在滞后性。

在智能制造体系中，可以借助于 WMS、MES 实现全面质量管理。解决组织的问题，在 WMS、MES 中必须建立完整的全面质量管理组织，包含检验者、判定者、管理者及其相应工作职责。在系统中每一工序、岗位有明确的质址输入输出数据明细、公差范围、采集频次等信息，以便在过程管理中有标可循。建立质量管理专家库，让全员都成为质量管理"专家"，促使质量闭环管理。实现完整的建议流程，如来料检验、制程检验（首末检、实验室检测自检、巡检、成品检、入库检等）、出货检验记录和判定，形成关键工序的 SPC 统计。

2.2.3 六西格玛

精益生产是对流程、动作的改善，六西格玛（6sigma）是对流程中具体问题进行定义、测量、分析、改善、控制，两者相辅相成。在以往 6sigma 的推行过程中，虽然有专门的数学软件进行算法开发、数据可视化、数据分析及数据计算的高级技术计算语言和交互式环节的应用，但前期大量的数据需要人工完成收集，数据颗粒度和频次比较低。图 2-8 为 6sigma 开展步骤。

无论是对流程的改善还是对具体问题的改善，其核心就是数据的实时性、完整性和真实性。智能制造为 6sigma 的应用和推广提供数据资源基础，6sigma 也是智能制造实现的工具之一。比如过程设计，在 PLM 应用中融合了 FMEA 的思想,可以通过数据接口将数据实时导入软件中并进行分析,诸如 CPK/DPMO/SPC 等在 MES 中均可实现对数据的统计、描述与监控。

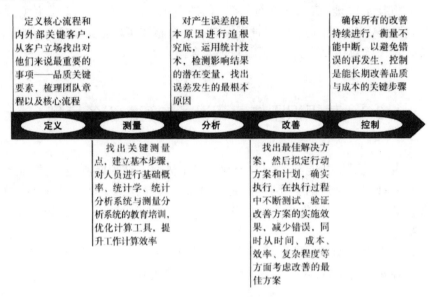

图 2-8　6sigma 开展步骤

再如过程改进,在 MES 系统中对质量部分可建立相关模块,实现改善方法和流程:定义(在模块中可以选择专案小组成员、支持者及其他资源,对问题进行定义)→测量(收集实际数据,与目标进行对比,设定改善目标)→分析(对流程、制程进行梳理,确认异常来源,指定改善部门与人员,承诺完成日期,并进行记录)→改善(对问题进行改善、评估、验证)→控制(制定推行控制计划,持续监控并对技术文件和作业文件进行标准化)。

2.2.4 管理体系

智能制造的实现是一个复杂和动态的管理过程,每个阶段的管理模式方法都会发生变化,但有一定的管理规律,必须遵循、不可违背,否则存在管理失控和经济损失的风险,甚至造成企业崩溃。所以我们在进行智能制造体系设计时必须遵循其规律,借鉴成熟的体系管理技术,为智能制造体系设计提供规范依据。

2.2.5 智能管理综合体的形成

将技术管理、信息化系统管理、硬件系统管理、外部管理、云计算管理、移动APP管理、企业门户管理集成为一个整体实现企业信息流、物流、资金流无缝对接，从而实现智能管理综合体。

2.3 基于识别传感和设备的智能设备模型

设备是泛指智能制造的整个硬件设施体系。在智能制造中，智能设备是实现智能制造的主要载体，智能设备具有自我感知是、自我监测、自我诊断、自我决策等功能。智能设备是设备新技术的应用，设备的设计以实现产品的自动化生产、自动质量检测、自动周转等功能为基础。在智能设备的应用中，需要有新的设备管理思维来实现智能设备管理，只有技术与管理两手同时抓，才能使智能设备发挥应有的作用。

2.3.1 智能设备的典型应用

在智能制造环境下，智能设备是实现先进制造技术、信息技术、传感识别技术、自动检测技术、自动控制技术的集成和深度融合的重要支撑点。智能设备可以将人的经验与专业知识融入识别、执行、控制、分析、决策等过程中，也可以与信息化系统无缝对接融合，实现自动识别传感、自动识别采集数据、预警与监控管理、专家知识库管理、最优方式方法推荐、流程自动化等。在智能设备的应用中。智能设备自身的管理智能化也是必须关注的，如在系统中将经典的设备管理技术通过各控制系统与信息系统嵌入其中，实现设备自身的智能管理，如远程诊断、自我预警等。以下为各个行业对通用智能设备的基本要求，供大家参考。

（1）食品加工、饮料生产行业。

建立机电一体化高精度、高质量、高速度的自动成套流水线，而且一体多用，集安全和技术一身。这将是未来食品、饮料行业设备的主流：借助于高端设备实现前道处理、配方调配、无菌自动传送、在线配方分析与纠正、在线质量监测与预警、细菌检测、无菌自动灌装和包装、自动贴标、自动识别和全过程质量追溯，辅助智能搬运设备、智能立体仓储等设备，走节约化道路,实现绿色与高效结合,提升产品质量和企业竞争力。

（2）纺织业、化学纤维制造业。

建立服从工艺的自适应性强、连续性好、具有成套性的智能设备,取代传统的能耗高、噪声高、污染环境的设备,实现制程中异常点自动记录、自动预警或自动停机,在生产时可以高速度、高效率地运转,在生产中可根据产品类型进行参数的自动监控与调节,还可以进行自身的判断、监控、调节。

（3）服装、鞋帽、皮革制造业。

此类行业已经向技术密集型工业逐步发展,专业设备也从人工操作设备转变为 PLC 控制设备,后者通过 PLC 编程实现不同产品的转换,实现自动识别、自动加工、自动检测,自动控制加工参数。建立柔性集成的无人流水线是这个行业的趋势。除了专业设备,机器人的应用也需有所突破,可适应原材料的柔软性和不规则性,增加灵活性、识别和应变能力,实现立体可移动式加工模式。更高一级的智能设备应用(即结合黏合技术)是开发无缝纫加工和一次性加工成型的智能设备来完成生产。

（4）木材加工及木制品制造业。

锯材加工是木材加工要解决的首要问题,实现在加工前自动上料,自动剥皮,通过 3D 扫描仪对原木的内部结构进行确认,锁定内部缺陷位置,以在造段时进行规避。裁断后自动分选,还可以通过 3D 扫描仪对造段后的原木按长度、直径等级进行自动分类管理,自动分为标准板材和边材,对边材通过 3D 扫描仪扫描后自动裁边,形成小尺寸合格板材。木材加工智能设备还需实现堆垛、装窑干燥和干燥监控,自动抛光加工和二次分选,自动打包。保证最大的出材料率和高的等级品率。

对于木制品,建立成套生产设备,根据工单工艺,自动调节各工序加工参数,实现自动压合、锯、刨、刮、铣、砂、涂装、包装等工序生产,以及在过程中自动识别、加工、检测等功能。

（5）造纸、印刷业制造业。

根据行业工艺特性,需建立智能设备集群,保证其连续性生产。关注点一是设备及集群必须有先进的自身检测、预警功能,根据主要运行参数、自动分析结果给出建议,进行预防性故障诊断,避免突然停产给管理带来的混乱。关注点二是设备均为大功率设备,设备的启动和运行会有大量的能源消耗,需在进行设备设计和选型时,尽量采用先进的变频技术,实现软启动,通过改善电压频率输入来进行调速,可起到节能的效果,设备本身要有相应的智能能源监控功能,对设备能耗进行实时监控,降低生产成本。另外,还需具有自动上料、工序移转、自动搬运等功能,以充分发挥智能集群的作用。

（6）非金属矿物制品业（含水泥、玻璃、陶瓷、耐火材料等）。

此类生产特点是连续性强,物品移动量大,产品质量取决于生产过程的工艺参数;生产过程中电或燃气的消耗大;在生产过程中要解决物料及时,快速移动的问题,建立智能配送体系实现自动配送管理;在生产过程监控方面,智能设备可根据产品自动配置参数,在执行过程中对参数进行监控并修正,保证运行参数在工艺设定范围内。设备对自身的能源消耗进行闭环控制,进行自识别、自诊断、自控制,将能源消耗降至最低。

（7）黑色金属、有色金属冶炼及压延加工业。

在生产过程中对运动精度要求高,需开发具有特种参数在线监测、自适应控制、高精度运动控制等功能的金属冶炼、短流程连铸连轧、精整等成套设备。

（8）金属制品业。

建立包含下料、抛丸、表面处理、机加工、热处理、磨加工、检测、装配、包装、输送、搬运等工序的自动化生产线,使其具有高效率运行、加工精度高、可掌性高等特点。

（9）化学原料及化学制品制造业。

该行业的设备基本为专用设备,自动化程度较高,可实现在线监测、优化控制、功能安全等功能;行业生产工艺条件成熟,通过 DCS 系统进行分布式控制,实现生产过程自动化。在生产过程中设备的自我检测、自我诊断、自主调整的闭环控制尤为重要。

（10）医药制造业。

医药行业自动化设备必须满足小规模、单元化、批量化和间歇式的生产方式,实现批控制和批管理的控制与管理模式,带有符合国际国内标准和规范的连续控制和逻辑控制的结构模式。实现对原辅料自动转运和投放,中间品、半成品、成品的自动转运和投放,以及空调净化自动执行与监控、医药用水监控、在线清洗执行、在线灭菌执行、计量自动化、质量在线监测自动化,建立综合、完善、实时的医药生产管理、质量管理的自动化系统。

（11）橡胶制品、塑料制品业。

现有的大部分设备对相关的设备参数和工艺参数可实现自动采集、监控、报警等功能,实现了本身闭环管理;可通过机器人、机械手、自动搬运线的应用,成组管理设备。实现主要生产设备与辅助设备、一人与多台设备的联动,保障安全生产,提升产品质量和生产效率,降低成本。

（12）光纤、线缆制造业。

精密、高速、长度连续性高、规格适应性好是光纤、线缆制造业对设备的基本要求,在生产过程中对产品参数进行自动侦测,自动反馈与调整,保证工艺的有效性和稳定性。

（13）通信设备、计算机及其他电子设备制造业。

电子设备制造业是人员密集型行业。人力成本占据着较大比重,且在不断上升。随着自动化设备的应用,该行业减少了对人员的依赖性,既保证了产品质量和生产效率,也使人力成本得到控制。该行业对自动化设备精度和柔性要求高,需保证设备操作方便、灵活不单一,功能可根据产品添加和更改。在生产过程中,智能设备实现自动搬运、上料、识别、加工、组装、测试、包装等功能,并通过设备通信,实现设备与设备之间的控制管理。

2.3.2 设备如新管理

这么多年来,我们引进和创造了许多设备管理的理念和方法,各种不同的设备管理模式在管理中被应用,但每一种模式又有不同的特征。企业根据自己的实际情况引进了不同的管理模式,但更多时候对管理模式缺乏深入了解,只是重视设备管理的行为方式和管理的态度,往往忽略了其内在本质,无法真正领悟其中的奥妙所在。设备管理思维是设备管理的根本,不同的设备管理思维所产生的设备管理效果是不同的。

设备管理思维存在四个层次,分别为设备使用、设备保养、设备维修、如新管理。

2.3.2.1 设备使用

设备使用有三种模式。

第一种:只能按基本操作规程进行简单操作。

第二种:了解其基本原理、设备特性、设备的危险性等,可规避违规操作和危险,确保生产效率和产品质量。

第三种:非常精通设备操作。对设备原理、特性、危险性有较深的认识,能及时发现跑、冒、滴、漏等设备异常,可以对设备的使用进行不断改进,降低危险性,提高生产效率和产品质量。

很多员工在使用设备时,只了解其简单的操作,不了解设备基本原理、设备本身特性、设备的危险性等,在使用过程中有时会造成对人身和设备的伤害。在企业推行自动化设备的初期,定制化的设备可能会有一些设计上的问题,但大多数往往会是使用问题。如一些精密设备、精密夹具、精密输送等,如果操作不当,会造成人身伤害,也有可能造成撞车,这对其精密度会大打折扣。操作不当会造成操作系统崩溃、重要部件损坏,所以会用设备的人是设备使用管理的基础。在智能设备引进初期,设备厂商没有对客户进行充分的教育培训,使用企业自身对新进智能设备也没有较深的认识,在建立操作技术规程时不够全面和深入,对员工教育培训不足。

因此企业在智能设备引进前期,需在合同中对设备的安装调试、技术文档、操作规程文档(结合企业实际而不是设备厂家通用的文档)。设备接口注明需求,作为设备厂家应该在客户设备使用初期,建立完善的设备导入服务制度,确保客户在使用初期能够对设备进行全面了解,避免不必要的损失。

2.3.2.2 设备保养

设备保养也有三种模式。

点检:操作人员、设备人员、管理人员对设备进行定期或不定期点检,以便排除异常。这种思维模式大量存在,很多企业虽然都建立了年、季、月、日的保养计划,但效果不佳,真正执行时还是按点检的思维方式在进行。

阶段性保养:对设备建立年、季、月三级设备保养计划,但在执行过程中受人员的技能、交期等的影响,变动特别大,导致流于形式,达不到真正的设备保养效果。

适用性保养:对设备的运行进行监控,根据运行工时、运行参数状况、加工产品规格和数量等进行保养决策,具有经济性和实用性。

注意,有些企业还设置一些"关键设备"的概念,当更加关注于关键设备的时候,往往会忽略一些一般设备,一般设备也是工艺中的一环,只要出现异常,依然会影响生产,所以在设备管理中所有的设备及辅助设施、工装夹具等都应该引起足够的重视,如有些企业因为设备维修专业工具丢失或损坏,竟然停产数天。

2.3.2.3 设备维修

(1)单点思维:设备维修人员在查找设备异常时,只关注异常点,"头痛医头,脚痛医脚",配件换了一大堆,仍然不能彻底解决问题,长此以往增加了维修成本,同时设备的折旧速度加快,寿命缩短、精度降低。

(2)局部思维:设备人员在进行设备维修时,会局部地考虑问题,这样可以解决因局部系统的设备异常。

（3）整体思维：资深的设备人员在维修设备时，会综合考虑相关设备设施，系统性审视、解决设备异常问题，使设备运行恢复正常。

这里需要关注的一点是，随着设备的折旧，其性能逐步降低，很多设备管理人员喜欢通过设备参数人工设定、工装治具调整、工艺参数匹配设定等使设备生产出合格的产品。其实这个就像高血压人群，如果不服用降压药，就很难让血压值恢复到正常水平，但降压药治标不治本。设备也是一样，通过一些补救措施，从使用的角度来看，短时间内可以生产出合格产品，但就设备本身来看，则会加速设备折旧速度，缩短设备寿命，因为设备的性能参数已经不是它原来的设计性能参数，是以一种病态的方式在运行。

2.3.2.4 如新管理

在设备的生命周期内，设备在价值上是有折旧的，但为了保证产品质量，在性能上是没有折扣的。若使设备的运行参数和设计性能一直维持在正常的设计范围内，这就需更加关注设备本身，使设备的性能时刻如新进设备一样。

在 SCM、ERP、MES 等相关系统中，应建立全面的供应商评估、设备验收、固定资产管理、设备操作规程规范、教育培训、操作人员上岗管理、防错管理、设备异常即时反馈和响应等。

设备保养智能化将会是未来趋势，在设备管理专业系统中或 MES 中，必须建立设备保养相关模块，对设备日常保养、备品备件计划、适用性保养、保养预警、保养记录、保养监控进行工具化。特别是设备本身的性能参数监控变得尤为重要，这是设备如新管理的基础。

2.3.3 识别技术的应用

在制造中经常使用的识别技术大致有以下几种。

2.3.3.1 图像识别技术

图像识别系统包含预处理、分析和识别三部分，预处理包括图像分制、图像增强，图像还原、图像重建和图像细化等诸多内容。图像分析主要指从预处理得到的图像中提取特征，最后分类器根据提取的特征对图像进行匹配分类，做出识别。图像识别技术在智能制造中往往会用于质量外观自动检测。

2.3.3.2 光学字符识别技术

光学字符识别（Optical Character Recognition, OCR）是指计算机对文字的图像文件进行分析处理，并最终获得对应文本文件的过程。这是一种特殊的图像识别技术，在智能制造中用于一些关键参数扫描后将其自动转换成文本格式，并进行记录。

2.3.3.3 生物识别技术

生物识别技术指利用计算机，通过采集分析人体的生物特征样本来确定人的身份。在智能制造中往往用于关键位置的门禁管理，比如用人的指纹、人脸来识别。也用于一些关键设备的操作识别，确保该设备不被误动。图 2-9 为生物识别技术的典型应用。

图 2-9　生物识别技术

2.3.3.4 磁卡、IC 卡识别技术

在制造中广泛用于考勤、门禁、上岗确认等环节，对人员绩效考核、活动范围、上岗资质进行验证。该技术也广泛应用于银行卡、身份证等识别。

2.3.3.5 条码识别技术

与标签相结合，在智能制造中大量用于设备、材料、产品等识别，实现收货、入库、盘存、出库、查价、销售等环节操作的自动化，进行过程防错。常用的有一维码、二维码。图 2-10 是条码识别技术的典型应用。

图 2-10　条码识别技术

2.3.3.6 激光刻码识别技术

通过激光雕刻机,对产品本身进行二维码雕刻,利用扫码设备在过程中进行识别。图 2-11 是激光刻码识别技术的应用。

图 2-11 激光刻码识别技术应用

2.3.3.7 RFID 识别技术

RFID 系统包含三个部分:由耦合元件和芯片组成的具有唯一电子编码的标签,手持式和固定式的阅读器,在标签和阅读器之间传递射频信号的天线。RFID 可以反复使用,根据使用环境的不同价格差异较大,广泛用于自动生产线、自动搬运设备、库存库位标签等,便于生产与产品质量追溯。图 2-12 是 RFID 识别技术的应用场景。

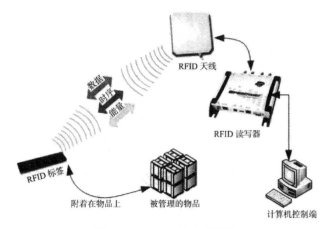

图 2-12　RFID 的应用场景

2.3.4 设备联网

设备联网系统(见图 2-13)是通过设备通信,实现实时的程序管理、数据采集和设备监控。[①]

图 2-13　设备联网系统

2.3.4.1 设备通信

选用通过设备接口、服务器实现多台设备的双向并发通信的设备联网系统,将传统的串口映射方式改为 TCP/IP 直接驱动方式,这提升了信息传输速度、设备运行效率,降低了加工周期。

选用具有良好兼容性的设备联网系统,支持厂内设备通信接口,如 RS422/RS232/RS485/ 网卡等,支持各种具有通信功能的设备类型。

---

① 胡成飞，姜勇，张旋.智能制造体系构建 面向中国制造 2025 的实施路线 [M].
北京：机械工业出版社，2017.

可实现在设备操作面板上直接查询和呼叫需要的生产程序,如数控加工、贴片机、测试等程序。

实现加工程序的自动接收、上传、根据规则自动命名、自动保存、版本管理的无人值守服务器功能,实现程序代码、名称与文件名的自动比对、转换。

对程序智能管理,需有断点续传功能和大程序分段传输功能。

对设备本身及辅助设备运行参数备份,具有远程服务功能。

系统可以将程序名称、设备名称、传输状态、传输结果、程序执行情况以及责任人等信息进行实时显示和日志记录,便于追溯管理。

选用具有灵活易用、用户界面友好、操作简洁方便、易学易用的设备联网系统。

设备联网系统需支持多菜单、多列打印、远程打印、网络打印等,具有ISO 标准格式以及可设置打印选项。

2.3.4.2 程序管理

需建立统一的程序数据库,实现程序的集中管理,需对程序文档按产品、加工设备、工作群组进行分类,建立树形结构管理并支持向下多级树形结构,也支持程序文档的生命周期管理,能管理程序文件的编制、审核、批准以及调试、更改、定型等流程。用户根据实际管理的情况可自定义管理流程。

需支持程序、产品造型、工序图纸、工装夹具清单等工艺相关文档的集成管理,能够对 AutoCAD、Microsoft Office、PDF、HTML 图片和Cimatron、UG、Pro/E 三维图形文件等多种文件格式直接浏览。

需对加工程序的各种信息,如程序号、图号、零件号、设备、用户信息等进行数据库管理。能够支持对所有程序文档按零部件编号、名称、图号、用户信息等的模糊查询功能。

需建立完善的版本管理功能,可自动跟踪、记录程序文件的所有变更,允许用户比较恢复旧版本,可靠保证设备操作人员调用最新版本程序。

对于保密资质较高的企业,需建立三权分立制度管理,支持系统管理员,安全审计员、安全保密员等用户管理。

设备联网系统具有灵活、完善的权限管理功能,对加工程序进行组织授权管理,对不同的人员设置不同的权限,每个人的操作权限由直接上级指定,并可具体到每级菜单、每条命令。

自动产生程序管理记录,包括创建、修改、检验、批准、删除等事件的时间及人员,系统能自动跟踪记录程序文档的使用状态信息,包括程序的入库、调用、传输、更改以及操作人员等信息,并可对记录进行分类管理,支持回收站管理,方便误删程序的恢复。使程序具有可追溯性。

系统需具备良好的集成性,便于与 PLM、CAPP、PDM、MES、ERP 等系统进行集成。

2.3.4.3 数据采集

(1)通过 PLC 进行数据采集。PLC 通过内部数据寄存器标识各设备的当前状态,并根据内置逻辑向相关设备发送动作指令。数据采集服务器通过 OPC Server/Client 协议实现与 PLC 的通信,并实时读取 PLC 相关数据地址中存储的当前数值,结合设备的工作逻辑,对设备的当前状态、加工数量、加工时间进行判断、计算。

(2)带网卡采集模块的数控设备。对此部分设备不用添加任何硬件,直接通过网卡可采集几乎所有的生产信息:开机和关机时间、空闲时间、空转时间、加工时间、报警时间;工作状态,实时显示当前所处的工作状态,如编辑状态、自动运行状态、试运行状态、在线加工状态等;程序信息,正在运行哪个程序(零件),程序运行到哪一行等;零件加工数量;当前刀具号;当前转速、进给、倍率、主轴负载;坐标信息,能够实时反馈当前的坐标情况,包括绝对坐标、相对坐标、剩余移动量等;报警信息,能够实时反馈机床是否有报警,以及报警号和报警内容;工人操作履历。

(3)硬件采集——不带网卡采集模块的数控设备。这类设备不支持网卡通信,一般是一些比较老的设备或不开放协议的设备。对这类设备采用的是在设备上增加采集卡的方式进行生产数据采集。这种方式适合所有的数控系统,可采集到的信息有:机床的实时状态,是开机中还是关机中;机床的工作状态,是运行中、空闲中还是故障中;已经生产了多少件;机床的开机时间、关机时间;机床的运行时间、空闲时间;机床故障开始时间、故障消除时间;工件的加工开始时间、加工结束时间;工件最长加工时间、最短加工时间、平均时间;结合条码扫描可采集到机床当前加工的零件、程序名等信息。

(4)工控设备。工厂个性化定制设备、市场上主流检测设备的独立性往往比较强,大部分配备工控机,通过安装 FTP(文件传输协议),读取工控设备存储的 CVS、TXT、Office 等文件并进行数据抓取。

(5)远程 I/O 模块。远程 I/O 模块采用 RS232、RS485 通信模式与上位进行数据交互,通信协议为工业标准的 ModbusRTU 协议,ModBus 协议定义了一个控制器能认识和使用的消息结构,而不管它们是通过何种网络进行通信的。它制定了消息域的格局和内容的公共格式,描述了一个控制器请求访向其他设备的过程,回应来自其他设备的请求,以及侦测并记录错误信息。例如,开机时间、关机时间、负载时间、柱灯转换信息、数显表(数字式显示仪表)模拟信号转换。

2.3.4.4 设备监控

设备通信状态:通信状态、预/报警状态。

设备状态:生产中台数、闲置中台数、维修中台数、设备利用率。

设备工时:开机时间、启动时间、关机时间、空转时间、作业时间、故障时间、报警起始时间,设备工时利用率。

设备效率:设备开动率、设备故障率、设备综合效率(OEE)。

2.4　少人化、无人化的自动化模型

工厂通过建立存储、搬运、生产自动化模型降低人工成本,减少人为质量干预,快速应对市场变化。图 2-14 对自动化模型进行了描述。

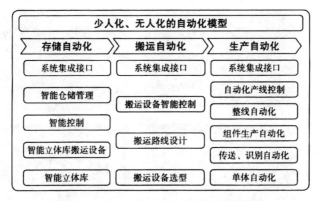

图 2-14　少人化、无人化的自动化模型

2.4.1 智能存储系统

自动化立体库根据物品存放的需求有多种形式的设计方式,需根据实际需求进行选型,常见的立体库类型如图 2-15、图 2-16 所示。

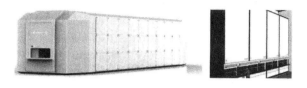

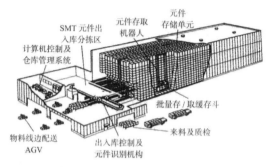

图 2-15 卧式智能库与提升式智能库

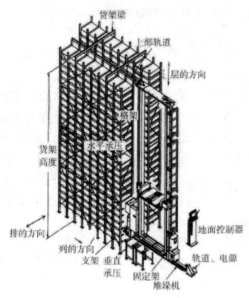

图 2-16　货架式立体库

2.4.1.1 立体库设计原则 [①]

立体库用于物料、产品的自动存储、自动管理,在设计时需考虑以下原则。

最大存储原则: 功能齐全,在满足工艺流程合理的基础上,使有限空间实现最大存储量。

技术先进性原则: 包括设计理念、设备、控制、软件系统、最大投资回报率。

实用、柔性原则: 以实际需求出发,考虑未来发展,既实用又具有柔性。

经济性原则: 安装操作简单,运营和维护成本低,灵活应用。

兼容性原则: 软硬件系统、接口和通信协议标准化,又具有较强兼容性,可靠成熟。

仓储管理原则: 应急优先原则、先进先出原则、入库优先原则、分散存放原则、上轻下重原则等。

友好性原则: 人机界面具有友好性,操作简单方便,设备控制和监视界面直观。

---

① 胡成飞,姜勇,张旋.智能制造体系构建 面向中国制造2025 的实施路线[M].北京:机械工业出版社,2017.

适应性原则:适应当地气候条件。

2.4.1.2 建设立体库需提供的基础数据

基于实际库存需求,规划立体仓库库区面积。

用户需协助立体库厂家,熟悉产品工艺流程,可以根据工艺流程和目标库容量进行硬件和库容、库位规划,其中包括堆垛机数量,库区的列数、行数、层数及层高,储位数及储位承载量,容器载具数量、规格、重量,存储的产品数、产品重量,每个储位放置的容器载具数。

2.4.1.3 立体库方案设计

(1)场地要求。

供电要求:建议总供电点总功率不低于 60 kW,使用穿线电缆(三相五芯电缆)管道预埋连接到立体库总配电柜,从总配电柜使用电缆连接到各分供电点。

网络:满足需求的网络部署。

场地地平要求:地平不平整度偏差参照 JB/T 5323-91 标准。不平整度不得超过 ±10 mm。

照明要求:库区需大于 120 lux,出入库作业区需大于 300 lux,物料暂存区需大于 120 lux。

(2)承载要求。

在厂房设计时,需考虑承载要求,根据承载要求设计货架货位数量、重量及高度、堆垛机选型、放置物料重量。

静载地面承载计算公式:(货架自重 + 堆垛机自重 + 放置物料重量)/占用面积。

动载地面承载计算公式:静载地面承载 ×1.2。

还需要考虑单根货架立柱底部反力和单立柱地面集中承载。

(3)环境要求。

有明显的警示标志,如严禁烟火等,特别是危险化学品存储时,必须有中文化学品技术说明书、化学品安全标签。

有相应的通风装置和温湿度监控设施。

户外的配电柜及电气开关有防雨防潮措施。

有符合规范的应急照明和紧急疏散指示装置。

有存放物品需要的禁忌要求。

(4)对存储量和搬运量进行分析

计算堆垛机、穿梭车、机械手等设备的需求进行采购,计算硬件需求。

根据设备需求计算需求的辅助设备与安装辅料。

进行货架的设计、采购、安装、调整,标识货物。

堆垛机轨道设计、铺设。

安全防护设计、安装。

电气配线设计。

提供设计图纸,与用户讨论。

（5）控制及信息化要求。

WCS 设计及硬件部署。

提供与其他信息化系统（WMSIMESIERPISCM 等）、硬件系统（AGV\RFID 等）需交互的信息明细及接口要求。

软硬件的选型。

（6）提供完整的设备清单与关键配件清单。

堆垛机：计算单循环和复合循环的效率、堆垛机地轨设计、堆垛机控制方式确定(人工、终端控制、联网控制）。

穿梭车：根据载重、直线速度、加速时间、加速距离、输送时间、通信时间计算运力。

提供仓库控制系统 / 仓库管理系统的软件系统模块详细清单。

货架规格设计、堆垛机天轨的铺设、货位可识别标识、安全门、防护网、安全栏杆清单。

配线：动力及电力配线、控制信号配线、气路配线。

涂装要求：喷砂标准（Sa2 1/2 级）,烤漆标准(塑粉 60 ìm）。

2.4.1.4 智能仓储物流管理系统

智能仓储物流管理系统由三部分组成：底层 PLC 控制系统、仓库控制系统（Warehouse Control System, WCS）、仓库管理系统（Warehouse Management System, WMS）。图 2-17 是智能仓储物流管理系统的位阶图。

WCS 通过接口协调上下软硬件系统,使其进行协同作业,并接收 WMS 的任务指令,并分解和下达给执行机构,以及反馈执行机构的执行信息,实现自动化仓储物流的综合调度、设备调度、路径调度、任务调度和设备监控等(图 2-17）。

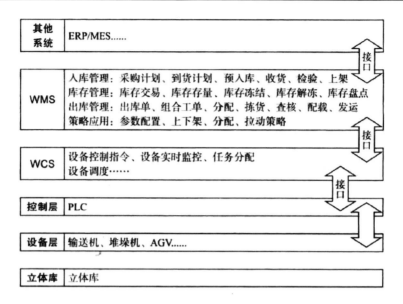

图 2-17　智能仓储物流管理系统

2.4.2 智能搬运系统

智能搬运系统需根据企业实际需求进行设计,使智能仓储和生产自动化的物料实现无缝对接,它是有效降低企业搬运成本、提高利润的途径[①]。

2.4.2.1 企业在设计智能搬运系统时需遵循的原则

有效整合整厂搬运系统,整体规划进料、配送、退库、生产、入库、出货等环节的搬运,使搬运无延迟、无停滞、零差错等。

促进工厂容器载具管理、搬运方式、搬运设备标准化。

充分利用空间原则。

互动原则,使用者和设备、系统有效互动。

节能降耗原则,设备配置简单,能耗低;避免搬运设备空转、自动装卸设备利用率低。

弹性原则,设备通用性强,可以扩充系统功能,搬运路径可变。

集成原则,搬运系统可以与 MES、WMS 等系统进行集成,统一调度,使物流和信息流同步。

---

① 沈大林,崔玥.中小型企业网组建与维护就业技能培训教程 [M].北京:中国铁道出版社,2007.

安全原则,具有非接触障碍探测、机械式防护栏、负载报警、急停按钮、厂内搬运管制系统等安全措施。

2.4.2.2 建立搬运自动化需要的基础数据

工厂布局、物流区现状、区域功能。

原材料种类、规格。

容器载具的标准化程度。

工厂"每天的物流量"。

2.4.2.3 搬运自动化方案设计与施工。

根据工厂实际状况选择搬运方式,如轨道式,磁带式 AGV、激光 AGV、挂式等。

对搬运工作量进行分析计算,计算搬运自动化设备的数量。

规划搬运路线。

引导装置铺设、安装。

装卸自动化设备设计和安装。

与其他软件信息接口。

2.4.3 生产自动化系统

自动化产线是通过控制系统、传送系统,按照产品的生产工艺来控制整线所有自动设备与辅助设备进行产品生产的系统。电子主板的自动化产线,可实现自动插件、自动搬运、自动测试、自动包装等功能。通过 RFID 识别,进行机器人组装、测试、包装,从而实现无人化生产。

2.4.3.1 生产自动化设计原则

工艺工序最少化;尽量选用标准设备及标准配件;效率最大化;易于维护、维修,故障率低;无人化、少人化;易操作性原则;经济性原则。

2.4.3.2 生产自动化设计需要的基础资料

产品的工艺分析,对每一工序的管理特点须深入了解,熟悉工序的生产标准,以及整套产品工艺、SOP;产品的布局;对整线生产节拍及每个工序节拍进行分析,特别是对瓶颈工序的分析;对现有产线的线平衡进行分析,计算出平衡率;对工厂布局进行分析;工序特殊需求的分析;来料的包装方式;产线工序投料方式。

2.4.3.3 生产自动化设计

依据节拍、效率、平衡率、品质控制、人力成本等条件,从各个维度对生产自动化进行设计,选出最优方案;根据产品工艺设计所需求的设备与辅助设备;根据产品外观特性设计产品的传送方式;根据零部件的特性设计上下料方式;根据产品的类别、外观、防护方式,传送方式设计工装治具;通过对产品生产动作分析,设计设备的控制系统;根据整体产线需求,设计气源气路、电控线槽、网络线槽等;进行二维图纸设计,有条件可以进行三维图纸设计;对自动化产线进行投资效益分析;与其他软硬件系统数据接口。

2.5 基于业务需求的基础网络架构

对业务需求进行分析,根据业务需求部署工厂基础网络架构[①]。

2.5.1 综合布线

参照:

·ISO/IEC 11801:2010 信息技术—用户基础设施结构化布线。

·ISO/IEC 14763:2012 信息技术—用户基础设施结构化布线的安装和操作。

·ISO/IEC 14763-3:2014 信息技术—用户基础设施结构化布线的安装和操作—光纤测试。

·ANSI/EIA/TIA-569 商业大楼通信通路与空间标准。

·ANSI/EIA/TIA-568-C 商业大楼通信布线标准。

·ANSI/ EIA/ TIA-606-B 商业大楼通信。

·GB 50311-2007 建筑与建筑群综合布线系统工程设计规范。

·GB 50312-2007 建筑与建筑群综合布线系统工程验收规范。

·CECS72:95 中国工程建设标准化协会标准—建筑与建筑群综合布线系统工程设计规范。

---

① 胡成飞,姜勇,张旋.智能制造体系构建 面向中国制造2025 的实施路线 [M].北京:机械工业出版社,2017.

·Lucent SYSTIMAX 结构化 布线系统设计总则。
·建立水平、管理、工作区、干线、设备间、建筑群干线子系统。

2.5.2 机房系统

（1）参照国家标准：
·GB 50174–2008 电子信息系统机房设计规范。
·GB 2887–2000 计算站场地技术条件。
·GB 9361–2011 计算站场地安全要求。
·ISO、IEEE、IETF 等数据中心机房的系统需求。
（2）参照国际标准：
·IEEE 802.3 Ethernet。
·IEEE 802.5 TokenRing。
·EIA/TIA568 工业标准及国际商务建筑布线标准。
·ANSI X3T9.5。
·FDDI。
（3）电力保障部分参照标准：
·GB 50054–95 低压配电设计规范。
·GB 50714–93 电子计算机机房设计规范。
·GB 2887–89 计算站场地技术要求。
·GB 50052–95 供配电系统设计规范。
·GB 50045–95 高层民用建筑设计防火规范。
·GB 50169–92 电气装置安装工程接地装置施工及验收规范。

2.5.3 数据中心

·实现服务器、交换技术、网络服务虚拟化管理。
·建立数据中心自动化管理能力。
·实现硬件配置最优化的节能管理。
·实现模块化、层次化的组网技术。
·实现交换机虚拟化和双机冗余部署方式的全网核心层设计。
·实现分层虚拟机部署，智能服务机箱的数据中心分布层设计。
·实现接入层的分级设计。
·完成数据中心地址路由设计。
·建立水平、管理、工作区、干线、设备间、建筑群干线子系统。

第 3 章　智能制造信息技术基础

新一轮工业革命的本质是未来全球新工业革命的标准之争,各个国家都在构建自己的智能制造体系,而其背后是技术体系、标准体系、产业体系。未来智能制造领域最值得关注的核心技术,即人工智能、工业物联网、工业大数据、区块链、数字技术等。

3.1　人工智能

3.1.1　什么是人工智能

人工智能(Arificial Ielligence),简称为 AI,它是计算机科学的一个重要的研究领域。近二十几年以来获得了迅速的发展,在很多领域都获得了广泛的应用。从广义上来讲,一般认为用计算机模拟人的智能行为就属于人工智能的范畴。从狭义上讲,人工智能方法是指人工智能研究的一些核心内容,包括搜索技术、推理技术、知识表示、机器学习与人工智能语言等方面[①]。

对人工智能研究的不同途径来源于对人类智能的本质的不同认识,并由此产生出两大学派:符号主义(Symbolicism)与连接主义(Connectionism)。

实际上,人类的思维过程是非常复杂的,上面的两种观念哪一种也不能作出完全的解释。有人提出,人类的思维是分层次的。高层次的思维是抽象思维,适用于规划、决策、设计等方面;低层次的思维是形象思维,适用于识别、视觉等方面。符号主义和连接主义两种研究的途径反映了人类思维的两个层次,彼此不能互相代替,面应当互相结合。

---

① 蒋国安.矿井采掘计划编制与检验的研究与展望[J].山东矿业学院学报(自然科学版),1999(4):7-10+18.

3.1.2 人工智能的核心能力体现

人工智能的目标是能够胜任一些通常需要人类智能才能完成的复杂工作,帮助人类以更高效的方式进行思考与决策,其核心能力体现在以下三个层面。

（1）计算智能。机器可以具备超强的记忆力和超快的计算能力,从海量数据中进行深度学习与积累,从过去的经验中获得领悟,并用于当前环境。例如,阿尔法狗利用增强学习技术,借助价值网络与策略网络这两种深度神经网络,完胜世界围棋冠军。

（2）感知智能。使机器具备视觉、听觉、触觉等感知能力,将前端非结构化数据进行结构化,并以人类的沟通方式与用户进行互动。例如,谷歌的无人驾驶汽车通过各种传感器对周围环境进行处理,从而有效地对障碍物、汽车或骑行者作出迅速避让。

（3）认知智能。使系统或是机器像人类大脑一样"能理解,会思考",通过生成假设技术,实现以多种方式推理和预测结果。

不过,对人工智能的现有能力不宜过分夸大,人工智能也不能视同是对人脑的"模拟",因为人脑的工作机制至今还是个黑箱,无法模拟。阿尔法狗战胜柯洁,源自机器庞大而高速的计算能力,通过统计抽样模拟棋手每一着下法的可能性,从而找到制胜的招数,并不是真的学会了模拟人类大脑来思考。尽管人在计算能力方面被人工智能远远抛在后面,但当前的人工智能系统仍然远不具有人拥有的看似一般的智能。人类级别的人工智能,即"强人工智能"或"通用人工智能"目前更不存在。据调查,强人工智能在 2040 年至 2050 年间研发出来的可能性也仅有 50%,预计在实现强人工智能大约 30 年后,才有望实现所谓的"超级智能"。这就是为什么即使人类制造出了具有超算能力的机器,这些机器仍然能力有限。这些机器可以在下棋时打败我们,但却不知道在淋雨时躲进屋子里。在发展 60 多年后,人工智能虽然可以在某些方面超越人类,但想让机器真正通过图灵测试,具备真正意义上的人类智能,这个目标看上去仍然还有相当长的一段路要走。

3.1.3 人工智能学科的发展历史

21 世纪第二个十年,尤其是近五年,深度学习和强化学习的结合诞生了深度强化学习。强化学习理论研究智能体如何优化它们对环境的控制。为了使强化学习成功地触及复杂的真实世界,智能体面临一个艰巨的任务:它们必须从高维输入中获取环境的有效表征,并利用这些表征将过去的经验推广到新的情景。虽然传统的强化学习已经在很多领域获得了成功,但是它的应用局限于环境的表征易于手工提取的领域,或者局限于能够被充分观察的低维状态空间。深度学习在高维传感输入和行动决策之间架起了桥梁。具有强大环境表征能力的深度学习和具有优秀决策能力的强化学习的结合为复杂系统的感知决策问题提供了端对端解决方案,并在人工智能领域取得了非凡的成就。

2015 年以来,优秀的开源平台,如 Theano、Cafie、TensorFlow、PyTorch、Keras、MXNet 等,极大地加速了深度学习在科学和工程领域的应用。借助这些开源平台的软件包,即使是初学者,面对专业任务,也可以通过 Python 语言搭建出性能优异的深度卷积神经网络,训练出满意的模型。

尽管人工智能在语音识别、自然语言的识别、图像的分类和分割、快速搜索、和人类对决的决策类游戏诸方面取得了令人类叹为观止的成就,但这些成绩主要来自对数据的深度学习,这里的深度指的是神经网络的隐层数。和人类的智能相比,当下的人工智能具有从大数据中学习特征的能力,但是它不具备人类根据常识进行快速逻辑推理的能力,不能洞察事件之间的微妙因果关系,而这些能力正是组成智能的关键。十几年来,人工智能的主要进步来自深度学习,而深度学习在学术上的发展已达极致,在工程和医学上的应用也已全面展开,我们正行进在通往深度学习极限的道路上,快速接近终点。当深度学习退潮后,人工智能会再次进入冬天吗?人工智能或许会有更长的冬眠,但一旦苏醒,必将超越。

3.1.4 人工智能的应用领域 [①]

随着制造业的"主力"从人类转变为人工智能,更多的简单机械作业将逐步从人类的手中转交给人工智能来完成。人类将会花更多的精力去探索,创造更多的幸福。

尽管科学家们说,目前人工智能还处在初级阶段。但是人工智能的快速发展,给我们带来影响和冲击的同时,也带来了很多前所未有的商机。

---

① 肖明超 .13个人工智能趋势 [J]. 经营者(汽车商业评论),2016(11):86–89.

3.1.4.1 智能语音技术快速发展

随着人工智能的发展,语音技术公司迎来了良好的发展机遇。智能语音技术的应用,成为人工智能创业团队打开市场的首要选择,几乎每个月,都会有多款语音交互机器人相继被推出。

除了硬件方面的机会,语音服务平台也迅速发展起来。键盘作为输入系统的时代即将过去,人类和机器进行交互将直接用自然语言。智能语音应用最集中的领域,应该算是智能家居和车载用品,这个领域也将成为人工智能率先爆发的市场。目前个性化语音导航尚处在发展的初级阶段,在未来,智能机器人将可能介入我们生活中的方方面面,为我们选择衣着搭配,为我们选择营养可口的菜谱决定我们吃什么。

3.1.4.2 去节点化的商业逻辑和路径

从 PC 到移动互联网,用户获取信息、服务,靠的都是前后操作、交互逻辑以及各个节点间的有机串联。用户需要一步步的操作,才能最终完成任务。但是去中间化、去节点化,正是人工智能的典型特征。人工智能能让过去复杂、烦琐的长路径缩短到零门槛。比如,以前订机票需要多个步骤完成,人工智能通过智能化的会话和语义理解就会完成订票。

3.1.4.3 人工智能 + 客服

人工智能已经可以提供语音识别、语言响应、智能推荐等功能,而基于用户问题和处理方式的数据库,在未来,人工智能可以代替很多公司的客服。人工智能 + 客服,可以降低出错率,也可以搭建多路径整合的响应方式,甚至有可能带来二次交易率。

3.1.4.4 人工智能 + 旅游

旅游也将会受到人工智能的影响。近年来 AR、VR 和 MR 等技术,结合人工智能、地图导航、大数据、物联网等技术,已经能根据用户喜好规划旅游线路,并提供远超人工导游所能提供的优质服务。随之而来的是,比如餐饮、纪念品零售等旅游衍生产业也将不断加入大数据之中。

在未来,混合现实可能会完全替代导游,而类似体感游戏的旅游公园也将会是发展的趋势。

3.1.4.5 人工智能 + 零售和电商

在电商销售平台,早已经实现了数据收集。但是随着物联网的成熟,仓配和物流将会给用户带来可以和实体店相媲美的消费体验。同时智能零售还会因为"大数据"收录了用户所有的消费数据,从而实现精准营销。在这方面,阿里巴巴的人工智能 ET 已露雏形。货物按照商品特性被自动推荐给不同类型的消费人群,不仅可以实现精准营销、质量追踪,也可以帮助用户智慧消费,导购员将彻底消失[①]。

未来的销售行业会形成便利、高效和智慧的行业体系,消费者会得到更加愉悦的体验。

商机无限的人工智能时代已经来临,能够把挥时代脉搏的群体才会抓住商机,成为时代的弄潮儿。

3.2　工业物联网

3.2.1 工业物联网的概念

工业物联网是物联网技术在制造企业或智能工厂中的应用,它指通过传感器技术、标识识别技术、图像视频技术、定位技术等感知技术,实时感知企业或工厂中需要监控、连接和互动的装备,并构建企业办公室的信息化系统,打通办公信息化系统与生产现场设备的直接联系。

工业物联网从下至上由三个层次构成,包括感知控制层、网络层和应用层。生产指标由企业信息化系统通过网络层自动下达至机器的执行系统;生产结果由感知控制层自动采集并通过网络层上传至应用层(一般是企业信息化系统),并在生产现场实现智能化的自动监控和报警;还可在云制造平台上对大数据进行分析挖掘,提高生产制造的智能化水平。

3.2.2 工业物联网的技术优势

物联网集成了 RFID、传感器、无线网络、中间件、云计算等新技术,其发展会极大地促进各行业的信息化进程,实现物与物、人与物的自动化信息交互与处理。物联网技术在制造业中的应用优势可归纳为以下几点:[②]

① 周晓垣.人工智能 开启颠覆性智能时代 [M].北京:台海出版社,2018.
② 德州学院,青岛英谷教育科技股份有限公司.智能制造导论 [M].西安:西安电子科技大学出版社,2016.

3.2.2.1 产品智能化

产品中加入大量电子技术元素,实现产品功能的智能化。例如,通过在产品中植入 RFID 芯片,记录产品的出厂日期、编号、产品类型等信息;通过在产品中植入智能传感器,可记录设备运行数据,如检测设备的运行状态等,并通过网络传送至后台信息系统中。

3.2.2.2 实时售后服务

通过无线网络,获取全球范围内产品运行的状态信息,经过后台信息化系统的分析、处理、反馈,实施在线售后服务,提高服务水平。

3.2.2.3 过程监控与管理

工厂可以通过以太网或现场总线,采集生产设备的运行状态数据,实施生产控制和设备维护,包括供需转换、工时统计、部件管理、产品状况质量在线监测和设备状况监测与节能等。

3.2.2.4 物流管理

在工厂内外的物流设备中植入 RFID,实现对物品位置、数量、交接的管理和控制,提高物流流通效率,对特殊储藏要求的货品实施在线监测与防伪,实现了信息在真实世界和虚拟空间之间的智能化流动。[①]

3.2.3 物联网的智能制造产业发展趋势

物联网与智能制造技术相结合,对智能制造产业的发展产生了深远的影响。基于物联网的智能制造产业发展趋势有以下几个方面。

（1）制造过程向全球化的协同创新发展。

（2）生产和研发向精益化的方向发展。

（3）制造设计从高能耗向低能高效转变。

将物联网的应用与“绿色、环保、节能、低碳经济”的发展理念紧密结合,充分利用物联网技术,可以实现更精细、更简单、更高效的管理,帮助企业创造更大的经济效益和社会效益,实现智能制造绿色设计和绿色制造的行业要求。

---

① 祝林 . 智能制造的探索与实践 [M]. 成都：西南交通学出版社，2017.

3.3 工业大数据

大数据时代已经来临,根据数据的多样性,在巨量信息中提取有价值的信息应用于各个领域,为各行各业的人提供定制化的服务。在各个行业中,金融业是最依赖于数据的重要领域之一,而且最容易实现数据的变现。

历史上每一次经济大发展都由科技革命推动。从蒸汽机、电力到信息和生物技术。科技是第一生产力。数学和 AI、大数据、物联网、云计算、区块链等信息技术、生物识别技术应用于各个领域。例如,技术带来金融创新。金融科技准确记录金融交易,发现新的规则,风险定价,提升金融活动的效率,识别防范金融活动中潜在风险。只有真正依靠科技实力以提升效率、降低成本的金融科技企业才具有生命力。蚂蚁金服通过淘宝、支付宝交易数据来寻找低风险客户,保持低坏账率,即使低利息,也能赚钱①。

3.3.1 什么是大数据

大数据科学家 John Rauser 曾这样定义大数据:"大数据就是任何超过了一台计算机处理能力的庞大数据量。"简单来说,大数据就是一个体量特别大、数据类别特别多的数据集,而且用传统数据库工具,无法对数据集内容进行抓取、管理和处理。

3.3.2 大数据的特征

学术界已经总结了大数据的许多特点,包括体量巨大、速度极快、模态多样、潜在价值大等。目前关于大数据的特征还具有一定的争议,本书采用普遍被接受的 4V 进行描述。

3.3.2.1 数据量大(volume)

非结构化数据的超大规模和增长,导致数据集合的规模不断扩大,数

---

① 黄毅,王一鸣.金融科技研究与评估 2018 全球系统重要性银行金融科技指数[M].北京:中国发展出版社,2018.

据单位已从 GB 到 TB 再到 PB 级,甚至开始以 EB 和 ZB 来计数。

根据著名咨询机构 IDC(Internet Data Center)做出的估测,人类社会产生的数据一直都在以每年 50% 的速度增长,也就是说,每两年就增加一倍,这被称为"大数据摩尔定律"。这意味着,人类在最近两年产生的数据量相当于之前产生的全部数据量之和。

3.3.2.2 类型繁多(variety)

大数据的类型不仅包括网络日志、音频、视频、图片、地理位置信息等结构化数据,还包括半结构化数据甚至是非结构化数据,具有异构性和多样性的特点。

大数据类型繁多,在编码方式、数据格式、应用特征等多个方面存在差异,既包含传统的结构化数据,也包含类似于 XML、JSON 等半结构化形式和更多的非结构化数据;既包含传统的文本数据,也包含更多的图片音频和视频数据。

大数据的数据来源众多,科学研究、企业应用和 Web 应用等都在源源不断地生成新的数据。生物大数据、交通大数据、医疗大数据、电信大数据、电力大数据、金融大数据等都呈现出"井喷式"增长,所涉及的数量十分巨大,已经从 TB 级别跃升到 PB 级别。

大数据的数据类型丰富,包括结构化数据和非结构化数据,其中,前者占 10% 左右,主要是指存储在关系数据库中的数据;后者占 90% 左右,种类繁多,主要包括邮件、音频、视频、微信、微博、位置信息、链接信息、手机呼叫信息、网络日志等。

如此类型繁多的异构数据,对数据处理和分析技术提出了新的挑战,也带来了新的机遇。传统数据主要存储在关系数据库中,但是,在类似 Web 2.0 等应用领域中,越来越多的数据开始被存储在非关系型数据库(Not Only SQL,NoSQL)中,这就必然要求在集成的过程中进行数据转换,而这种转换的过程是非常复杂和难以管理的。传统的联机分析处理(On-Line Analytical Processing,OLAP)和商务智能工具大都面向结构化数据,而在大数据时代,用户友好的、支持非结构化数据分析的商业软件也将迎来广阔的市场空间 [1]。

---

① 林子雨.大数据技术原理与应用　概念　存储　处理　分析与应用 [M].北京:人民邮电出版社,2015.

3.3.2.3 价值密度低(value)

大数据本身存在较大的潜在价值,但由于大数据的数据量过大,其价值往往呈现稀疏性的特点。虽然单位数据的价值密度在不断降低,但是数据的整体价值在提高[①]。

后来,IBM 公司又在 3V 的基础上增加了 Value(价值)维度来表述大数据的特点,即大数据的数据价值密度低,因此需要从海量原始数据中进行分析和挖掘,从形式各异的数据源中抽取富有价值的信息。

3.3.2.4 速度快时效高(velocity)

要求大数据的处理速度快,时效性高,需要实时分析而非批量式分析,数据的输入、处理和分析连贯性地处理。

数据以非常高的速率到达系统内部,这就要求处理数据段的速度必须非常快。

例如,在 1 min 内,Facebook 可以产生 600 万次浏览量。以谷歌公司的 Dremel 为例,它是一种可扩展的、交互式的实时查询系统,用于只读嵌套数据的分析,通过结合多级树状执行过程和列式数据结构,它能做到几秒内完成对万亿张表的聚合查询,系统可以扩展到成千上万的 CPU 上,满足谷歌上万用户操作 PB 级数据的需求,并且可以在 2 ~ 3 s 内完成 PB 级别数据的查询。

IDC 公司则更侧重于从技术角度的考量,大数据处理技术代表了新一代的技术架构。这种架构能够高速获取和处理数据,并对其进行分析和深度挖掘,总结出具有高价值的数据。

大数据的"大"不仅是指数据量的大小,也包含大数据源的其他特征,如不断增加的速度和多样性。这意味着大数据正以更加复杂的格式从不同的数据源高速向我们涌来。

大数据有一些区别于传统数据源的重要特征,不是所有的大数据源都具备这些特征,但是大多数大数据源都会具备其中的一些特征。

大数据通常是由机器自动生成的,并不涉及人工参与,如引擎中的传感器会自动生成关于周围环境的数据。

大数据源通常设计得并不友好,甚至根本没有被设计过。如社交网站上的文本信息流,我们不可能要求用户使用标准的语法、语序等。

因此大数据很难从直观上看到蕴藏的价值大小,所以创新的分析方

---

① 胡沛,韩璞.大数据技术及应用探究 [M].成都:电子科技大学出版社,2018.

法对于挖翻大数据中的价值尤为重要。更是迫在眉睫[①]。

大数据的规模大,要求分析速度快,并且大数据的类型多种多样,其价值密度较小,因此辨别难度大。因为大数据的真伪性难以辨识,并且呈碎片化存储,所以需要经过加工才能显现出大数据的价值。

由于传感技术、社会网络和移动设备的快速发展和大规模普及,导致数据规模以指数级爆炸式增长,并且数据类型和相互关系复杂多样。视频监控系统产生的海量视频数据、医疗物联网源源不断的健康数据等。其来源包括搭载感测设备的移动设备、高空感测科技(遥感)、软件记录、相机、麦克风、天线射频辨识(RFID)和无线感测网络等。

正如图灵奖获得者吉姆·格 N(Jim Gray)在其获奖演说中指出的那样:由互联网 18 个月新产生的数据量将是有史以来数据量之和。也就是每 18 个月,全球数据总量就会翻一番。

3.3.3 大数据环境的技术特征

大数据来源于互联网、企业系统和物联网等信息系统。传统的信息系统一般定位为面向个体信息生产、供局部简单查询和统计应用的信息系统,其输入是个体少量的信息,处理方式是将移动数据在系统中进行加工,输出是个体信息或某一主题的统计信息。而大数据的信息系统定位为面向全局、供复杂统计分析和数据挖掘的信息系统,其输入是 TB 级的数据,处理方式是移动逻辑到数据存储,对数据进行加工,输出是与主题相关的各种关联信息。传统信息系统与大数据信息系统的对比如表 3-1 所示[②]。

表 3-1　传统信息系统与大数据信息系统的对比

项目	传统信息系统	大数据信息系统
系统目的	现实事项的数据生产	基于已有数据的应用
构建前提	结构化设计	分析与挖掘模型建立
依赖对象	人、物	信息系统
加工对象	数据	逻辑
处理模式	线性处理	并行处理
数据采集范围	局部	全局

---

① 吕云翔.云计算与大数据技术[M].北京:清华大学出版社,2018.
② 陶皖.云计算与大数据[M].西安:西安电子科技大学出版社,2017.

续表

项目	传统信息系统	大数据信息系统
存储	集中存储	分布式存储
价值	记录历史方式的事件信息	发现问题、科学决策
效果	数据生产、简单应用	统计挖掘、复杂应用
呈现	局部个体的信息展现	个体在全局中的展现
表现形态	ERP、OA 等系统	宏观决策信息系统
作用	企业信息化	企业智慧"大脑"

从数据在信息系统中的生命周期看,大数据从数据源经过分析挖掘到最终获得价值一般需要经过 5 个主要环节,即数据准备、数据存储与管理、计算处理、数据分析和知识展现。大数据的技术架构如图 3-1 所示。

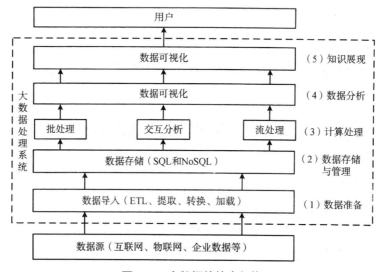

图 3-1　大数据的技术架构

(1)数据准备环节。在进行存储和处理之前,需要对数据进行清洗、整理,这在传统数据处理体系中称为 ETL(Extracting Transforming Loading)过程。ETL 是利用某种装置(比如摄像头、麦克风),从系统外部采集数据并输入到系统内部的一个接口。在互联网行业快速发展的今天,数据采集已经被广泛应用于互联网及分布式领域。

(2)数据存储与管理环节。数据存储技术在应用过程中主要使用的对象是临时文件在加工过程中形成的一种数据流,通过基本信息的查找,依照某种格式,将数据记录和存储在计算机外部存储介质和内部存储介质上。数据存储技术需要根据相关信息特征进行命名,将流动数据在系统中以数据流的形式反映出来,同步呈现静态数据特征和动态数据特征[①]。大数据存储技术同时应满足以下三点要求:存储基础设施应能持久和可靠地存储数据;提供可伸缩的访问接口供用户查询和分析海量数据;对于结构化数据和非结构化的海量数据要能够提供高效的查询、统计、更新等操作。

(3)计算处理环节。目前采集到的大数据85%以上是非结构化和半结构化数据,传统的关系数据库无法胜任这些数据的处理。如何高效处理非结构化和半结构化数据,是大数据计算技术的核心要点。如何能够在不同的数据类型中,进行交叉计算,是大数据计算技术要解决的另一核心问题。

大数据计算技术可分为批处理计算和流处理计算。批处理计算主要操作大容量、静态的数据集,并在计算过程完成后返回结果,适用于需要计算全部数据后才能完成的计算工作;流处理计算会对随时进入的数据进行计算,流处理计算无须对整个数据集执行操作,而是对通过传输的每个数据项执行操作,处理结果立刻可用,并会随着新数据的抵达继续更新结果。

(4)数据分析环节。大数据结构复杂,数据构成中更多的是非结构化数据,单纯靠数据库对结构化数据进行分析已经不太适用。所以需要技术的创新,这就产生了大数据分析技术。

(5)知识展现环节。在大数据服务于决策支撑场景下,以直观的方式将分析结果呈现给用户,是大数据分析的重要环节,如何让复杂的分析结果易于理解是关键。在嵌入多业务的闭环大数据应用中,一般是由机器根据算法直接应用分析结果而无须人工干预,这种场景下知识展现环节则不是必需的。

3.3.4 工业大数据的价值

大数据在提高全球工业效率方面具有巨大的经济价值:"在未来20年,工业互联网将为全球 GDP 创造 10 万亿 ~ 15 万亿美元价值"。并且所采集的数据大都是时间序列数据,实时性要求高,类型也多是非结构化。工业企业所面临的数据采集、管理和分析等问题将比互联网行业更

---

① 刘宇畅,谢磊.基于云计算的数据存储技术研究[J].数字技术与应用,2017(6):101+103.

为复杂。海量的工业数据背后隐藏了很多有价值的信息。大数据可能带来的巨大价值正在被传统产业认可,它通过技术创新与发展,以及数据的全面感知、收集、分析和共享,为企业管理者和参与者呈现出看待制造业价值链的全新视角[①]。工业大数据的价值具体体现在以下两个方面。

3.3.4.1 实现智能生产

在智能制造体系中,通过物联网技术,使工厂/车间的设备传感层与控制层的数据和企业信息系统融合,将生产大数据传送至云计算数据中心进行存储、分析,以便形成决策并反过来指导生产。

在一定程度上,工厂/车间的传感器所产生的大数据直接决定了智能制造所要求的智能化设备的智能水平。此外,从生产能耗角度看,设备生产过程中利用传感器集中监控所有的生产流程,能够发现能耗的异常或峰值情况,由此能够在生产过程中不断实时优化能源消耗。同时,对所有流程的大数据进行分析,也将会整体上大幅降低生产能耗。

3.3.4.2 实现大规模定制

大数据是制造智能化的基础,其在制造业大规模定制中的应用包括数据采集、数据管理、订单管理、智能化制造、定制平台等。其中定制平台是核心,定制数据达到一定的数量级,方能实现大数据应用。通过对大数据的挖掘,可将其应用于流行预测、精准匹配、时尚管理、社交应用、营销推送等领域。同时,大数据能够帮助制造业企业提升营销的针对性,降低物流和库存的成本,减少生产资源投入的风险[②]。

进行大数据分析,将带来仓储、配送、销售效率的大幅提升与成本的大幅下降,并将极大地减少库存,优化供应链。同时,利用销售数据、产品的传感器数据和供应商数据库的数据等方面的大数据,制造企业可以准确预测全球不同市场区域的商品需求,跟踪库存和销售价格,从而节约大量成本。

---

① 祝林. 智能制造的探索与实践 [M]. 成都:西南交通大学出版社,2017.
② 中国电子信息产业发展研究院. 智能制造测试与评价概论 [M]. 北京:人民邮电出版社,2017.

3.4　区块链 [①]

3.4.1 区块链的定义

区块链是一种基于密码学技术生成的分布式共享数据库,其本质是通过去中心化的方式共同维护一个可信数据库的技术方案。

区块链中的"区块"指的是信息块,这个信息块内含有一个特殊的时间戳信息,含有时间戳的信息块彼此互连,形成的信息块链条被称为"区块链"。

区块链技术使得参与系统中的每个节点,都能通过竞争记账,将一段时间内系统产生的业务数据,通过密码学算法计算和记录到数据块上,同时通过数字签名确保信息的有效性,并链接到下一个数据块形成一条主链,系统所有节点有义务来认定收到的数据块中的记录具有真实性 [②]。

为了让普通人更容易理解区块链,有人把成语接龙的游戏和区块链进行对比,认为二者有很多相同之处:

比如说我们在群里玩一个成语接龙的游戏,规则要求下一个抢答者必须包含"时间 + 上一个成语里的某一个字 + 自己名字",这就是区块链中的共识机制;确定了游戏规则,建立第一个成语"12 点 00 分 + 一字千金 + 大本钟",这就是创世区块;接下来,比如群友"笨小猪"发送了"12 点 10 分 + 金枝玉叶 + 笨小猪",每个人在群里都可以看到自己账号上的记录,这就是区块链的分布式账本概念;因为大家都可以看到群里的消息,这就有效地防止了有人记录时出错或者是恶意篡改,这就是区块链中的共享账本概念;为了提高参与游戏的积极性,我们决定增加激励机制,比如成功抢答一个成语我们奖励其一个艾特币,这就是基于区块链技术而产生的比特币应用;这个规则也考虑了可能发生的意外情况,比如两个人同时抢答成功,那么此时就看谁的成语最先被下一个人抢答成功,就可以认定他们的这一条"链"是被真正记录的,这就是区块链的分叉机制;玩了一段时间后,大家发现这个游戏太简单,为了保持游戏的可玩性就可以增加游戏难度,比如变成歌词接龙、单词接龙,这就是区块链中决

[①]　刘振友.区块链金融[M].北京:文化发展出版社,2018.
[②]　李保旭,韩继炀,冯智.互联网金融创新与风险管理[M].北京:机械工业出版社,2019.

定挖矿难度的随机数。

这样在群里玩接龙游戏的好处,就是确保了整个游戏过程是可信任的,如果某个人想要通过作弊修改其中某一个成语或者抢答者,那么这个成语的上一个、下一个成语他也需要修改,然后他就又发现还要去修改上上一个或者下下一个成语……通过这种瀑布效应就保证了整个游戏过程几乎是不可能被篡改的。同时,因为没有主持人掌握所有记录并隐瞒过程,因此也不存在所谓的内幕与暗箱操作。因此,区块链就是一群认同并遵守这个规则的人共同记录连续信息的过程[①]。

3.4.2 区块链分类[②]

区块链目前分为以下三类。

(1)公有区块链(public block chains)。无官方组织及管理机构,世界上任何个体或者团体都可以发送交易,且交易能够获得该区块链的有效确认,任何人都可以参与其共识过程。公有区块链是最早的区块链,也是目前应用最广泛的区块链。

(2)联合(行业)区块链(consortium block chains)。由某个群体内部指定多个预选的节点为记账人,每个块的生成由所有的预选节点共同决定。其他接入节点可以参与交易,但不过问记账过程,其他任何人可以通过该区块链开放的 API 进行限定查询。这类区块链兼具部分去中心化的特征。例如由各大银行、金融机构建立的 R3 区块链联盟就是联合(行业)区块链的一种。

(3)私有区块链(private block chains)。仅仅使用区块链的总账技术进行记账,可以是公司,也可以是个人。私有区块链的运行规则根据私有区块链拥有者的要求进行设定,仅有少数节点有权限写入甚至是读取区块链数据。

3.4.3 区块链的技术特征

区块链技术的关键点除了去中心化、去信任、集体维护、分布式、开源性之外,还有非对称加密算法、时间戳、自治性、匿名性等。这些都属于区

---

① 陈建可,礼翔.金融科技 重塑金融生态新格局[M].天津:天津人民出版社,2019.
② 李保旭,韩继炀,冯智.互联网金融创新与风险管理[M].北京:机械工业出版社,2019.

块链技术的部分,哪怕缺少其中一项,都不能称为区块链。

3.4.3.1　去中心化

去中心化是区块链技术的一个重要特点,指的是区块链技术将中心弱化到各个节点上,因此区块链技术并不是完全不需要中心。区块链技术使系统中的每个节点都能够成为中心,从而独立运行,还能够完成节点与节点之间的直接交易。

区块链技术上的每个"区块"都像一个小型数据库,所有节点都可以使用对应的密钥,去查阅每个"区块"里保存的所有数据。而且,除了网络延迟可能造成信息没有及时送达到下一个"区块"以外,每个"区块"中保存的数据信息几乎相同。区块链技术没有任何可以操控其他"区块"信息的大中心,而且想要通过一个"区块",进一步控制其他"区块",这几乎不可能实现。

因此,去中心化也是区块链技术的核心特点。从目前来看,在金融交易中,去中心化能够最大限度地减少交易成本。而站在未来的角度,去中心化的核心特点在区块链 3.0 的时代得到了最大的拓展,甚至会成为未来世界的发展方向。

3.4.3.2　去信任

区块链技术从根本上改变了中心化的信任机制,节点之间数据交换通过数字签名技术进行验证,无须相互信任,通过技术背书而非中心化信用机构来进行信用建立。在系统指定的规则范围和时间范围内,节点之间不能也无法欺骗其他节点,即少量节点无法完成造假。

去信任是区块链技术要达到的目标之一。但是,所谓的"去信任"并不是指让使用者在应用区块链技术的过程中不信任或者不产生信任,而是在应用区块链技术的项目中,达到去掉第三方信任机构的目的。

在这个信息爆炸的时代,交易双方时常不能直接判断出对方信息的真假,所以需要强大的第三方机构介入交易过程中,来建立交易双方的信任。这个第三方信任机构往往在中间会收取大量交易者的资源,用来维护自身的发展。即使所有交易者都知道第三方机构会在交易过程中耗费大量成本,但是他们都必须依赖第三方信任机构,来维护交易双方的信任。

而区块链技术会构建出一套独特的信任机制——在去中心化的前提下,实现节点与节点之间直接进行信息交易。区块链技术能够不停地接受大量外部信息,同时让这些信息在"区块"中存储、不可修改,并且其他

"区块"中都包含了信息的备份。那么,任何节点上的人都可以通过"区块"获得交易对象的数字信息,通过区块链技术来判断交易对象是否可信任,甚至可以通过区块链技术,在交易过程中强制让交易对象执行交易程序。

区块链技术实现了去信任,从而证明了区块链技术的公开性、透明性。因此,区块链技术本身就在"创造"信任。

3.4.3.3 集体维护

集体维护的主要含义是:区块链技术涉及所有包含数据信息的"区块",由不同的节点共同维护。也就是说,某个"区块"上包含的某条信息,其他"区块"上也有这条信息,并且其他"区块"都认同这条信息的正确性。因此,集体维护在维护信息的同时,还能够从一定程度上监管信息的正确性,进而使区块链中的信息不会被轻易篡改。

集体维护成为区块链技术内部主要的监管方式,而这个监管方式为区块链技术"创造"信任价值奠定了一定的基础。

3.4.3.4 分布式

分布式在区块链技术的传递与存储信息的方法上都有体现。由于每条"链"的每个"区块"上,都存储了这条"链"的全部信息,每个"区块"在接收到新数据的时候,会将新数据传送给其他"区块",进而每个"区块"都相当于一个数据库备份。当外界黑客对某个"区块"进行攻击的时候,并不会对整条"链"产生影响。系统会自动进行调整,进而避开被攻击"区块"发出的错误信息。因此,也有人在区块链技术中运用分布式,将数据存储在各个"区块",这被称为"可靠数据库"。

可靠数据库体现了区块链技术的安全特性。然而,区块链技术也并非绝对安全,它只是在一定程度上将隐患最小化。因为如果外界黑客攻击了"链"上 51% 以上的区块,那么整条"链"也会随之崩溃。但是,随着区块链技术的发展,"链"上的数据会越来越多,"链"自身也会越来越长。当"链"延伸到一定长度的时候,黑客也难以做到 51% 以上的攻击。因此,可靠数据库会随着区块链技术的发展而变得更加安全。

(1)分布式账本。在金融交易中,想要同时保护身份信息以及资产安全,是一个艰难的问题。现在一些大型企业往往会集中记录储存客户的资料,这种只有一个账本记录信息的方式,往往会因为黑客的攻击而导致资料大量对外泄露,最终影响了客户的隐私安全。而分布式账本就能完美地解决这个问题。由于区块链技术的实质是建立在分布式基础上的一个去中心化的数字账本,因此,区块链技术必定是分布式账本。然而分布式账本不一定是区块链,有可能在某些场合区块链技术仅仅只能作为分布式账本的底层技术。

从实质上来说,分布式账本就是在互联网中的各个节点上,记录下全网络的所有数据信息。只要参与到分布式账本的运行中,都会成为网络中的一个"小账本",网络中有任何变动,账本都会自动记录下来。而被记录在某个"小账本"里的信息,又可以通过一定的渠道将信息直接传达给其他的"小账本"。在这个没有中心的大账本里,每个小账本都可以视为独立的存储仓库,而且每个小账本里都有对应密钥来保证这些信息的安全性。由此可见,分布式账本可以分化为分布式记账、分布式传播、分布式存储三个部分。

在区块链技术中,已经产生交易关系的"区块"会形成一条"链",而每一个参与到交易过程的"区块"都会记录下这条"链"上的所有信息,这就是分布式记账。因此,分布式记账就是一个人人都可以记账的体系,进而让每个人都能参与到记账的过程中,确保了每个节点之间信任的构建。也正是因为有分布式记账,才能够保障在"链"上的某个"区块"万一没有记录下全部信息,而其他"区块"上保存的信息也能进行填补。

在区块链技术中,每笔交易都是在分布式系统里进行的,因此分布式传播就是将一个"区块"上的消息,传递到除了传给自己消息的"区块"以外,其他全部"区块"上。分布式传播保证了信息能够有效、快速地进行传递,并且该传递方式是个体对其他个体的直接传递,没有中间机制的参与,进而最大限度地节省了传递的时间,提高了分布式账本的运行效率。

而分布式存储,就是让所有的数据都可以存储在一个"区块"上,并且在对信息的筛选与更新方面,所有"区块"都能达到一致性。因此,当有外界黑客攻击某个"区块"的时候,即使造成了该"区块"的损失,但是其他的"区块"上也都记录了与被攻击"区块"相同的信息,所以在某种意义上分布式存储有一定的安全性,不会造成信息资源的损失。

正因为有分布式记账、分布式传播、分布式存储,因此分布式账本才能颠覆传统账本。传统账本只是由某个单个的核心来记录,而分布式账本则让每个参与到账本记录过程中的人都能够备份账本上的内容,进而保证了账本中所有的信息都能够全网公布,确保了账本在遭到外界攻击的情况下,信息的损失可以降到最低。就算有人想要篡改账本上的记录,也没有人能够同时做到把别人账本上的信息一同篡改。

理论上,每个小账本中的信息在整个分布式账本中应该是共享的,没有人或者其他机构能够改变分布式账本上的任何信息,因此不用担心由于黑客等界因素的攻击,导致信息的泄露或者资产的损失。在去中心化的情况下,巨大的数据存储量让分布式账本信息的准确性与安全性几乎无懈可击。只要不是整个网络遭到毁灭性的破坏,分布式账本就会一直运行。所以,分布式账本在金融业中的运用,可以解决很多问题。比如,减少过高的交易费用、减少系统的维护费用、降低交易风险等。减少交易费用是由于分布式账本的去中心化,可以省去金融交易的中间机构或者多个隐藏在后台的控制机构,因此就不用交易双方承担第三方见证机构的费用。

而且在传统的金融业中,交易中的第三方机构必须也要自我维护才能持续发展,而用来维护第三方机构的资本往往也来源于进行交易的双方。在分布式账本中,由于账本可以自动吸纳其他的"小账本",完成自我更新与维护,因此节省了一大笔维护的费用。就算外界攻击了分布式账本上的某个节点,并使那个节点发生"异变",但是其他的节点也不会受到"异变"的节点传输错误信息的影响。即使其他节点接收了错误信息,但是那些错误信息也不会被判定为有用、可执行的命令,因此使金融交易中存在的风险也降低了许多。

分布式账本的精髓就是形成一个由点构成的网络,而这个由点构成的网络有极大的可能性取代传统金融业中的各个中间平台。虽然这个网络目前还存在很多挑战,甚至还有很多未知的隐患,但是这个特殊的点对点网络在未来的发展与应用才是真正的关键,因为任何挑战与未知的问题在未来都有可能被破解。

(2)公开的分布式账本。区块链技术本身就可以被视为一个"分布式总账本",并且这个"账本"在整个系统中是绝对公开的。因此理解公开的分布式账本,是了解区块链技术运行原理的最主要部分。

在区块链技术中,"链"上的每个节点都可以单独记账,这些单独记账的节点都能产生"区块"。只要初始的"创世区块"是确定的,那么其他的区块会依次与"创世区块"连接。而且,每个新区块中包含的信息,都会存储到其他区块中,这体现了"账本"具有存储信息的作用。

而且因为每个区块中都包含了"链"中所有的信息,所以每个区块都能对信息的正确性进行判断。如果某个节点在"记账"过程中出现了错误,那么其他区块在接收到错误记账信息的时候,都可以做出准确的判断,进而让错误的信息无法进入"链"中。

因此,区块链技术的运行过程、身份验证与签名以及公开的分布式账本,都是区块链技术的重要机制,在区块链技术的运行中缺一不可。

3.4.3.5 开源性

开源性则是区块链技术从诞生开始就一直存在的重要特点。它让应用区块链技术的系统维持了公开性、透明性。

从中本聪公布的比特币"创世区块"代码开始,区块链技术一直都处于开源的状态。任何程序员都可以下载代码,进行代码修改。区块链技术的开源性,为区块链技术今后的发展提供了巨大的机会。

3.4.3.6 非对称加密

1949 年,香农发表了《保密系统的信息理论》,为对称密码学建立了稳固的基础,进而使对称密码学进入了一段繁荣发展时期。加密者与解密者都在密钥的基础上,对信息进行加密与解密,因为此时的加密算法与解密算法是完全相同的,所以这种算法被称为对称加密算法。而对称加密算法存在着一个巨大的破绽,那就是加密者在传递信息的过程中必须要把密钥也附上,只有这样解密者才能解开密码。因此,如果想使用对称加密算法来传递信息,就必须要花费大量的精力去研究安全传递密钥的方法。

1976 年,怀特菲尔德·迪菲(Whitfield Diffie)和马丁·赫尔曼(Martin Hellman)提出了"非对称密码体制"的概念,进而产生了非对称加密算法。所谓的非对称加密算法,就是运用公钥和私钥在不直接传递解开密码的密钥的情况下,使加密的信息解密。也就是说,加密的方式和解密的过程可以是完全不对称的关系。而后,非对称加密算法经过了进一步的发展,成为基于椭圆曲线算法等函数之上的非对称加密算法,为数字签名以及时间戳服务都提供了一定的密码学基础。

目前,区块链技术中使用的非对称加密算法主要有以下三个特点:

（1）加密时使用的公钥是公开的,"链"上的每个"区块"都可以看见所有的公钥。

（2）解密时使用的私钥,只有包含密文的"区块"才拥有,因此被加密的密文只有拥有私钥的"区块"才能解开。

（3）其他人根据"区块"公开的公钥不能反向推理出密文的原信息,只有用另外的私钥才能解开密文。

因此,从区块链技术在除去第三方机构就能够给人带来信任的角度来看,非对称加密算法则是利用密码学产生"信任"的基础。

3.4.3.7 时间戳

数字签名虽然是区块链技术中的重要部分,但是并不代表数字签名一定完美无缺。信息在传递过程中存在的时间差问题,则无法被数字签名解决,因此还需要时间戳来解决。时间戳也是建立在公钥密码学基础之上的系统。但是与数字签名不同的是,时间戳主要负责记录每个"区块"接受信息的时间,确保了每条信息的先后顺序,进而保证了每个"区块"都能做出一致的判断。

3.4.3.8 身份验证与签名

数字签名则是在区块链技术中把哈希函数、密钥全部运用到的重要机制。数字签名主要有两个作用:第一是给发送节点公钥和私钥,因此确定了消息是由发送节点发送;第二则是运用哈希函数确保了信息在发送过程中完好无损。比如,A 要向 B 发送一定数量的比特币,而 B 要知道这些比特币是由 A 发送的,就必须要在这些比特币上看到 A 的"签名"。因此,数字签名最主要的作用就是证明信息是由发送方发送。而所有的签名信息都会被记录在"区块"里,既不能更改,也不能伪造。

在中本聪的描述中,处于节点位置的是不同的"记账者"。这些记账者为了获取比特币,就必须完成自己的工作——对接受的消息进行检测、向全网广播。因此,区块链技术在往后的应用上,主要是通过一个去中心化的方式,让节点集体来维护相同的数据信息。每个"区块"中都包含了系统的全部信息,以及信息生成时的数字签名与时间戳。其中,"时间戳"的出现,在区块链技术中具有重大的作用。

"时间戳"为建立在区块链技术上的比特币提供了一个重要的安全保障——避免"双花问题"的出现。所谓的"双花",就是同一个数字货币,在黑客故意的篡改下,被花费了两次。而时间戳就是比特币应对"双花问题"的有力武器。正因为时间戳,作为分布式总账本的区块链技术才拥有了连续性,还使区块中的每条信息都具有了唯一性。当有人想要"查账"的时候,就可以根据时间戳准确地定位,每条消息为整条"链"在验证消息的正确性方面提供了极大的便利。

区块链技术上还有另外一种可以验证身份的方式,那就是通过数字签名来进行验证。因为,交易者在使用比特币进行交易的时候,区块上都有记录该交易者的身份识别等信息。这些代表交易者身份的信息,就是交易者的数字签名。这些数字签名确保了交易者身份的准确性,同时也让系统能够准确判断出发动交易的一方。

而"时间戳"和"数字签名"能够实现对信息的验证与签名,主要依赖于密码学。在区块链技术中,串联各个"区块"的核心方法就是密码学。密码学贯穿了整个区块链技术,无论是"时间戳"还是"数字签名",都是建立在密码学之上的。密码学让每个"区块"能够更有效地与下一个"区块"进行连接,同时也保障了各个"区块"上的信息安全性和完整性。庞大复杂的密码学,是区块链技术去中心化能够实现的安全基础。

3.4.4 区块链技术的本质

中本聪曾发表过区块链方面的论文。在中本聪最初的论文中,"区块"和"链"是分开提出来的两个概念。在该论文中,内容核心指向是"比特币",当时的中本聪并没明确提出完整的"区块链"概念。后来,区块链是在比特币的基础上,被许多相关人员挖掘出的比特币底层技术。

因此,想要清楚地了解区块链技术,看清区块链技术的本质,首先,就要以中本聪最初的论文为基础,去了解区块链技术。

从中本聪的论文中,可以明确的一点是——区块链技术并不是单纯的数字货币。虽然中本聪以区块链技术为底层,创造了比特币,但是并不代表比特币和区块链技术等价。实质上,比特币和区块链技术是共生关系,它们几乎同时诞生,同时发展。然而,区块链技术作为一项底层技术,在某些意义上比作为数字货币的"比特币",能够给人类社会带来更多的价值。

区块链技术不一定必须包含智能合约,因为论文并没有提到任何关于"合约"的字眼。区块链技术只是为后来的智能合约提供了一个可以运行的框架,但是智能合约并非区块链技术中的必要组成。

除了智能合约之外,"分布式账本数据库"几乎是大多数人对于区块链技术的定义,因此也有很多人将区块链看成数据库。其实,这是一种错误的看法。虽然"区块"本身拥有的存储功能符合人们对"数据库"的认知,但是在最初的论文中,"数据库"同样也没有出现过。区块链技术拥有数据库的功能,只是在后面相关人员的研究中被发现的,这只不过是区块链技术众多功能中的一部分。

首先,站在现在区块链技术的角度,可编程性几乎是所有关于区块链技术的研究者共同承认的重要特性,因为中本聪公布的"创世区块"就是以代码的方式呈现在世界面前的。但是回归到中本聪的论文中,他并没有提到任何关于"程序"或者"脚本"的字眼。虽然目前的区块链技术都是在代码的基础上实现的,但是并不代表以后区块链技术会被限制于代码上,它应该会有比代码更优秀、更广阔的发展空间。

其次,要站在区块链技术目前主要的应用方向上,进一步看清区块链技术在未来的发展。目前,区块链技术主要运用的地方就是数字货币。而在这些数字货币中,最有代表性的就是比特币。但是,不能把区块链技术的应用局限于数字货币。虽然中本聪在最初的论文中,主要讲述的就是比特币,区块链技术也是其他人在研究比特币的基础上发现的,但这并不能代表数字货币就是区块链技术发展的终点。作为底层技术的区块链,应该拥有更广阔的发展前景,可以说,区块链技术在未来科学技术的发展中,可能会给人类社会带来深远的影响。而这种深远的影响,甚至可以超越比特币给科学界带来的冲击。

最后,要清楚区块链技术里包含的多种技术。区块链并不是指"一种"技术,而是指对"多种"技术的整合。它整合了密码学基础、共识算法、分布式等。这些技术互相融合,最终形成了区块链技术。区块链技术目前能实现的所有功能,都是在这些技术的支撑之下完成的。因此,这些技术缺一不可,否则区块链技术也会变得不完善。而且,"区块链技术"这个由多种技术整合的"技术融合体",在未来的发展中还会持续地自我更新。因为组成区块链技术的其他技术,都在各自的领域中持续发展着。比如,在密码学的基础上,还有许多人在致力破解 SHA-256,在未来的某一天SHA-256 很可能会如同 SHA-1 一样被人破解。那么,就会有新的、更可靠的算法来代替 SHA-256。从区块链技术整体上来看,在它诞生的初始,就已经给全球带来了不同程度的冲击。区块链技术并不是一项单纯的技术,而是将不同的技术进行融合的产物。在《区块链——重塑经济与世界》一书中提出,区块链技术的本质是"一个去中心化的分布式账本数据库,是比特币的底层技术,和比特币是相伴相生的关系。区块链本身其实是一串使用密码学相关联所产生的数据块,每个数据块中包含了多次比特币网络交易的有效确认信息"。

3.4.5 区块链的其他技术原理

自从区块链诞生之后,总会为金融领域带来源源不断的惊喜与创新动力。想要把握住区块链带来的创新动力,就要了解区块链内所有的基础知识,它包含密码学基础、共识算法、分布式等。并且熟悉从这些基础之上衍生出来的,与区块链有着直接关系的分布式账本、智能合约、侧链技术等初步应用方向。而且要从区块链技术的原理中准确地找到它的关键点,理解区块链技术每个关键点的意义,才能看清区块链技术为人类带来的优势。同时,在区块链技术的原理之上,还要能看清它本身的缺陷,因为并不是所有的技术从诞生开始就是完善的。只有清楚了目前区块链技术的优点与缺陷,才能从区块链技术的本质上进一步让它在金融领域中运行起来。

3.4.5.1 密码学基础:哈希算法

所有的事物都不是凭空创造的,区块链技术也一样。大多数人都知道区块链技术起源于比特币,却很少有人能注意到区块链技术里最主要、最强大的部分——密码学。可以说,区块链就是一门靠着庞大复杂的密码学系统支撑起来的技术。既然可以说区块链能够作为其他相关行业的底层技术,那么密码学就是区块链技术的底层。

区块链技术中运用的密码学主要为非对称法和哈希函数。这些加密算法不但保证了每个新"区块"能与上一个"区块"安全连接,并且保证了"链"中的每个"区块"上的数据的正确性,也保证了这些数据不会被篡改。非对称加密算法与哈希函数相辅相成,在区块链技术中被运用在数字签名以及时间戳之中,进而保证了区块链技术的安全、全网公开等特性。

哈希算法,也就是 SHA(Secure Hash Agorithm)算法,属于散列函数密码。其中包括了 SHA-1、SHA-2,而 SHA-2 中又包含了 SHA-224、SHA-256、SHA-384、SHA-512。SHA-1 已经被使用在许多安全协议中,然而 SHA-1 在 2005 年已经被我国的密码学专家王小云等破译。虽然 SHA-2 算法与 SHA-1 相似,但是 SHA-2 至今没有被完美破译,比 SHA-1 安全性更高。中本聪在设计比特币的时候主要运用的就是 SHA-2 算法,进而该算法被主要应用于区块链技术。所谓的 SHA-256 算法就是把接受的任意长度的数据,转化成输出固定为 32 字节的散列,也就是说,SHA-256 算法的输出长度永远都是 256 位。因此,SHA-256 哈希函数确保了每个"区块"中的数据都不可篡改以及信息的真实性。

SHA-256 哈希函数还具有一个关键特性——单向性。也就是说,从计算机 0 和 1 组成的输出语言中,想要反向推理出原来数据几乎不可能实现。而由于 SHA-256 哈希函数输出固定为 256 位,即使遇到一条包含了庞大信息的数据,也能够在极短的时间内得到最终的固定输出。

除了 SHA-256 哈希函数自身具备的单向性之外,在区块链技术中,还需要额外拥有免碰撞性。而所谓的"碰撞"指的是当一个哈希函数为多个信息进行加密的时候,可能会产生相同的 256 位输出。因此,只有避免"碰撞",才能保证不同的信息经过算法加密后输出的结果不同,进而确保信息的准确性和完整性。然而并没有永远安全的算法,SHA-256 算法只能保证区块链技术目前的安全性的算法。在区块链技术今后的发展中，必定会出现取代SHA-256算法的算法，使区块链技术能够更加安全。中本聪本人也承认，算法的升级是必要的过程。

3.4.5.2 共识算法

共识机制是区块链技术中非常重要的部分。而所谓的共识机制，就是让"账本"中所有负责记录的"区块"能够达成一致，进而判断出信息的准确性。要想每个"区块"都能够达到共识的目的，就需要依赖共识算法。而目前区块链技术的共识算法主要有 PoW（Proof of Work，工作量证明）、PoS（Proof of Stake，权益证明）、DPoS（Delegate Proof of Stake，股份授权证明）、RCP（Ripple Consensus Protocol，瑞波共识协议）等。

（1）PoW：工作量证明。"区块链之父"中本聪最早提出的共识算法就是工作量证明，因此工作量证明最早的应用就是比特币，之后也被其他人用于莱特币等类似比特币的数字货币上。而所谓的工作量证明，顾名思义，就是证明"矿工"们的工作量，工作量的产生则主要依赖于机器进行大量的数学运算。其实，工作量证明的概念早在1993年就已经被人提出，提出者是辛西娅·德沃克（Cynthia Dwork）和莫尼·纳奥（Moni Naor）。他们在学术论文中指出，工作量证明需要发起人进行一定的运算，因此需要消耗一定的时间。中本聪将工作量证明应用到区块链技术上，进而实现了区块链技术的"去中心化"，让节点上的信息能够全网公开。

工作量证明虽然现在被大量地运用到各种数字货币中，但是它的缺点也十分明显：比特币的"挖矿"产生了大量的资源浪费；随着"区块"的连接增长，共识达成的延迟也在增加；比特币占据了全球大量的市场，大部分算力都集中在比特币上；工作量证明的容错量也不是绝对的，它只能允许全网50%的"区块"出错……因此，工作量证明的这些缺点，最终导致了这个共识算法不能被广泛应用。

（2）PoS：权益证明。权益证明是工作量证明的升级共识机制。这种共识机制是根据货币持有者拥有货币的比例和时间，等比例降低了计算难度，从而加快了"挖矿"的速度。虽然权益证明降低了机器的计算难度，在某种程度上降低了对机器的性能要求，但是它让持有者的数字货币"钱包"与区块链技术进行绑定，拥有数字货币的数量越多，"挖矿"成功的概率才越大。因此，权益证明具有的优点是：降低了计算力，缩短了延迟。然而丹尼尔·拉力莫在论文《基于权益证明的交易》中写道："现有的权益证明体系，如点点币，是基于"证据区块"基础上的，在"证据区块"中，矿工必须达成的目标与销毁币天数是呈负相关的。拥有点点币的人必须选择成为权益证明的挖矿人并在一段时间内贡献他们的一部分币来保护网络。"

因此,权益证明也不是完全弥补了工作量证明的不足,它只是在工作量证明的基础之上进行了部分改善。它还是没有摆脱对"挖矿"的需求,在本质上并没有完全解决工作量证明存在的问题,只是将工作量证明的问题弱化了。而且权益证明还需要"矿工"贡献已有的资源来进行网络维护,在某种程度上,这也降低了"矿工"挖矿的积极性。

（3）DPoS：股份授权证明。股份授权证明比权益证明更加权威,它类似于投票机制,是在权益证明的基础之上创造出的共识算法。而创立这种新算法的初衷,是为了保障数字货币的安全。在股份授权证明中,与一般区块链技术的共识算法不同的是,它仍然存在着一定的中心——"受托人",只不过这个"受托人"中心受到了其他"股份"持有者的限制。因为系统选举受托人是绝对公平的,任何股份持有者都有成为"受托人"的可能。

而股份授权证明与权益证明最大的区别,是股份授权证明不用强制信任拥有最多资源的人。这样股份授权证明既拥有了一部分中心化易监管的优势,又维持了"去中心化"的特点。因此,股份授权证明具有许多优点:大面积减少了"记账"的"区块",进而提高了运行效率;使持股者的"盈利"最大化,使机器设备的维护费减到最小;使整体的成本缩减到最低,避免了不必要的资源浪费。

然而,股份授权证明并没有做到真正的"去中心化",而且在由谁来生产下一个"区块"方面,股份授权证明也存在着一定的争议。因此,股份授权证明也不是绝对安全可行的共识机制,它的运行方式只适用于部分领域。

（4）RCP：瑞波共识协议。2013 年,美国旧金山的瑞波实验室提出了一种新的互联网金融协议——瑞波协议。这种协议的目的,就是实现全世界范围内所有有价值物品、金钱、虚拟货币的自由交易,并且可以达到高效率的转换。而瑞波共识协议的本质就是在权益证明基础上的进一步升级。瑞波协议在接纳"新成员"的时候,原有的"老成员"集体投票有 51% 的通过率即可,因此,外部的因素根本不会影响到内部的接纳"新成员"过程。进而,瑞波协议在内部执行上避免了许多外界因素的干扰。尽管瑞波币与比特币一样采用了点对点的支付方式、源代码开放等,但是瑞波币能积极配合监管部门,加快银行、金融企业等融合,使瑞波币在短时间内得到了极大的好评。

区块链技术中的共识机制,除了目前主要的工作量证明、权益证明、股份授权证明、瑞波共识协议之外,还有改进型使用拜占庭容错机制(PBFT)、Pool 验证池、小蚁共识机制(dBFT)等。这些共识机制在不同的金融企业中,大多数已经被应用于区块链技术中。这些共识机制在不同的场合,运用不同的方式,实现了同一个目标—使每个节点都能够达到一致的效果。

3.4.5.3 智能合约

传统意义上的合约,相当于合同、契约。在金融交易中,当交易的双方不能信任彼此的时候,往往会通过签订文字合约的方式来创造信任。虽然合约在人类发展的过程中出现得很早,但是传统意义上的合约依然存在许多漏洞。即使法律给予了合约一定的保护措施,但是违约现象仍然屡见不鲜,在签订合约之后,因为对方违背合约而产生损失的一方想要追回损失时,必须要法院等第三方机构介入,还要支付给第三方机构一笔用来维护信任的费用。然而有时候,即便第三方机构能够及时介入,往往也不能追回全部的损失,特别当违约方造成了重大且不可逆的损失的时候,想要追回损失几乎成了不可能的事情,因此产生损失的一方只能自己承担全部后果。

而智能合约就能够弥补传统合约的不足之处。它不仅与传统合约有着许多相似的地方,比如都需要交易双方履行各自的义务,也会记录下违约方应该受到的惩罚等,而且比传统合约更加安全、可信。"智能合约之父"尼克·萨博在其相关论文《智能合约(Smartcontracts)》中,把智能合约定义为:"一个智能合约是一套以素质形式定义的承诺(promise),包括合约参与方可以在上面执行这些承诺的协议。"

同时,尼克·萨博在论文中提到了关于智能合约的几个重要部分:

(1)选择性地允许业主锁定和排除第三方;

(2)允许债权人接入的秘密途径;

(3)在违约一段时间且没有付款时秘密途径被打开;并且最后的电子支付完成后将永久地关闭秘密途径。

因此,从本质上来说,智能合约是一个依靠代码来实行的合同,是一种能让交易双方达成共识的新方式。它不需要依赖任何机构就可以构建信任,甚至避免了违约的发生,进一步省去了传统合约签订过程中必须要有的双方共同信任的第三方机构。

其实,"智能合约"的理念早在 20 世纪 90 年代就已经被尼克·萨博提出,但是由于当时的条件限制,缺乏一个可编程的数字系统,导致了智能合约一直不能真正地实现。直到区块链技术的出现和发展,它的全网公开、去中心化、不可篡改等特性为智能合约提供了一个数字化可编程的系统,进而智能合约的发展才出现了机会。特别是在区块链 2.0 的时代,智能合约的发展尤为突出。智能合约几乎融合进应用区块链技术的每一个领域中。无论是类似比特币等数字货币的交易,还是一些应用区块链技术的数字货币机构,在智能合约的影响之下,都可以在交易双方本身没有信任的条件下,实现由程序来强制交易双方彼此履行各自的义务。甚至智能合约还跳出了特定的交易范畴,延伸到整个市场中,使整个市场都能够实现在去中心化的情况下,达到彼此信任的目的。

从表面上看,智能合约是与区块链技术一同发展的、由代码编写的、可以自动执行的程序。在不需要人为监控的情况下,它不仅能强制合约里的双方完成各自的义务,还能实现自我更新。但是,这并不代表智能合约就是人工智能,也不代表智能合约就是区块链技术的应用程序。

智能合约在区块链技术的应用中,它的主体目前仅限于代码。因此,智能合约代码运行的方式都是可计算推导的,还远远达不到人工智能的程度。而且由于目前区块链技术的不成熟与不完善,进一步决定了智能合约发展中不可避免地出现了大量的问题。

首先,智能合约的应用还处于初级阶段,在安全问题上面临着巨大的挑战。由于区块链技术的不可篡改的特性,当智能合约产生错误需要改正的时候,外部人员根本无从下手,只能眼睁睁地看着错误的交易进行。比如,当监管机构发现罪犯利用智能合约骗取别人的资金,但是在智能合约上,监管机构不能插手,只能任由智能合约强制执行,即使在交易结束后也很难追回被骗取的资金。或者当编写智能合约的程序员想要骗取双方交易者的资金时,他可以故意设计一个存在漏洞的智能合约,那么双方交易者很可能就会因为这个漏洞而遭受损失。因此,在去中心化的智能合约里,所有的用户万一出现损失,也只能自己承担。

其次,智能合约目前还不等同于法律。威廉·穆贾雅在《关于区块链的九个误区》中还提到过:"智能合约还不受法律约束,但是它们可以代表部分法定合同。关于智能合约的合法性仍在探索中智能合约可以用于审查跟踪,来证明是否遵循法定合同的条款。"根据威廉·穆贾雅提到的内容可知,当智能合约万一出现执行失败的情况时,也没有相应的法律来解决这一问题。毕竟智能合约是由人来编写的代码,没有人敢保证智能合约在执行的过程中绝对不会出现错误。

最后,就是智能合约的发展依旧存在着各个方面的阻碍。虽然区块链技术的出现为智能合约的发展提供了一次机会,然而这并不代表智能合约以后的发展都可以一帆风顺。基于目前的状况来看,智能合约的执行主体还是停留在与区块链技术相关的数字资产之上,而区块链技术的不成熟,以及数字资产的稀缺都限制了智能合约的发展与应用。因为区块链技术的不成熟,导致了智能合约发展的不成熟,而区块链技术在未来发展中可能存在的问题,也为智能合约埋下了许多未知的隐患。在没有把区块链技术与智能合约研究透彻之前,也没有人敢大规模地把智能合约真正地应用起来。在大多数情况下,智能合约只是用在一些试验中。

由此可以看出,想要广泛地运用智能合约,就必须为智能合约构建一个完善的、以区块链技术为底层的系统。即使目前智能合约能给人带来诸多便利,但由于它的不成熟,也注定了它还需要走很长的一段路才能彻底走进人类的生活中。但是,即便目前的智能合约在发展上还存在着许多挑战,也不能阻止人们对智能合约在未来应用上的期望。

智能合约在世界今后的发展中,可能会在一定程度上改变人类社会各个行业的结构。因为智能合约已经借由区块链技术在全球金融体系中埋下了种子,传统意义上的合约已经不能满足人们的需求,那么只要有一个合适的机会,智能合约就会蓬勃发展起来,并被应用到各个领域。到时候针对不同的需求,会产生更多不同的智能合约程序来满足人们,而目前智能合约的缺点也会被逐渐解决。

3.4.5.4 侧链技术

侧链(Sidechain)技术实质上就是一种特殊的区块链技术。它使用了特殊的楔入方法——双向楔入,实现了侧链与主链之间信息资源的互相转化,因此侧链技术又叫楔入式侧链技术。假如主链上的资源是比特币,侧链上的是除比特币以外的其他信息资源,那么通过主链与侧链的特殊对接,就可以实现两种资源互相转化的目的。

因此,侧链技术在某些程度上为区块链技术带来了重大意义。

首先,侧链技术使比特币在交易方面产生了重大的突破。侧链技术使比特币不再局限于一个区块链,而是让比特币可以流通到其他区块链上,进而使比特币的应用范围变得更加广阔。而且,如果想实现每个数字货币之间自由的流通转换,那么,就需要依赖侧链技术来使它们对接。

其次,侧链技术拥有相对的独立性。当主链以外的其他区块链出现问题的时候,侧链技术就可以避免主链因为碰到这些问题而发生错乱。因为侧链相对于主链而言,就像是另外一个"分布式账本",虽然它们用一种特殊的方式彼此对接,但是,即使侧链没有主链,它也可以独立运行。

再次,侧链技术拥有相对的灵活性。因为在区块链技术的应用中,并不是每个领域都需要非常严谨的"主链"。因此,可以针对不同领域的需求来定制不同的侧链。根据研发者量身定制的侧链,不仅可以更好地配合研发者的需求,还可以避免在研发过程中可能对主链产生的潜在威胁。

最后,侧链技术还可以避免主链的失控。因为区块链技术是一项"线型"的技术,所有的"区块"在不断连接的过程中会形成一条线。随着"区块"无限制地增长,主链逐渐变得难以控制。

中本聪在最初设计的时候将每个区块的临时上限设定为 1 MB 大小,而这个临时上限随时都可以发生更改。随着科技的发展与信息的膨胀,大多数人认为 1 MB 已经满足不了人们的需求,所以他们都希望可以进行扩容。但是以 1 MB 的大小为基础计算,每年都会增长将近 50 G 的数据,而数据的增长速度还在随着比特币等数字货币的交易增多而加快,因此从创世区块诞生开始算起,直到 50 年后,数据大小可能已经不止 2.5 T 了。

侧链技术就可以避免主链无限制的衍生。使用侧链技术来扩展存储容量,不仅减轻了主链的负担,还能够实现人们想要扩容的愿望。

基于侧链技术对区块链技术产生的这些重大意义,侧链技术在未来的发展方向变得更加多元化。在 Block Stream 公司发表的《侧链白皮书——用楔入式侧链实现区块链的创新》中,就给出了侧链技术在目前以及未来的四个主要应用——竞争链实验、技术实验、经济实验、资产发行。

竞争链实验,简单地说,就是在比特币主链的基础之上创造一条竞争链,这条链的资源来源于主链。但是,一定要注意不能混淆竞争币与竞争链的概念。所谓的竞争币是在比特币开源项目的基础上修改比特币的源代码,使用区块链的技术产生的新数字货币;而竞争链上的资源则不一定是数字货币,它还可能包含着其他信息,但是它与比特币主链进行对接的时候,可以实行主链上的比特币与自身信息的转换。

技术实验,就是利用了侧链技术的独立性与灵活性。比如,当比特币想进行转移的时候,就可以利用侧链来对比特币进行临时性的转移,利用侧链技术不仅避免了创造一条可以产生新数字货币链的麻烦,还间接保护了比特币主链的安全。

经济实验,则是在侧链技术的基础之上,为人们带来另一种奖励。其中运输币(Freicoin)首次使用了这种办法。众所周知,比特币的产生是由于"矿工"们挖矿带来的奖励,而中本聪在设计的时候为了避免挖矿带来过分的"通货膨胀",为比特币设计了 2 100 万的上限,并且随着挖掘比特币数量的增多,挖矿获得的比特币也会越来越少。而运输币则在侧链技术的基础上想到了"滞期费"。而所谓的"滞期费"在《侧链白皮书》中被给予以下阐述:"在滞留型(demurring)加密货币中,所有未花费的输出将随着时间推移而减值,减少的价值被矿工重新采集。这在保证货币供给稳定的同时,还能给矿工奖励与通货膨胀相比,这或许能更好地与用户利益保持一致,因为滞期费的损失是统一制定并即时发生,不会像通胀那样;它还缓解了因长期未使用的"丢失"币以当前价起死回生可能给经济带来的冲击,在比特币系统中这是一种能意识到的风险。"

因此,不同的运输币持有者都会定期自动提交运输币,以保证运输币能够正常流通。运输币的官方网站也发布了推行"滞期费"的说明:消除货币与资本商品相比拥有的特权地位,这种地位是造成繁荣/萧条的商业周期以及金融精英势力的根本原因。

资产发行,则利用了侧链也可以产生新数字货币,而后将自己的货币与主链上的货币进行转换的特点。在《侧链白皮书》中提到:"资产发行链有很多应用,包括传统的金融工具,如股票、债券、凭证和白条等。这使得外部协议可以将所有权及转账记录跟踪等授权给发行所有者股份的那条侧链,发行资产链还可支持更多的创新工具,如智能财产。"因此,侧链技术在资产发行方面并不仅限于数字货币,还可以产生其他的资源信息,进一步实现了在已有主链资产的情况下,还可以创造出更多的资产。

侧链技术不仅在竞争链实验、技术实验、经济实验、资产发行上有重大的作用,还可以应用于其他方面。比如,在以比特币为主链的基础上,让侧链发放新数字货币来补贴比特币价值的不稳定;把侧链技术应用于降低数字资产太过集中而带来的风险方面。比如,预防类似 The DAO 事件的发生……

侧链技术在区块链技术上进行延伸,完成了许多区块链技术目前不能执行或者不敢执行的实验项目,还避免了比特币主链被其他数字货币打压的风险。虽然侧链技术还没有融入广泛的应用中,但是 Block Stream 已经开始在比特币链的基础上,进行大量的侧链实验。

3.5　数字孪生技术

数字孪生概念是在现有的虚拟制造、数字样机(包括几何样机、功能样机、性能样机)等基础上发展而来的。

数字孪生指充分利用物理模型传感器、运行历史等数据,集成多学科、多物理量、多尺度、多概率的仿真过程,在虚拟空间中完成映射,从而反映相对应的实体装备的全生命周期过程。数字孪生以数字化方式为物理对象创建虚拟模型,模拟其在现实环境中的行为[①]。通过搭建整合制造流程的数字孪生生产系统,能实现从产品设计、生产计划到制造执行的全过程数字化,将产品创新、制造效率和有效性水平提升至一个新的高度。

数字孪生体是指与现实世界中的物理实体完全对应和一致的虚拟模型,可实时模拟其在现实环境中的行为和性能,也称为数字孪生模型。

数字孪生是技术、过程和方法,数字孪生体是对象、模型和数据。

产品数字孪生体的实现方式如图 3-2 所示。

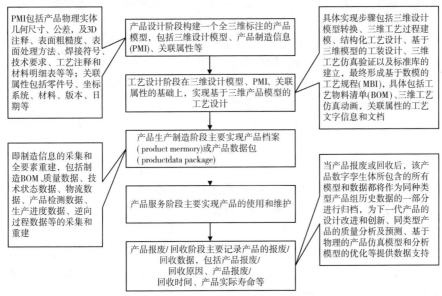

图 3-2　产品数字孪生体的实现方式

综上所述,产品数字孪生体的实现方法有如下特点:面向产品全生命周期,采用单一数据源实现物理空间和信息空间的双向连接;产品档案要确保产品所有的物料都可以追溯,也要能够实现质量数据(例如实测尺寸、实测加工 / 装配误差、实测变形)、技术状态(例如技术指标实测值、工艺等)的追溯;在产品制造完成后的服务阶段,仍要实现与产品物理实体的互联互通,从而实现对产品物理实体的监控追踪、行为预测及控制、健康预测与管理等,最终形成一个闭环的产品全生命周期数据管理[②]。

① 杨学成,杨德东.数字孪生与协同制造 ——基于 B2B 价值共创视角 [J].信息通信技术,2020,14(03):25-30.

② 庄存波,刘检华,熊辉,等.产品数字孪生体的内涵、体系结构及其发展趋势 [J].计算机集成制造系统,2017,23(4):753-768.

3.6　数字融合技术

多传感器数据融合（multi-sensor data fusion, MSDF），简称数据融合，也称多传感器信息融合（multi-sensor information fusion, MSIF），是利用计算机技术对时序获得的若干感知数据，在一定准则下加以分析、综合，以完成所需决策和评估任务而进行的数据处理过程。

伴随着电子技术、信号检测与处理技术、计算机技术、网络通信技术以及控制技术的飞速发展，数据融合已被应用在多个领域，在现代科学技术中的地位也日渐突出。目前，工业控制、机器人、空中交通管制、海洋监视和管理等领域也向着多传感器数据融合方向发展，加之物联网的提出和发展，数据融合技术将成为数据处理等相关技术开发所关心的重要问题之。

数据融合技术的研究与发展主要包括以下几个方面。

（1）确立数据融合理论标准和系统结构标准。

（2）改进融合算法，提高系统性能。

（3）数据融合时机确定。

（4）传感器资源管理优化，针对具体应用问题，建立数据融合中的数据库和知识库，研究高速并行推理机制，是数据融合及管理技术工程化及实际应用中的关键问题。

（5）建立系统设计的工程指导方针，研究数据融合及管理系统的工程实现。

（6）建立测试平台，研究系统性能评估方法。

数据融合中心对来自多个传感器的信息进行融合，也可以将来自多个传感器的信息和人机界面的观测事实进行信息融合（这种融合通常是决策级融合），提取征兆信息，在推理机作用下将征兆与知识库中的知识匹配，做出故障诊断决策，提供给用户。在基于信息融合的故障诊断系统中可以加入自学习模块，故障决策经自学习模块反馈给知识库，并对相应的置信度因子进行修改，更新知识库。同时，自学习模块能根据知识库中的知识和用户对系统提问的动态应答进行推理，以获得新知识，总结新经验，不断扩充知识库，实现专家系统的自学习功能。可以按照如图 3-3 所示步骤实现融合。

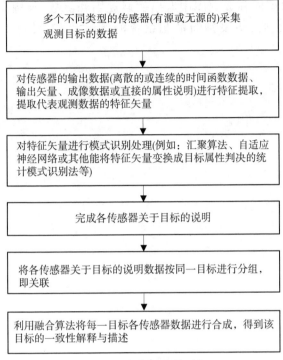

图 3-3　数据融合的过程

随着系统的复杂性日益提高,依靠单个传感器对物理量进行监测显然限制颇多。因此在故障诊断系统中使用多传感器技术进行多种特征量(如振动、温度、压力、流量等)的监测,并对这些传感器的信息进行融合,以提高故障定位的准确性和可靠性。此外,人工的观测也是故障诊断的重要信息源。但是,这一信息来源往往由于难以量化或不够精确而被人们所忽略。信息融合技术的出现为解决这些问题提供了有力的工具,为故障诊断的发展和应用开辟了广阔的前景。通过信息融合将多个传感器检测的信息与人工观测事实进行科学、合理的综合处理,可以提高状态监测和故障诊断智能化程度[①]。

复杂工业过程控制是数据融合应用的一个重要领域。通过时间序列分析、频率分析、小波分析,从传感器的信息中提取出特征数据,同时,将所提取的特征数据输入神经网络模式识别器,进行特征层数据融合,以识别出系统的特征数据,并输入模糊专家系统进行决策层融合。专家系统

---

① 徐开先,钱正洪,张彤,等.传感器实用技术[M].北京:国防工业出版社,2016.

推理时,从知识库和数据库中取出领域规则和参数,与特征数据进行匹配(融合)。最后,决策判断被测系统的运行状态、设备工作状况和故障状况。

第 4 章　智能设计

智能设计系统是以知识处理为核心的 CAD 系统,是计算机辅助设计向更高阶段发展的必然。本章阐述了智能设计的产生与智能设计系统的功能构成,并以实例的形式介绍了知识的表示、获取和基于知识的推理,最后介绍了智能设计系统的构造方法和过程[①]。

4.1　智能设计概述

进入信息时代以来,以设计标准规范为基础,以软件平台为表现形式,在信息技术、计算机技术、知识工程和人工智能技术等相关技术的不断交叉融合中形成和发展的计算机辅助智能设计技术,已经成为现代设计技术最重要的组成部分之一,无论从事创新设计还是生态化设计,从事保质设计还是工业设计,或者进行组合化系列化设计,都需要经历建模、综合、分析、优化和协同等关键环节。智能设计就是要通过人工智能与人类智能相融合,通过人与计算机的协同,高效率地集成地实现上述环节,完成能全面满足用户需求的产品的生命周期设计。上海 20 世纪 90 年代开始,以 C3P(CAD/CAE/CAM/PDM)为代表的计算机辅助设计工具在工业界普及,产生了巨大的经济和社会效益。近十年来,以 M3P 为代表的面向多体系统的动态设计、基于多学科协同集成框架的优化设计、基于本构融合的多领域物理建模,以及全生命周期管理等技术和平台工具开始用机、电、液、控数字化功能样机的研发,成为当前技术研究、开发和应用的时代特征。但是随着产品复杂性的不断提高,现有 CAD/CAE 技术和工具无法从数学本构上提供产品功能和性能描述所需要的状态空间,难以满足复杂产品多领域多学科物理集成分析和协同优化的需要,采用"软

---

① 陈定方,孔建益,杨家军,等.现代机械设计师手册(下)[M].北京:机械工业出版社,2014.

件封装知识,知识依赖软件"的开发模式限制了知识和软件两方面的发展与应用。在计算机辅助设计知识挖掘、提炼和使用,尤其在计算机辅助设计认知、创新思维、优化搜索、评价与决策等方面的研究进展还比较慢。

欧洲学者研发的下一代多领域统一建模语言 Modelica 能够实现复杂系统的不同领域子系统模型间的无缝集成。以美国为首的计算、控制、信息领域学者共同提出了信息物理系统融合 CPS(cyber physical system),旨在统一框架下实现计算、通信测量以及物理等多领域装置的统一建模、仿真分析与优化。

4.1.1 智能设计的产生及其领域

设计的本质是功能到结构的映射,包括基于数学模型的计算型工作和基于知识模型的推理型工作。目前的 CAD 技术能很好地完成前者,但对于后者却难以胜任。产品设计是人的创造力与环境条件交互作用的复杂过程,难以对其建立精确的数学模型并求解,需要设计者运用多学科知识和实践经验,分析推理、运筹决策、综合评价,才能取得合理的结果。因此,为了对设计的全过程提供有效的计算机支持,传统 CAD 系统需要扩展为智能 CAD 系统,也就是以知识处理为核心的 CAD 系统,其领域包括以下四个方面的内容。

(1)自动方案生成。自动方案生成由于减少了大量的人机交互步骤,充分发挥了计算机的速度,使得设计效率高。另外,自动方案生成系统有时还能生成设计者意想不到的设计效果,表现出一定的创造性,从而激发人类设计的灵感[①]。

(2)智能交互。传统的图形交互技术,计算机处于绝对的被动状态,所谓"拨一拨,动一动",操作呆板而繁琐。采用 AI 技术后,系统可以根据用户输入的信息自动获得更多的所需信息,从而使交互变得更简便。另外,结合数据库技术和自然语言理解,计算机只要接受用户简短的语言描述,就可以获取所要输入图形的性质。随着语音处理技术的发展,智能交互的功能将更加突出[②]。

(3)智能显示。在设计方案的最终输出时,计算机自动地搭配色彩,则可极大地方便设计者进行评测。同时结合 AI 技术,可以从速度和质

---

① 陈定方,卢全国.现代设计理论与方法 [M].武汉:华中科技大学出版社,2010.
② 陈定方,孔建益,杨家军,等.现代机械设计师手册(下)[M].北京:机械工业出版社,2014.

量两方面改善图形的生成。使用色彩规律的知识表达和推理方法,能对实体体素迅速地进行明暗描绘,而且又便于各种效果的控制,从而可使显示灵活、迅速和可交互,非常适合于 CAD 系统的图形绘制和实际设计需要。

（4）自动获取数据。扫描工程图样并以图像形式存储,智能 CAD 系统对该图像进行矢量化和图形及符号的识别,从而获取图样的拓扑结构性质,生成图形。通过综合三视图中的二维几何与拓扑信息,在计算机中自动产生相应的三维形体的几何与拓扑信息,是智能 CAD 和计算机图形学领域中有意义的研究课题。

4.1.2 智能设计系统的功能构成

智能设计系统是以知识处理为核心的 CAD 系统。将知识系统的知识处理与一般 CAD 系统的计算分析、数据库管理、图形处理等有机结合起来,从而能够协助设计者完成方案设计、参数选择、性能分析、结构设计、图形处理等不同阶段、不同复杂程度的设计任务。

（1）知识处理功能。知识推理是智能设计系统的核心,实现知识的组织、管理及其应用,其主要内容包括：①获取领域内的一般知识和领域专家的知识,并将知识按特定的形式存储,以供设计过程使用；②对知识实行分层管理和维护；③根据需要提取知识,实现知识的推理和应用；④根据知识的应用情况对知识库进行优化；⑤根据推理效果和应用过程学习新的知识,丰富知识库。

（2）分析计算功能。一个完善的智能设计系统应提供丰富的分析计算方法,包括：①各种常用数学分析方法；②优化设计方法；③有限元分析方法；④可靠性分析方法；⑤各种专用的分析方法。以上分析方法以程序库的形式集成在智能设计系统中,供需要时调用。

（3）数据服务功能。设计过程实质上是一个信息处理和加工过程。大量的数据以不同的类型和结构形式在系统中存在,并根据设计需要进行流动,为设计过程提供服务。随着设计对象复杂度的增加,系统要处理的信息量将大幅度地增加。为了保证系统内庞大的信息能够安全、可靠、高效地存储并流动,必须引入高效可靠的数据管理与服务功能,为设计过程提供可靠的服务。

（4）图形处理功能。强大的图形处理能力是任何一个 CAD 系统都必须具备的基本功能。借助于二维、三维图形或三维实体图形,设计人员在设计阶段便可以清楚地了解设计对象的形状和结构特点,还可以通过设计对象的仿真来检查其装配关系、干涉情况和工作情况,从而确认设计结果的有效性和可靠性。

4.2 知识处理

4.2.1 知识表达

知识表达研究各种知识的形式化描述方法及存储知识的数据结构,并把问题领域的各种知识通过这些数据结构结合到计算机系统的程序设计过程中。

典型的知识表达模式有产生式规则表达、谓词逻辑表达、框架表达、语义网络表达、过程表达和不精确知识表达等。一般深化表达宜采用框架表示和语义网络表达;表层表达宜采用产生式规则表达。

"产生式"是一种逻辑上具有因果关系的表示模式。它在语义上表示"如果 A,则 B"的因果关系。产生式规则表达方法是目前专家系统中最为普遍的一种知识表达方法。以产生式规则为基础的专家系统又称产生式系统。

产生式规则的一般表达形式为

$$P \rightarrow C \tag{4-1}$$

其中,P 表示一组前提或状态,C 表示若干个结论或事件。式(4-1)的含义是"如果前提 P 满足则可推出 C(或应该执行动作 C)"。前提 P 和结论 C 可以进一步表达为

$$P=P1^\wedge \cdots {^\wedge}Pm, C=C1^\wedge ...^\wedge Cn$$

符号"^"表示"与"的关系。于是,式(4-1)可以细化为

$$P=P1^\wedge \cdots {^\wedge}Pm \rightarrow C=C1^\wedge ... {^\wedge}Cn \tag{4-2}$$

例如,关于齿轮减速器选型的一条规则描述为:如果齿轮减速器的总传动比大于5,并且齿轮减速器的总传动比大于等于20,那么:齿轮减速器的传动级数为2,齿轮减速器的第一类传动形式为双级圆柱齿轮,齿轮减速器的第一级传动形式为闭式圆柱齿轮传动,齿轮减速器的第二级传动形式为闭式圆柱齿轮传动。令

P1= 齿轮减速器的总传动比 >5;

P2= 齿轮减速器的总传动比 ≤ 20;

C1= 齿轮减速器的传动级数 =2;

C2= 齿轮减速器的第一类传动形式为双级圆柱齿轮;

C3= 齿轮减速器的第一级传动形式为闭式圆柱齿轮传动;

C4= 齿轮减速器的第二级传动形式为闭式圆柱齿轮传动。

则,此规则形式化描述为

$$P1\char`^P2 \rightarrow C1\char`^C2\char`^C3\char`^C4 \qquad (4-3)$$

产生式规则的存储结构可以采用多种形式,最常用的是链表结构(见图 4-1)。

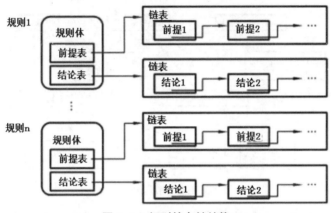

图 4-1　规则的存储结构

由图 4-1 可知,一条产生式规则用一个基本的结构体存放。该结构体包含两个指针,分别指向规则的前提和规则的结论,而规则的前提和结论分别又由链表构成。知识的装入和保存过程与规则的结构相关,一般在系统开发时需要确定好知识库文件的存取格式,常用的格式有文本格式或二进制格式。

知识库采用文本格式时,每条规则的表达可以与规则的逻辑表达形式一致,例如:

Rule 1

If(为(加工方式,外圆加工))

And(为(加工表面,淬火表面))

Then(选用(加工机床,外圆磨床类机床))

Rule 2

If(选用(加工机床,外圆磨床类机床))

And(为(加工零件的精度要求,一般精度要求))

Then(选用(加工机床,万能外圆磨床))

Rule 3

If（选用（加工机床,外圆磨床类机床））

And（为（加工零件的精度要求,高精度要求））

Then（选用（加工机床,高精度外圆磨床））

上述规则集合既是逻辑表达方式,又是规则的文本存放形式。对应上述规则集合的推理网络如图4-2所示。图中带圆弧的分支线表示"与"的联系,不带圆弧的分支线表示"或"的关系。

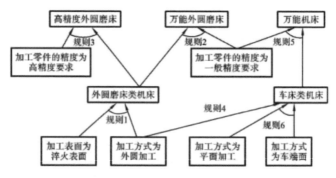

图 4-2　推理网络

文本文件是一种顺序存取文件,不能从中间插入读取某条规则,必须一次将所有规则装入内存,对计算机内存资源消耗较大。

知识库文件采用二进制数格式时,规则以记录为单位进行存取。每条记录的大小要根据规则的长度来确定。此时,可以按随机文件的方式存取指定的规则,因而不需要将所有规则同时装入内存,减少了计算机内存资源的消耗,但增加了计算机 CPU 与外设交换数据的次数[①]。

4.2.2　知识获取

4.2.2.1 知识获取的任务

知识获取就是把用于问题求解的专门知识从某些知识源中提炼出来,将之转换成计算机内可执行代码的过程。知识源就是知识获取的对象,知识的来源是多种多样的,可从书中得到,也可从领域专家处得到。知识获取系统最难获取的就是领域专家的经验知识。知识来源的复杂性决定了知识获取的复杂性。专家系统性能的优劣取决于编入系统中知识

---

① 陈定方,卢全国.现代设计理论与方法 [M].武汉:华中科技大学出版社,2012.

的数量和质量,也就是专家系统一定要获取极详细和精炼的专门知识。这样才能提高专家系统的可靠性、有效性和可利用性[①]。

　　提炼知识并非一件容易的事,因为人类的知识不仅有固定的、规范化的书本文献上的知识,还有专业人员在长期实践中积累的经验知识,也称之为启发性知识。它一般缺乏系统化和形式化,甚至难以表达。但往往正是这些启发性知识在实际应用中发挥着巨大的作用。

　　知识获取过程之一是提炼知识,它包括对已有知识的理解、抽取、组织,从已有的知识和实例中产生新知识。在抽取新知识时应做到。

　　(1)准确性获取的知识应能准确地代表领域专家的经验和思维方法;

　　(2)可靠性这种知识能被大多数领域专家所公认和理解,并能经得起实践的验证;

　　(3)完整性检查或保持已获取知识集合的一致性或无矛盾性和完整性;

　　(4)精炼性尽量保证已获取的知识集合无冗余。

　　知识获取由从外部取得信息和在系统内部体系化这两种功能组成。根据学习系统所具有的推理能力的不同,有各种各样的知识获取形态,取得的信息形式也随之而异。

4.2.2.2 知识获取的步骤

　　知识获取方法按其能力可分为以下几类。

　　无论是否使用知识获取工具,知识工程师都无法逃避知识获取第一阶段的任务,即与领域专家直接接触来识别领域知识的基本结构,并寻找适当的知识表达方法,这一过程主要包括以下三个阶段。

　　(1)对问题的认识阶段。本阶段的工作是抓住问题的各个方面的主要特征,确定获取知识的目标和手段,确定领域求解问题,问题的定义及特征(包括子问题的划分,以及相关的概念和术语;相互关系如何等)。这一阶段也就是把求解问题的关键知识提炼出来,并用相应的自然语言表达和描述。

　　概念化阶段的任务是形成关于专家系统的主要概念及其关系,包括求解问题的信息流、控制流,各子任务间的相互关系描述;求解策略、推理方式及主要知识的描述等,一旦重要概念和关系明确之后,就能获得充分且必要的信息,使研制工作建立在坚实的基础之上。

　　(2)知识的整理吸收阶段。本阶段主要是将前一阶段提炼的知识进

---

① 　吴慧中.机械设计专家系统研究与实践[M].北京:中国铁道出版社,1994.

一步整理,归纳,并加以分析组合阶段,为今后进一步的知识细化做好充分准备。

一旦确定了领域知识结构,并选择了知识表示方法。抽取细节知识,即知识获取的第二阶段任务就变成了比较机械的过程。该阶段的任务是把上个阶段概括出来的关键概念、子问题和信息流特征映射成基于各种知识表达方法的形式化的表示,最终形成和建立知识库模型的局部规范。

这一阶段主要确定三个要素:知识库的空间结构、过程的基本模型及数据结构。其实质就是选择知识表达的方式,设计知识库的结构,形成知识库的框架。知识获取的第三阶段,即调试精练知识库也可在很大程度上实现自动化。其线索来源于确定的知识表示结构和知识库实例运行结果。该阶段也是知识库的完善阶段。在建立专家系统的过程中,总要进行不断的修改,不断地进行检验,不断地反馈信息,使得知识越来越丰富,以实现完善的知识库系统。

知识获取过程是建立专家系统过程中最为困难的一项工作,然而又是最为重要的一项工作。专家系统制造者必须集中主要精力解决好知识获取的工作。

4.2.3 知识应用

4.2.3.1 正向推理

推理是人们求解问题的主要思维方法,而智能系统的推理行为则由推理机完成。正向推理是从已知事实(数据)到结论的推理,也称事实驱动或数据驱动推理。正向推理的一种详细算法流程如图 4-3 和图 4-4 所示。其中,图 4-3 所示为正向推理启动程序,图 4-4 所示为正向推理主推理机,其搜索过程采用深度优先和剪枝相结合的控制策略。

下面以图 4-5 所示的知识推理树为例,扼要说明正向推理过程及其实现方法。已知知识库中的部分知识及相关的数据结构如图 4-6 所示[1]。

---

① 陈定方,孔建益,杨家军,等.现代机械设计师手册(下)[M]北京:机械工业出版社,2014.

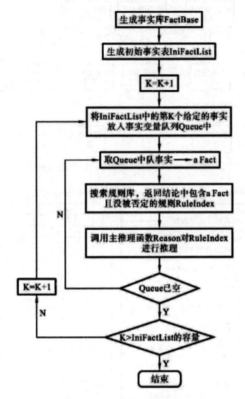

图 4-3　正向推理机启动程序流程

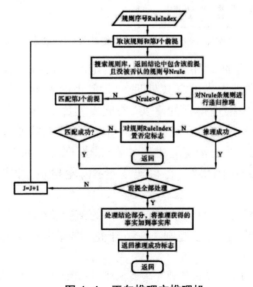

图 4-4　正向推理主推理机

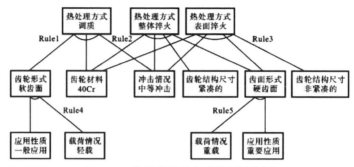

图 4-5　齿轮热处理方式推理树简例

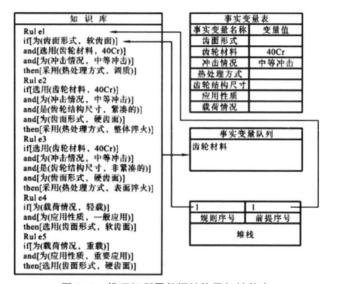

图 4-6　推理机所需数据结构及初始状态

　　其中,事实变量队列用于存放用户给定的一条初始事实和推理获得的新事实,采用先进先出的方式处理。事实变量表用于存放用户输入的事实和推理过程中推理得到的事实,构成事实库。堆栈则用来记录正在处理规则的序号及其前提变量的序号。假设用户首先提供初始事实为:"齿轮材料为 40Cr,冲击情况为中等冲击"。推理过程如下[①]。

　　(1)系统得到初始事实,将事实变量"齿轮材料、冲击情况"加入事实变量队列。

　　(2)系统从事实变量队列中取出队首的值:"齿轮材料",并检索出事实变量"齿轮材料"包含在规则 1 中。于是,推理机将规则序号 1 和前提

①　陈定方,卢全国.现代设计理论与方法 [M].武汉:华中科技大学出版社,2010.

序号 1 压入堆栈并开始处理规则 1（见图 4-6 所示状态）。

（3）系统检索到规则 1 中第 1 条前提变量"齿面形式"为规则 4 的结论，于是系统将规则 4 的序号及其第 1 条前提的序号 1 压入堆栈并开始处理规则 4（见图 4-7）。

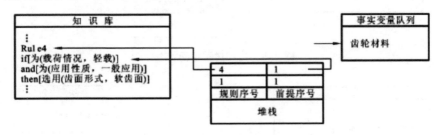

图 4-7　推理过程中间状态 1

（4）规则 4 有两条前提"应用性质"和"载荷情况"。由于这两条前提对应的事实变量均没有给定初始值，系统将提示用户，并接受用户输入相应的事实。

（5）设用户的响应是"应用性质为重要应用，载荷情况为重载"。

（6）系统匹配第 4 条规则的 if 部分，由于规则 4 的第 1 条前提为"应用情况为一般应用"，与用户输入的事实不一致，规则 4 被否定并置否定标志。规则序号 4 及前提序号 1 从堆栈中弹出。由于规则 4 被否定，则规则 1 也被否定，规则序号 1 及前提序号 1 也从堆栈中弹出（图 4-8）。

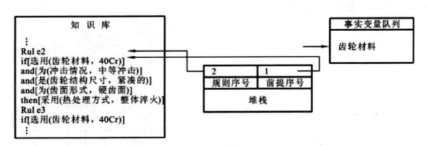

图 4-8　推理过程中间状态 2

（7）推理机继续搜索知识库，检索出事实变量"齿轮材料"包含在规则 2 中，于是，推理机将规则序号 2 和前提序号 1 压入堆栈并开始处理规则 2（见图 4-9）。

（8）规则 5 有 2 条前提，分别是"载荷情况"和"应用性质"；推理机首先处理前提 1，推得"载荷情况为重载"与给定事实相符，于是开始处理前提 2，将前提序号 1 从堆栈中弹出，将前提序号 2 压入堆栈（见图 4-10）。

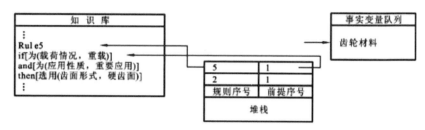

图 4-9　推理过程中间状态 3

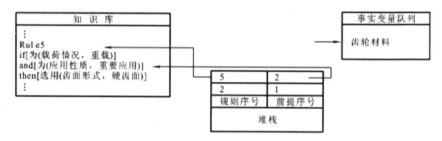

图 4-10　推理过程中间初始状态 4

（9）由于前提 2 与其所给定的初始事实一致,规则 5 匹配成功,其结论部分被触发,得到"齿面形式为硬齿面"的结论,该结论同时被添加到事实库中,由于"齿面形式"可能作为新的条件,因此将其排入事实表中。

（10）由于规则 5 已处理完毕,推理机便将规则序号 5 从堆栈中弹出。此时,规则序号 2 又恢复到栈顶(见图 4-11)。

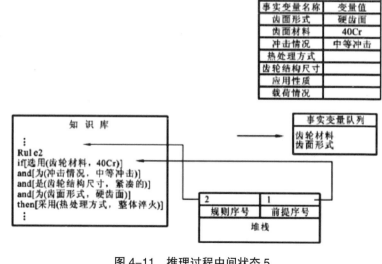

图 4-11　推理过程中间状态 5

（11）推理机继续处理规则 2。由于规则 2 的所有前提与给定或推得的事实相符,于是规则 2 被触发,获得推理结论"热处理方式整体淬火",于是,推理机将新获得的事实"热处理方式为整体淬火"加入事实库中;由于针对初始事实"齿轮材料"的推理已全部结束,于是推理机让"齿轮材料"出队,"齿面形式"排列到队首。

（12）推理机针对"齿面形式"继续推理,直到事实表中的事实变量全部处理为止。

正向推理的优点是比较直观,允许用户主动提供有用的事实信息,适合于诸如设计、预测、监控等类型问题的求解。主要缺点是推理时无明确的目标,求解问题时可能要执行许多与解无关的操作,导致推理的效率较低。正向推理时,每当事实队列中扩展事实后,都要重新遍历知识库,这样规则数目越多,就越花费时间。对这一缺点可采用以下措施加以缓解。

（1）一条规则只触发一次,即某条规则触发后,就将其从知识库中动态地删除掉。

（2）首先选择最近进入事实队列中的元素进行匹配,即把先进先出的原则改为先进后出。

（3）优先选用前提部分多的规则进行匹配。

4.2.3.2 反向推理

反向推理与正向推理的操作相反,是从目标到初始事实(数据)的推理,又称目标驱动或假设驱动推理。其基本思想是,首先提出目标或假设,然后试图通过检查事实库中的已知事实或向用户索取证据来支持假设。如果事实库中的事实不支持假设,则该事实成为假设所追踪的子目标。如果假设不能得到证实系统可提出新的假设,直到所有的假设都得不到事实的支持,这时推理归于失败。其基本算法步骤描述如下。

（1）根据用户提供的信息生成事实库和推理目标(结论)集;

（2）选定一个推理目标;

（3）将包含推理目标的规则号压入堆栈;

（4）逐一将此规则中的各个前提变量与事实库中的事实进行匹配;

（5）如果某个前提变量的值没有确定并且为证据结点,则询问用户并得到相应的回答,转步骤(7);

（6）如果某个前提变量在推理目标集中,即为某条规则的结论,则将此前提变量作为子推理目标(中间结论)并将此中间结论所属的规则号压入堆栈,然后转步骤(4);

（7）如果处于堆栈顶部的规则的前提与所给事实不能匹配,表明当

前推理目标不能满足,则将其从堆栈顶部移出,并对其置否定标志,转步骤(10);

(8)如果处于堆栈顶部的规则的所有前提均匹配成功,触发该规则的结论部分,则将新的事实添加到事实库中;

(9)如果栈底还有包含推理目标的规则,则将其前提序号加1,并返回步骤(4),继续匹配剩下的前提;如果堆栈已空,则系统已获得推理结论,反向推理过程结束;

(10)如果推理目标集已空,则表明推理失败,结束推理过程,否则,转步骤(11);

(11)从推理目标集中取下一个推理目标,转步骤(3)。

反向推理启动程序流程及主推理过程如图4-12、图4-13所示。

仍以图4-5所示推理网络为例,扼要说明反向推理过程。

为了实现反向推理,对图4-6中所示的数据结构需作一些修改,修改后的数据结构如图4-14所示。

其中,推理目标集用于存放知识库中所有规则的推理目标,即规则结论中所包含的属性名称,称为结论变量,以及包含推理目标的规则序号;其余数据与图4-5中的数据结构相同。假设用户需要确定齿轮的热处理方式,推理过程如下。

(1)根据用户提供的信息,设定推理目标为"热处理方式"。

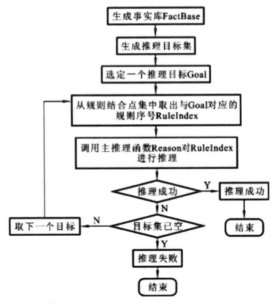

图4-12　反向推理启动程序流程

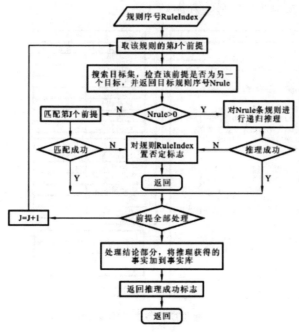

图 4-13　反向推理主推理过程

（2）系统搜索推理目标集,从规则集中得到规则 1 包含推理目标,于是将规则 1 的规则号及该规则的第 1 个前提变量的序号推入堆栈,并开始处理规则 1 的前提部分(见图 4-14)。[①]

（3）规则 1 的第 1 个前提为"齿面形式",推理机首先在事实库中搜索"齿面形式"是否已经初始化。

（4）由于事实库中"齿面形式"的值为空,推理机便将其作为推理子目标检索推理目标集,得到该推理子目标包含在规则 4 中,于是又将规则 4 的规则序号及其第 1 个前提序号压入堆栈,并开始处理规则 4（见图 4-15）。

（5）规则 4 的 2 个前提"载荷情况"和"应用性质"均不在推理目标集中,因此是证据结点,即推理树上的叶节点,于是系统针对这 2 个证据向用户提问,以获得推理所需的事实支持。

（6）设用户给定的事实为"载荷情况为重载",推理机将该事实与规则 4 的前提 1 匹配。匹配结果为失败,于是推理机将整条推理路径剪去,将规则 4、规则 1 的序号从堆栈中弹出,并对其置否定标志,同时从目标

① 陈定方,卢全国.现代设计理论与方法 [M].武汉:华中科技大学出版社,2012.

集的规则节点集中清除序号 1 和序号 4。

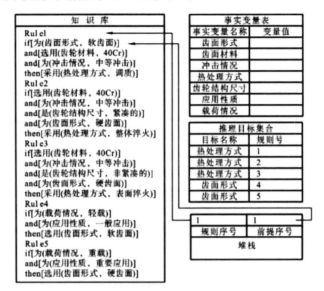

图 4-14　反向推理所需数据结构及初始状态

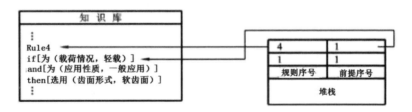

图 4-15　反向推理中间状态

（7）系统重新对推理目标"热处理方式"检索推理目标集,得到推理目标包含在规则 2 中。于是又将规则 2 的序号及第 1 条前提序号压入堆栈。

（8）规则 2 有 4 个前提,前 3 个均为证据节点,系统将依次询问这 3 个证据的值,设用户回答别为"齿轮材料为 40Cr""冲击情况为中等冲击""结构尺寸是紧凑的",均与规则 2 的前 3 个前提相符;推理机继续处理规则 2 的第 4 个前提,由于前提变量"齿面形式"在事实库中已有确定的值,且与前提 4 相符;于是规则 2 的 4 个前提均得到证实,规则 2 被触发,获得推理结论为"热处理方式为整体淬火"（见图 4-16）。

（9）由于推理目标集中的所有目标均得到证实,反向推理至此结束。

反向推理的主要优点是不必使用与总目标无关的规则,且有利于向用户提供解释;其主要缺点是要求提出的假设要尽量符合实际,否则就要多次提出假设,也会影响问题求解的效率。

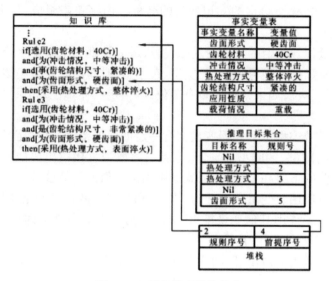

图 4-16　反向推理最终状态

4.2.4 知识处理应用实例

专家系统具有知识推理能力,但其计算能力较弱,因此常作为智能 CAD 系统中,知识处理模块内辅助完成需要专家知识的设计工作。本节给出一个面向对象的专家系统在设计过程中的简例,以说明专家系统的工作过程。

面向对象的专家系统是由武汉理工大学智能制造与控制研究所开发的知识处理工具,能针对各类基于规则的知识处理问题完成其推理过程。

面向对象的专家系统主要包括知识获取功能,知识推理功能,解释功能,知识库和数据库等核心模块构成[1]。根据专家系统的总体结构,面向对象的专家系统主界面由"问题构造""知识管理""问题求解"三个主菜单和若干个子菜单构成。

4.2.4.1 问题构造

问题构造主菜单下又分为"知识变量定义"和"知识库定义"两个子菜单。

---

① 陈定方,孔建益,杨家军,等.现代机械设计师手册(下)[M].北京:机械工业出版社,2014.

（1）知识变量定义。知识变量按以下格式逐条定义：

①变量名称、给定的知识变量的名称，由字符串组成，最大长度为128个字符。

②变量代号给定的知识变量的代号，最大长度为128个字符。

③变量数据类型可为整型、实型、布尔型、时间型和字符串型。

④变量单位，如果知识变量有单位，则给定具体单位，如果没有单位，则为"空"。

⑤定义域类型每个知识变量都有一定的取值范围，称为定义域，定义域类型有离散型、区间型、公式型三种。离散型直接给出离散数据，区间型给定取值的下界和上界，而公式型则给定取值的计算公式。

⑥变量功用、变量功用分为"事实"和"目标"两种。变量作为"事实"表明该变量不能由其他变量推得，只能作为基本事实给定，而变量为"目标"时表明该变量可由其他变量通过相关规则推得。

⑦定义域由离散值、区间或公式给出的知识变量取值范围。

按上述格式定义的知识变量构成知识求解问题的论域，其定义方式可以直接用文本编辑格式编辑，也可调用变量定义人机交互工具完成。

知识变量定义举例如下，该知识变量集描述了齿轮热处理的论域。

/* Definition for " GearHeat Treatment" problem */

齿轮的材料 GearMaterial String Nil Discrete Goal｛ZG45,40Cr,45.40MnB,18CrMnTi｝

齿轮的热处理方式 GearHeatTreatment String Nil Discrete Goal｛正火，调质,整体淬火,表面淬火,渗碳淬火 ｝

齿轮的工况 GearWorkingCondition String Nil Discrete Fact｛严重冲击，较大冲击,轻微冲击,无冲击 ｝

齿轮的功用 GearApplication String Nil Discrete Fact ｛一般应用,重要应用｝

轮的结构尺寸 GearSize String Nil Discrete Fact ｛小,较小,较大,大 ｝

齿轮的载荷性质 GearLoadFeature String Nil Discrete Fact｛重载,轻载,中载 ｝

齿轮的传动方式 GearTransmission String Nil Discrete Goal｛开式,闭式 ｝

齿轮的齿面形式 GearSurface String Nil Discrete Goal｛软齿面,硬齿面 ｝

齿轮的工作速度 GearVelocity Float m Boundary Fact ｛1.0,10000 ｝

（2）知识库定义。面向对象的专家系统知识库主要由规则集合组成。每一条规则按以下格式定义。

Rule1

If（Ril（Uil，Vil））

And（Ri2（Ui2，Vi2））

    ⋮

And（Rin（Uin，Vin））

Then（Rtl（Ut1，Vt1））

And（Rt2（Ut2，Vt2））

And（Ttm（Utm，Vtm））

cf（cv）

其中，cf（cv）为该规则的规则强度，反映该规则成立的可能性大小。例如，关于齿轮材料选择与热处理方面的知识库第 2 条规则的定义如下。

Rule2

if[采用(齿轮的传动方式,闭式)]

and[为(齿轮的载荷性质,重载)]

and[为(齿轮的工况,无冲击)]

and[是(齿轮的结构尺寸,小)]

then[选用(齿轮的材料,40Cr)]

cf（1.0）

4.2.4.2 知识管理模块

应用面向对象的专家系统进行推理分析时,应先加载知识变量表和知识库,并设置初始数据(事实),其操作步骤如下。

（1）加载知识变量表。在系统左边的树列表中点选择"加载问题定义表",在弹出的文件选择对话框中选择相应的变量定义表,确定后即可完成。

（2）加载知识库、其操作方法与加载知识变量表相同;加载知识库。

（3）初始数据设置选择"初始数据设置"操作,系统将弹出初始数据设置对话框,按照对话框提示,即可完成初始数据设置,为知识推理提供初始事实。

4.2.4.3 问题求解

问题求解过程是一个知识推理过程,经过对初始事实的推理得到问题的求解。

（1）推理点击推理选项即可完成知识推理过程。

（2）解释，如果需要进一步了解问题求解理由，可点击解释选项，系统会将推理所依据的规则显示给用户。

4.3　智能设计系统

4.3.1 智能设计系统的构成

智能设计系统是设计型专家系统和人机智能化设计系统的统称。

特别是在 CIMS 环境下的并行设计，更加鲜明地体现了智能设计的这种整体性、集成性和并行性。因此在智能设计的现阶段，对设计过程及设计对象的建模理论、方法和技术的研究和探讨是非常必要的。

由于智能设计的发展包括设计型专家系统和人机智能化专家设计系统两个阶段，特别是人机智能化设计系统正处于探索性研究之中，对它的定义和理解都有较大的柔性，因此智能设计系统包括的范围较为广泛。最简单的智能设计系统是严格意义下的设计型专家，它只能处理单一设计领域知识范畴的符号推理问题；最完善的智能设计系统是人机高度和谐、知识高度集成的人机智能设计系统，它所具有的自组织能力，开放的体系结构和大规模的知识集成化处理环境正是智能设计追求的理想境界。大量的设计系统介于这两种极端模式之间，能对设计过程提供或多或少的智能支持[①]。

4.3.2 智能设计系统的复杂性

智能设计系统是一个人机协同作业的集成设计系统，设计者和计算机协同工作，各自完成自己最擅长的任务，因此在具体建造系统时，不必强求设计过程的完全自动化。智能设计系统与一般 CAD 系统的主要区别在于它以知识为其核心内容，其解决问题的主要方法是将知识推理与数值计算紧密结合在一起。数值计算为推理过程提供可靠依据，而知识推理解决需要进行判断、决策才能解决的问题，再辅之以其他一些处理功能，如图形处理功能、数据管理功能等，从而提高智能设计系统解决问题

[①]　陈定方，卢全国.现代设计理论与方法 [M].武汉：华中科技大学出版社，2010.

的能力。智能设计系统的功能越强,系统将越复杂。

智能设计系统之所以复杂,主要是因为存在下列设计过程的复杂性。

(1)设计是一个单输入多输出的过程;

(2)设计是一个多层次,多阶段,分步骤的迭代开发过程;

(3)设计是一种不良定义的问题;

(4)设计是一种知识密集性的创造性活动;

(5)设计是一种对设计对象空间的非单调探索过程。

设计过程的上述特点给建造一个功能完善的智能设计系统增添了极大的困难。就目前的技术发展水平而言,还不可能建造出能完全代替设计者进行自动设计的智能设计系统。因此,在实际应用过程中,要合理地确定智能设计系统的复杂程度,以保证所建造的智能设计系统切实可行。

4.3.3 智能设计系统建造过程

建造一个实用的智能设计系统是一项艰巨的任务,通常需要具有不同专业背景的跨学科研究人员的通力合作。在建造智能设计系统时,需要应用软件工程学的理论和方法,使得建造工作系统化,规范化,从而缩短开发周期,提高系统质量[①]。

4.3.3.1 系统需求分析

在需求分析阶段必须明确所建造系统的性质、基本功能、设计条件和运行条件等一系列问题。

(1)设计任务的确定。确定智能设计系统要完成的设计任务是建造智能设计系统应首先明确的问题。其主要内容包括确定所建造的系统应解决的问题范围,应具备的功能和性能指标,环境与要求,进度和经费情况等。

(2)可行性论证。一般是在行业范围内进行广泛地调研,对已有的或正在建造的类似系统进行深入考察分析和比较,学习先进技术,使系统建立在较高水平的平台上,而不是低水平的重复。

(3)开发工具和开发平台的选择。选择合适的智能设计系统开发工具与开发平台,可以提高系统的开发效率,缩短系统开发周期,使系统的

---

① 　陈定方,孔建益,杨家军,等.现代机械设计师手册(下)[M].北京:机械工业出版社,2014.

开发与建造建立在较高水平之上。因此在已确定了设计问题范围之后，应注意选择好合适的智能设计系统开发工具与开发平台。

4.3.3.2 设计对象建模问题

建造一个功能完善的智能设计系统，首先要解决好设计对象的建模问题。设计对象信息经过整理，概念化，规范化，按一定的形式描述成计算机能识别的代码形式，计算机才能对设计对象进行处理，完成具体的设计过程。

（1）设计问题概念化与形式化。设计过程实际上由两个主要映射过程组成，即设计对象的概念模型空间到功能模型空间的映射，功能模型空间到结构模型空间的映射。因此，如果希望所建造的智能设计系统能支持完成整个设计过程，就要解决好设计对象建模问题，以适应设计过程的需要。因此，设计问题概念化，形式化的过程实际上是设计对象的描述与建模过程。设计对象描述状态空间法、问题规约法等形式。

（2）系统功能的确定。智能设计系统的功能反映系统的设计目标。根据智能设计系统的设计目标，可将其分为以下几种主要类型。

①智能化方案设计系统、所建造的系统主要支持设计者完成产品方案的拟定和设计。

②智能化参数设计系统、所建造的系统主要支持设计者完成产品的参数选择和确定。

③智能设计系统这是较完整的系统，可支持设计者完成从概念设计到详细设计整个设计过程，建造难度大。

4.3.3.3 知识系统的建立

知识系统是以设计型专家系统为基础的知识处理子系统，是智能设计系统的核心。知识系统的建立过程即设计型专家系统的建造过程。

（1）选择知识表达方式。在选用知识表达方式时，要结合智能设计系统的特点和系统的功能要求来选用，常用的知识表达方式仍以产生式规则和框架表示为主。如果要选择智能设计系统开发工具，则应根据工具系统提供的知识表达方式来组织知识，不需再考虑选择知识表达方式。

（2）建造知识库。知识库的建造过程包括知识的获取，知识的组织和存取方式以及推理策略确定三个主要过程。

4.3.3.4 形成原型系统

形成原型系统阶段的主要任务是完成系统要求的各种基本功能,包括比较完整的知识处理功能和其他相关功能,只有具备这些基本功能,才能建造出一个初步可用的系统。

形成原型系统的工作分以下两步进行。

(1)各功能模块设计按照预定的系统功能对各功能模块进行详细设计,完成编写代码、模块调试过程。

(2)各模块联调将设计好的各功能模块组合在一起,用一组数据进行调试,以确定系统运行的正确性。

4.3.3.5 系统修正与扩展

系统修正与扩展阶段的主要任务是对原型系统有联调和初步使用中的错误进行修正,对没有达到预期目标的功能进行扩展。经过认真测试后,系统已具备设计任务要求的全部功能,达到性能指标,就可以交付用户使用,同时形成设计说明书及用户使用手册等文档。

4.3.3.6 投入使用

将开发的智能设计系统交付用户使用,在实际使用中发现问题。只有经过实际使用过程的检验,才能使系统的设计逐渐趋于准确和稳定,进而达到专家设计水平。

4.3.3.7 系统维护

针对系统实际使用中发现的问题或者用户提出的新要求对系统进行改进和提高,不断完善系统。

4.4　智能设计系统的产品模型

机械产品的设计是一个自顶向下(top-down)的过程。设计人员首先根据自己的专业知识及设计经验,建立起满足用户需求的概念模型,并对这一模型不断细化,根据实际情况增加相应的约束条件,将约束自顶向下传递,逐步建立起产品的装配模型和零件模型。一个完备的产品模型,对于提高产品质量、降低成本、缩短生产周期和提供良好的售后服务具有至关重要的作用,可以为企业在激烈的市场竞争中占据主动地位提供有力的支持。通过建立产品模型,可以在设计与制造过程中实现对产品信息的共享[①]。

在智能制造环境下,产品模型里的信息被纳入知识的范畴,其信息由三维空间中产品的几何信息和附加在其上的属性组成,故把智能制造环境下的产品模型,称为产品知识模型。

知识模型的研究主要集中在如何将二维图形以一维的形式在计算机内表达和如何利用这些二维图形所描述的客观世界。在产品描述过程中,产生与特征有关的知识,例如有了装配关系,就可以推出装配应用中的特征连接元素及其相关特性。与产品特征有关的知识都作为产品知识的一部分(它们是说明和附属在产品的几何形状上的),这样与产品知识模型打交道的任何一个部分都会面向它的特征。

设计产品不但要设计产品的功能和结构,而且要设计产品的全生命周期,也就是要考虑产品的规划、设计、制造、经销、运行、使用、维护直到回收再利用的全过程。考虑全生命周期的设计实际上是一个系统集成的过程,它将制造过程视为一系列对象所组成,如产品过程、后勤、软件和制造者等诸因素,参与制造过程的每一个对象都是特定的、相关联的,并具有一定的有效期。为了适应智能制造系统中高度集成化与智能化的要求,通过集成知识工程、特征建模策略和面向对象的技术,建立一种基于知识的产品集成表示模型,以便为产品生命期中制造知识的处理提供一种框架。

在智能制造环境下,产品的集成表示内容应包括三个方面:数据、几何和知识。产品数据、几何和知识分别被定义为产品生命期内所有阶段附加在产品上的数据、几何和知识总和。数据包括公差数据、结构数据、功能数据和性能数据;几何包括几何图形、形状拓扑关系;知识包括特征知识和管理知识。该模型由若干个子模型互联而成,分属几何、数据和知识三种深度。从对产品描述的知识深度角度来看,自上而下深度增加,而抽象程度减小,各种深度上的每个子模型着重反映产品在该深度上的最小冗余度,使各子模型相互补充地形成一个完整的产品多知识深度表示模型。

几何模型子模块是产品表示中最成熟和最基本的一个模型,由包括几何元素(坐标、点、线、面、方向)的多种定义形式来构成。拓扑模型子

① 邓朝晖,万林林,邓辉,等.智能制造技术基础[M].武汉:华中科技大学出版社,2017.

模块包含对产品的拓扑实体及其关系的定义,如顶点、边、面、路径等。目前常用的边界表示法(B-rep)可以较好地获取产品的拓扑信息。形状模型子模块是产品几何关系的数学表示,以几何模型和拓扑模型为基础,目前常用的表示方法是实体建模,即通过预先定义的一些体素,将产品表示成由这些元素构成的树结构或有向非闭环图,而体素的表示和各体素间的关系可分别从几何模型和拓扑模型中获得。结构模型子模块中的结构定义为一组具有语义的几何实体的集合,包括一组几何实体及其相互关系和几何实体的语义表示两方面的内容。目前常用的方法是结构特征建模,该模型是公差模型和功能模型的基础。公差模型子模块反映产品中具有可变动范围的一类信息,它们是产品加工过程中一种重要的非几何信息,包括公差、几何公差、表面粗糙度、材料信息。功能模型子模块实际上是对结构模型中几何实体及其关系的语义各种功能的解释,可采用知识工程中的语义网络或框架来表示。一个产品的设计过程实际是从功能模型到结构模型的转化过程。因此,产品设计工作结束后。它的功能模型也就相应确定。性能模型子模块实际上是对产品的功能或结构按用户要求或预期进行的一种评价,主要包括性能参数、行为值等,该模型与结构模型和功能模型是产品的可靠性设计和可维护性设计中的重要基础模型,它们将有助于解决目前复杂系统的监视与故障诊断领域中深层知识(如结构、功能与行为知识)的"瓶颈"问题。特征模型子模块包括产品几何特征和功能特征的参数化与陈述性描述产品生命期内各环节对产品结构施加的约束,它可采用知识工程中的知识表示技术。管理模型子模块的模型是对产品集成表示模型内部层次结构的描述,各子模型之间的关系、信息转换等,它可采用知识工程中的知识表示技术。

4.5　智能 CAD 系统的设计方法及开发

4.5.1 智能 CAD 系统的功能及设计模型

4.5.1.1 智能 CAD 系统的基本功能

(1)知识推理功能。知识推理是智能设计系统的核心,实现知识的组织.管理及其应用,其主要内容包括:①获取领域内的一般知识和领域专家的知识,并将知识按特定的形式存储,以供设计过程使用;②对知识进行分层管理和维护;③根据需要提取知识,实现知识的推理和应用;④

根据知识的应用情况对知识库进行优化;⑤根据推理效果和应用过程学习新的知识,丰富知识库。

（2）分析计算功能。一个完善的智能设计系统应提供丰富的分析计算方法,包括:①各种常用数学分析方法;②优化设计方法;③有限元方法;④可靠性分析方法;⑤各种专用的分析方法。以上方法以程序库的形式集成在智能设计系统中,供需要时调用。

（3）数据服务功能。设计过程实质上是一个信息处理和加工过程。大量的数据以不同的类型和结构形式存储于系统中并根据设计需要进行流动,为设计过程提供服务。随着设计对象复杂程度的增加,系统要处理的信息量将大幅度地增加。为了保证系统内庞大的信息能够安全可靠、高效地存储并流动,必须引入高效可靠的数据管理与服务功能,为设计过程提供可靠的服务。

（4）图形处理功能。任何一个CAD系统都必须具备强大的图形处理能力。借助于二维、三维模型或三维实体模型,设计人员在设计阶段便可以清楚地了解设计对象的形状和结构特点,还可以通过设计对象的仿真来检查其装配关系、有无干涉和工作情况,从而确认设计结果的有效性和可靠性。

4.5.1.2 智能 CAD 系统的设计模型

设计是一个面向目标的有约束的决策、探索和学习的活动,它根据设计说明给出对设计对象的期望功能(或行为)的描述,产生出符合设计要求的设计结果。在CAD系统设计中,设计模型的建立可以针对某个领域,也可以是通用的,而其目的是为实现具体的智能CAD系统提供理论依据。

（1）分析 - 综合 - 评价模型(ASE)把每一个设计活动分解成为三个阶段。分析就是对设计的理解问题,而且要形成一个对目标的显式的描述;综合是寻找可能的解答,通常可以通过目标分解法以及元素重组法来解决"综合";评价就是确定解的合法性、与目标的接近程度以及从多个可能解中选取最佳的方案。通常采用多重准则法来解决"评价",从而可以看出该模型的三个阶段具有顺序性。

由此可见,在综合开发前没有必要将设计问题完全分析清楚,这一点符合人们的设计习惯和设计的实际情况。

（2）生成 - 测试模型(GT)是将设计活动视为在一个状态空间中的问题求解搜索的过程。首先是生成一种假设,然后用已有的现象或数据去测试,如发现有不能满足假设的现象,则再次生成一个假设,如此重复,直到找到能符合所有现象的假设作为设计的解。

设计类问题大多是一个病态结构。为了使用该模型,西蒙于 1973 年提出,设计师通过将原始的设计问题降级成有组织的一组子任务,从而使病态结构转化为良性结构。一个设计师,可以随时从其长期记忆中回想起某种约束或某个子目标,但所有这些因素却无法包含在问题描述之中,所以问题求解中任务的形成是动态的。对问题的描述应不断地进行修改,以解释其真实情况,因此问题求解器需要面对的是一个良性结构。

(3)约束满足模型(CS)的出发点是把设计形式化,以逻辑表达设计要求(即对设计问题的描述),通过逻辑推理的办法得到最终的设计结果。它把设计的最终要求概括为一组特性以及相应的约束条件,并以此作为问题求解的最终状态。设计任务从初始问题状态开始,每一中间状态中都包含这些特征,其推理过程是不断满足状态中特性的各个约束条件。

(4)基于知识的设计模型是一种基于知识的设计模型。它把设计师的知识提炼出来构成知识库,并通过对知识的运用来进行设计,通过知识的学习来改善知识库的内容,提高系统的设计能力,所以称为 CAD 的知识工程方法。其中最为成功的便是专家系统设计模型,它的设计问题知识库常被分成两类:设计过程的知识,即关于如何进行设计的知识,其中包括设计一般原理、设计的常识等;设计对象的知识,即设计对象的部件,结构、材料、用途、设计规范、典型产品、结构原型和部件类型等。

基于知识的设计模型主要有两种策略:第一种策略是让计算机复制人类的设计行为,仅仅是让计算机进行领域的某项设计,但由于对具有智能行为的设计的研究并未彻底弄清楚,使得当今的知识表达、自动推理以及问题求解技术只能迎合极小部分的人类设计行为,专家系统便是朝着这种设计专门化的方向所做出的努力。第二种策略是借助于智能工具,为设计人员提供智能支撑。这一方法不仅缓解了设计研究中可用手段不足的局限性,而且使得我们能在更大的规模及更高的复杂性层次上去研究设计中的智能活动。爱丁堡大学的 EDS(Edigburgh Designer System)代表了这一领域。他们认为目前要提出一种完善的设计理论为时尚早,因而提出了一个基于探索的设计模型,用以作为对设计的智能支持。该模型中,知识库是动态的,设计的探索过程以及设计的历史状态将不断地引起领域知识库的增值。同时,新的知识库也影响设计的过程,整个设计是在不断探索中完成的。

(5)设计思维模型。上述各类设计模型存在着一个共同的缺陷:它们并未从人脑认知思维过程的深层去研究设计问题(或仅仅是简单的认知模型而已)。因此,尽管人们绞尽脑汁地提取设计专家的知识,但由于这些知识的运用与人之真正认知过程相差甚远,而使得计算机的设计模拟并未真正地体现出人类的智能。从而必须从研究认知、思维出发,然后建立反映设计思维本质的设计模型系统。设计思维过程远远不止推理、比较和搜索这类抽象的思维操作,更重要的是诸如联想、变形、综合等形象思维类的操作,通过时空、情感相关、概念类似、感觉特征类似等导航机制来完成从记忆网络中的一个节点到另一个节点的发展的操作[①]。

认知对设计思维模型的作用主要以两种方法进行:第一种是用理论研究的方法,分析综合认知科学,特别是形象思维的以形象为核心的形象信息模型;第二种方法是用实验心理学的方法,研究设计思维过程的模型。该方法指出了设计的多模型特性,并分析出形状方案设计思维的四种模型:对象先例型、约束联想型、分解综合型和抽象逆反型。

4.5.2 智能 CAD 系统的设计方法

4.5.2.1 面向对象的求解方法

客观世界的问题都是由客观世界的实体和实体间的相互关系构成的,客观世界的实体称为问题空间(问题域)的对象。任何事物都是对象,是某一个对象类的一个元素。复杂的对象可由相对比较简单的对象以某种方法组成。在面向对象的设计中,对象是应用域中的建模实体。所有对象在外观上都表现出相同的属性,即固有的处理能力和通过传递消息实现的统一的联系方式。在面向对象的智能设计求解过程中,设计问题被认为是可分解的,具有一定的层次结构特点。每一个担负一定设计求解任务的单元可以定义为一个类,这是相对独立的问题求解器,它所能完成的功能可以是从一个设计参数的确定直到整个设计结果的综合中的每一个可能的步骤。类的每一个域都赋予一定的语义,以满足设计问题的求解需求[②]。

4.5.2.2 基于规则的智能设计方法

基于规则的设计(rule-based design, RBD)源于人类设计者能够通过对过程性逻辑性、经验性的设计规则进行逐步推理来完成设计的行为,是最常用的智能设计方法之一[③]。

① 邓朝晖,万林林,邓辉,等.智能制造技术基础[M].武汉:华中科技大学出版社,2017.
② 曾芬芳,景旭文.智能制造概论[M].北京:清华大学出版社,2001.
③ 范瑜.CAD 系统智能设计技术综述[J].计算机与现代化,2007.

当设计开始时,关于设计问题的定义被填入到综合数据库中;然后,设计推理机负责将规则库中设计规则的前提与当前综合数据库中的事实进行匹配,前提获得匹配的设计规则被筛选出来,成为可用设计规则组;继而,设计推理机化解多条可用规则可能带来的结论冲突并启用设计规则,从而对当前的综合数据库做出修改。这一过程被反复执行,直到达到推理目标,即产生满足设计要求的设计解为止。

4.5.2.3 基于案例的智能设计方法

基于案例的设计(case based design, CBD)是通过调整或组合过去的设计解来创造新设计解的方法,是人工智能中基于案例的推理(case-based reasoning, CBR)技术在设计型问题中的应用,它源于人类在进行设计时总是自觉不自觉地参考过去相似设计案例的行为。

当设计开始时,首先根据设计问题的定义从案例库中搜索并提取与当前设计问题最为接近的一个或多个设计案例;然后,通过案例组合、案例调整等方法而得到设计问题的解;最后,设计产生的设计方案可能又被加入设计案例库中供日后其他设计问题参考使用。对于 CBD 方法,即使设计案例库是不完整的,仍然能够运用该方法求解那些具有类似案例的设计问题。案例的评价、调整或组合是 CBD 的第三个关键问题。

新设计问题的设计要求不可能与案例的设计要求完全一致(否则就无须重新设计),因而需要通过案例评价而找出新设计问题与设计案例之间存在的差异特征,并着重针对这些差异特征开展设计工作。调整和组合是解决差异特征的两种主要方法。调整是借助其他一些智能设计方法对原有案例进行修改而产生满足设计要求的设计解(例如,基于规则的方法);组合则是通过从多个案例中分别取出设计解的可用部分,再合并形成新问题的设计解。

4.5.2.4 基于原型的智能设计方法

采用设计原型作为设计解属性空间的结构并进而求解属性空间内容的智能设计方法,称为基于原型的设计方法(prototype-based design, PBD)。

设计原型被存储在原型库中备用。设计开始时,从原型库中选取适用于设计问题的设计原型;然后,将设计原型实例化为具体设计对象而形成设计解的结构;继而,通过运用关于求解原型属性的各种设计知识(可能为设计规则、该原型以往的设计案例等),来求解满足设计要求的解的属性值而最终形成设计解^①。

4.5.2.5 基于约束满足的智能设计方法

基于约束满足的智能设计（constraint satisfied design, CSD）方法是把设计视为一个约束满足的问题（constraint satisfied problem, CSP）来进行求解。人工智能技术中，CSP问题的基本求解方法是通过搜索问题的解空间来查找满足所有问题约束的问题解。但是，智能设计与一般的CSP问题存在一些不同，在一个复杂设计问题中，往往涉及众多变量，搜索空间十分巨大，这使得通常很难通过搜索方法而得到真正设计问题的解。因而，CSD常常是借助其他智能设计方法产生一个设计方案，然后再来判别其是否满足设计问题中的各方面约束，而单纯搜索的方法一般只用于解决设计问题中的一些局部子问题。

约束在产品几何表达方面的应用由来已久，CAD系统的鼻祖Sketchpad就是一个基于约束的交互式图形设计系统，这一技术一直被延伸和发展到目前的三维产品造型技术中。智能设计显然是与产品几何密不可分而需要具有几何约束的。此外，设计中的一些常识性知识也可能通过约束来表达。最常见的判断型约束常表现为谓词逻辑形式的陈述性知识，但也存在许多具有前提条件的约束。此时，约束包括前提和约束内容两部分而具有类似于规则的形式。另外，对于一些复杂约束还存在相应的特殊表示方法^②。

4.5.3 智能CAD系统的开发

4.5.3.1 智能CAD系统的开发途径

通常采用的智能设计系统开发途径有三种：一种是由上而下（top-down），一种是自下而上（boom-up），还有一种是两者的结合。三种途径各有其特点，对应不同的开发环境、场合及问题。

（1）由上而下的方法。这种方法的特点是先从智能设计的全局出发，着眼于整体设计，然后再到具体的细节，从上层到下层，一层层考虑。它要求：①对智能设计的整体有较深的理解和把握；②有较通用的系统开发工具和环境。这样开发的系统，由于从全局观点出发，整体性能较好。

① 高安邦，石磊，张晓辉，等.典型工控电气设备应用与维护自学手册[M].北京：中国电力出版社，2015.
② 邓朝晖，万林林，邓辉，等.智能制造技术基础[M].武汉：华中科技大学出版社，2017.

无论从知识模型的角度,还是从软件系统的角度,局部都能较好地服从全局要求,系统的体系结构比较明确、合理,也易于系统的维护和修改。但由于智能设计的复杂性,特别是当设计对象复杂时(例如汽车、飞机设计),模型涉及的设计过程知识及设计对象知识过于复杂,比较不容易从整体上把握;而且这种方法依赖于现成的系统开发工具,这种开发软件一般价格昂贵,有时并不一定适用于特定场合。越通用的系统开发环境和工具,则越原则性,比较粗线条,只能给出一些大的指导性原则和方法,使开发的难度和工作量增大。因此,对于较复杂的问题和具有较少的开发者来说,采取化大为小的方法则可能更现实[1]。

（2）自下而上的方法。这种方法的特点是从具体问题出发,先局部后全局,逐步建立整个复杂的系统。由于将复杂问题分割为较容易处理的若干简单问题来实施,降低了开发的难度,也降低了对开发工具的要求。局部的问题较简单,也容易利用已有的成果[2]。但显而易见,这种系统建立后,要经过反复的修改调整,才能达到较好的整体性。同时也可利用根据具体问题开发的系统,逐渐发展成为能适用于同类问题的较通用的系统,最后发展成为系统开发工具和环境,以便于相近问题的开发。当然,要做到这一点,应在开发针对具体问题的系统时,应用知识模型与软件系统相分离的原则,即将知识和处理方法相独立,以便将来形成较为通用的系统工具。可针对不同的具体对象放入不同的知识模型[3]。

（3）上下结合的方法。综合上述两种方法的优点、避免其缺点,针对某些问题和开发条件,我们也可采取从上而下、自下而上相结合,从具体到一般、从一般到具体相结合的方法。例如,我们已有一些开发具体系统的经验,但没有适用的系统开发环境与工具,则可在已有具体系统的基础上,针对当前的具体问题,大致进行整体分析与设计,以照顾全局的协调;同时对于已有具体系统不适用的部分,进行局部系统的再开发。这样既可利用已有系统的整体性,又可从局部的较简单问题着手进行系统开发。这种方法不仅可以针对具体问题开发出新系统,也将使已有的具体系统向更通用化发展。

4.5.3.2 智能 CAD 系统的开发过程

智能 CAD 系统是一个人机协同作业的集成设计系统,设计者和计算

① 邓朝晖,万林林,邓辉,等.智能制造技术基础 [M].武汉:华中科技大学出版社,2017.
② 肖人彬,陶振武,刘勇.智能设计原理与技术 [M].北京:科学出版社,2006.
③ 周济.智能设计 [M].北京:高等教育出版社,1998.

机协同工作,各自完成自己最擅长的任务,因此在具体建造系统时,不必强求设计过程的完全自动化。智能 CAD 系统与一般 CAD 系统的主要区别在于它以知识为其核心内容,其解问题的主要方法是将知识推理与数值计算紧密结合在一起。数值计算为推理过程提供可靠依据,而知识推理解决需要进行判断、决策才能解决的问题,再辅之以其他些处理功能,如图形处理功能数据管理功能等,从而提高智能 CAD 系统解决问题的能力。智能 CAD 系统的功能越强,系统将越复杂[1]。

智能 CAD 系统之所以复杂,主要是因为存在下列设计过程的复杂性。①设计是个单输入多输出的过程;②设计是个多层次、多阶段、分步骤的迭代开发过程;③设计是种不良定义的问题;④设计是种知识密集性的创造性活动;⑤设计是种对设计对象空间的非单调探索过程[2]。

设计过程的上述特点给建造功能完善的智能设计系统增添了极大的困难。就目前的技术发展水平而言,还不可能建造出能完全代替设计者进行自动设计的智能设计系统。因此,在实际应用过程中要合理地确定智能设计系统的复杂程度,以保证所建造的智能设计系统切实可行。

开发一个实用的智能 CAD 系统是项艰巨的任务,通常需要具有不同专业背景的跨学科研究人员的通力合作。在开发智能 CAD 系统时需要应用软件工程学的理论和方法,使得开发工作系统化、规范化,从而缩短开发周期、提高系统质量。

(1)系统需求分析。在需求分析阶段必须明确所开发系统的性质、基本功能、设计条件和运行条件等一系列问题。

①设计任务的确定。确定智能 CAD 系统要完成的设计任务是开发智能 CAD 系统应首先明确的问题。其主要内容包括确定所开发的系统应解决的问题范围应具备的功能和性能指标、环境与要求、进度和经费情况等。

②可行性论证。一般是在行业范围内进行广泛的调研,对已有的或正在开发的类似系统进行深入考察分析和比较,学习先进技术,使系统建立在较高水平的平台上而不是低水平的重复。

③开发工具和开发平台的选择。选择合适的智能 CAD 系统开发工具与开发平台,可以提高系统的开发效率,缩短系统开发周期,使系统的设计与开发建立在较高水平之上。因此在已确定了设计问题范围之后,应注意选择好合适的智能 CAD 系统开发工具与开发平台。

---

[1] 陈定方,孔建益,杨家军,等.现代机械设计师手册(下)[M].北京:机械工业出版社,2014.
[2] 同上。

（2）设计问题与建模。开发功能完善的智能 CAD 系统首先要解决好设计对象的建模问题,设计对象信息经过整理,概念化、规范化地按规定的形式描述成计算机能识别的代码形式,计算机才能对设计对象进行处理,完成具体的设计过程。

①设计问题概念化与形式化。设计过程实际上由两个主要映射过程组成,即设计对象的概念模型空间到功能模型空间的映射,功能模型空间到结构模型空间的映射。因此,如果希望所开发的智能 CAD 系统能支持完成整个设计过程,就要解决好设计对象建模问题,以适应设计过程的需要。因此,设计问题概念化形式化的过程实际上是设计对象的描述与建模过程。设计对象描述有状态空间法,问题规约法等形式。

②系统功能的确定。智能 CAD 系统的功能反映系统的设计目标。根据智能 CAD 系统的设计目标,可将其分为以下几种主要类型:智能化方案设计系统,所开发的系统主要支持设计者完成产品方案的拟订和设计;智能化参数设计系统,所开发的系统主要支持设计者完成产品的参数选择和确定;智能 CAD 系统,这是较完整的系统,可支持设计者完成从概念设计到详细设计整个设计过程,开发难度大。

（3）知识系统的建立。知识系统是以设计型专家系统为基础的知识处理子系统,是智能 CAD 系统的核心。知识系统的建立过程即设计型专家系统的开发过程。

①选择知识表达方式。在选用知识表达方式时,要结合智能 CAD 系统的特点和系统的功能要求来选用,常用的知识表达方式仍以产生式规则和框架表示为主。如果要选择智能 CAD 系统开发工具,则应根据工具系统提供的知识表达方式来组织知识,不需要再考虑选择知识表达方式。

②开发知识库。知识库的开发过程包括知识的获取、知识的组织和存取方式以及推理策略确定三个主要过程。

（4）形成原型系统。形成原型系统阶段的主要任务是完成系统要求的各种基本功能,包括比较完整的知识处理功能和其他相关功能,只有具备这些基本功能,才能开发出一个初步可用的系统。

形成原型系统的工作分以下两步进行。

①各功能模块设计。按照预定的系统功能对各功能模块进行详细设计,完成编写代码、模块调试过程。

②各模块联调。将设计好的各功能模块组合在一起,用一组数据进行调试,以确定系统运行的正确性。

（5）系统修正与扩展。系统修正与扩展阶段的主要任务是对原型系统有联调和初步使用中的错误进行修正,对没有达到预期目标的功能进行扩展。经过认真测试后,系统已具备设计任务要求的全部功能,达到性能指标,就可以交付用户使用,同时形成设计说明书及用户使用手册等文档。

(6)投入使用。将开发的智能 CAD 系统交付用户使用,在实际使用中发现问题。只有经过实际使用过程的检验,才能使系统的设计逐渐趋于准确和稳定,进而达到专家设计水平。

(7)系统维护。针对系统实际使用中发现的问题或者用户提出的新要求对系统进行改进和提高,不断完善系统。

第5章 工艺智能规划与智能数据库

随着工业 4.0 和"智能制造"的提出和实践,智能工艺规划与智能数据库成为当前的研究热点。通过智能化手段(如云计算、物联网等),生产管理者实时获得的车间生产情况、物流、供货状态等生产信息为生产管理智能决策提供了基础。作为生产管理的重要环节,工艺规划衔接了产品设计与生产制造,为生产过程分配合适的制造资源。以文件形式确定的工艺规程是进行工装制造和零件加工的主要依据,对组织生产、保证产品质量、提高生产率、降低成本、缩短生产周期及改善劳动条件等都有直接的影响。现代制造业正朝着数字化、智能化、自动化、集成化及网络化的趋势发展。因此,智能化、数字化与自动化也是现代工艺规划的关键所在。

5.1 概 述

数据库是按照数据结构来组织、存储和管理数据的仓库。随着理论知识和实践经验的不断积累,数据库中的数据将会越来越多。尤其是制造活动的复杂性决定了制造大数据和知识的多样性。激增的数据背后隐藏着大量有用的信息,但是传统的工艺数据库系统虽可以实现数据的储存、查找和统计等功能,却无法发现数据背后隐藏的知识和规则,无法通过已有的数据发现更多有用的信息。因此,构建合理的工艺数据库系统,并从中挖掘出潜在的规则和知识显得尤为重要。特别是智能工艺数据库可以为机械制造业提供合理和优化的加工数据,以提高加工精度、表面质量和加工效率。因此,可以看出智能工艺数据库是整个智能制造的基石。

在信息化社会,更先进的信息系统开发平台和与之相适应的开发方法学,是信息高速公路的基本配套设施之一,目前的信息系统开发平台的数据库管理系统(DBMS)产品却只是处理数据,尽管最近几年受到重视和广泛研究的知识库系统(KBS)较注重知识的处理,但无论 DBMS 还是 KBS 都远未能做到像人那样按信息的真正含义直接处理信息。此外,多媒体特征是信息的基本属性之一,真正意义上的信息处理系统应该把对信息的多媒体支持纳入进来。计算机科学的一系列研究领域,特别是数据库技术、软件工程、专家系统和人工智能(AI)等,已分别从不同的角度和方面为信息处理技术和信息系统开发做出了贡献。目前,各领域技术相对成熟,为深层次的综合集成研究提供了技术条件。智能数据库系统(IDB)概念的提出,正是试图把 AI 与 DB 进行集成的结果。

5.2 计算机辅助工艺规划及其智能化

5.2.1 计算机辅助工艺规划(CAPP)发展概述

机械加工工艺规划过去由工艺人员来完成,由工艺规划人员根据零件的材料、几何形状、尺寸、公差表面粗糙度、硬度等产品信息,结合当前工厂的生产条件和生产批量作出工艺方案并完成工艺路线、工艺装备、工艺参数和工时定额等各种工艺文件。传统的工艺规划方法要求设计人员具有丰富的生产经验,熟悉企业的设备条件和技术水平,了解各种加工规范和有关规章制度。总之,一个好的工艺规划人员必须经过多年实践工作的锻炼。

采用人工进行工艺规划,不但需要一大批有丰富工艺知识和多年实践工作锻炼的工艺人员,而且还要采用手工方式准备各种工艺文件,工艺人员的工作主要是查手册、计算数据、填写工艺卡、画工艺图等一系列手工操作。工艺规划所需的时间多,工艺规程的可改性差,工艺规划的人为因素和随机性也较大,不利于生产率的提高。计算机辅助工艺规划能在计算机的帮助下迅速编制出完整而详尽的工艺文件,工艺人员无须重复查阅各种手册和规范,不再用手工编抄各种表格,大大提高了工艺人员的工作效率。

国外早期的 CAPP 研究工作开始于 20 世纪 60 年代末期,较有代表意义的是 CAM-I(Com-puter Aided Manufacturing-international)系统。设在美国的计算机辅助制造国际组织于 1976 年推出了 CAM-I's Automated Process Planning 系统,取其字首第一字母,称为 CAPP 系统。虽然与现在缩写语 CAPP(Computer Aided Process Planing)所代表的词语有所不同,但计算机辅助工艺规划称为 CAPP 已为大家所共认。早期的 CAPP 系统实际上是一种技术档案管理系统。它把零件的加工工艺按图号存放在计算机中,在编制新的零件工艺时,可从计算机中检索出原来存有的零件工艺,有的可以直接使用,有的必须加以修改,如果检索不到则必须另行编制后存入计算机。

派生式系统是以成组技术为基础,把零件分类归并成族,零件族的划分可采用直接观察法、分类编码法和工艺流程分析法等方法来进行,并制定出各零件族相应的典型工艺过程[①]。在使用这种 CAPP 系统时,首先根据零件特点按零件族的划分方式将需要编制工艺的零件进行分类,然后从计算机中调出典型工艺,再通过文件编译修改生成零件工艺。这类系统的主要缺点在于其针对性较强,使用上往往局限于某个工厂中的某些产品,系统的适应能力较差。派生式 CAPP 系统由于开发周期短、开发费用低,因而在一些工艺文件比较简单的中小工厂中比较受欢迎。

为了克服派生式 CAPP 系统的缺点,许多大学和研究机构纷纷开展了创成式 CAPP 系统的研究工作。创成式 CAPP 系统中不存储典型工艺,而采用一定逻辑算法,对输入的几何要素等信息进行处理并确定加工要素,从而自动生成工艺规程。

从 20 世纪 80 年代中期起,CAPP 专家系统的研究得到迅速的发展,每年在有关杂志和国内外有关学术年会上都有大量 CAPP 专家系统的论文发表。基于知识的计算机辅助工艺规划系统已成为 CAPP 的重要发展趋势[②]。

专家系统作为一种工具,它具备某一领域的知识并利用这种知识来解决这一领域中的问题的本领。采用专家系统的办法很适合于解决工艺规划中若干方面的问题。传统上,这些问题主要有两个主要特点:其一是工艺知识主要依靠经验,这些专门经验一般要通过较长时间的积累;其二是这些知识本身有一定的不确定性,且随企业条件的不同而变化。因此,如果利用专家系统来进行自动工艺规划,就必须和工艺师一样收集、表达和利用这些工艺知识,而专家系统本身已为这些工作提供了很好的框架。由于专家系统的知识库容易进行修改和扩充,因此比较容易适应企业的生产环境。目前,各国学者正致力于使 CAPP 专家系统达到进一步实用化和工具化。

有必要指出的一点是,以上所述的三种系统虽然采用了不同的方法,但所采用的技术则是可以互相借鉴的,如在获取专家知识时往往需要将零件进行分类,以便按其类别来收集和归纳专家知识,人工智能的方法也

[①]　曾芬芳,景旭文.智能制造概论[M].北京:清华大学出版社,2001.
[②]　芮延年.协同设计[M].北京:机械工业出版社,2003.

可用于成组编码,从而实现零件编码自动化。目前出现的一些混合式的CAPP系统,正是这几种方法综合运用的结果。

5.2.2 CAPP系统的类型

5.2.2.1 派生式CAPP

派生式CAPP系统的主要特征是检索预置的零件工艺规程,实现零件工艺规划的借鉴与编辑。根据零件工艺规程预置的方式不同,可以分为基于成组技术(GT)的CAPP系统和基于特征技术的CAPP系统两种主要形式,其他形式的系统是这两种形式的延伸。

(1)基于GT的工艺生成。

基于GT的工艺生成是在成组技术的基础上,按照零件结构、尺寸和工艺的相似性,把零件划分为若干零件组,并将一个零件组中的各个零件所具有的型面特征合成为主样件,根据主样件制定出其典型工艺过程。主样件和典型工艺是开发基于GT的CAPP系统的关键。

①主样件的设计。一个零件组通常包含若干个零件,把这些零件的所有型面特征"复合"在一起的零件称为复合零件,也称主样件。复合零件是组内有代表性、最复杂的零件,它可能是实际存在的某个零件,但更多的是组内零件所有特征合理组合而成的假想零件。主样件的设计步骤是:先将产品的所有零件分为若干零件组,在每个零件组中挑选一个型面特征最多、工艺过程最复杂的零件作为参考零件;再分析其他零件,找出参考零件中没有的型面特征,逐个加到参考零件上,最后形成该零件组的主样件。

②主样件工艺过程设计。主样件工艺过程设计的合理性直接影响到基于GT的CAPP系统运行的质量。主样件的工艺过程至少应符合以下两个原则。

工艺的覆盖性——主样件工艺过程应能满足零件组内所有零件的加工,即零件组内任一零件全部加工工艺过程的工序和工步都应包括在典型工艺过程中。在设计该组中某个零件的工艺规程时,CAPP系统只需根据该零件的信息,对典型工艺过程的工序或工步作删减,就能设计出该零件的工艺规程。

工艺的合理性——主样件工艺过程应符合企业特定的生产条件和工艺规划人员的设计规范,能反映先进制造工艺与技术,以保证生产的优质、高效和低成本。

（2）基于特征的工艺生成。

基于特征的工艺生成是在特征分类的基础上，设计每一个特征的工艺规程和特征工艺规程的叠加规则，根据输入特征自动匹配出零件的工艺规程。这种方法将零件为基础的工艺规程降到特征为基础的工艺规程，并在特征的基础上构建零件组成的特征链作为存储与检索的中间环节，不仅能将派生出的工艺规程准确到零件的基本结构，减少系统的存储量，还可以通过编辑中间环节模块，改变系统工艺规程预置的内容，使标准零件工艺库在不改变存储结构的前提下，具有较大的柔性。

①基于特征的标准工艺库设计。基于特征的标准工艺规程库是一种单元组合型的工艺生成方式，即根据特征—零件—工序的相对独立性和可组合性，分别独立设计各数据库结构，采用链式关联方法，建立相互间的组成关系。标准工艺规程库根据几何特征的分类特点分别构成标准工艺规程库。也可以将一个基于 GT 编码的标准零件族根据特征分类的方法分解为一组不同类型、经过有限组合即可标识的各种零件，在此基础上，根据特征的不同组合，按照工序来分解工艺规程，将工序内容进行规范化描述后存放到数据库中，人为地进行工序及其顺序的预置。

②基于特征的工艺检索。采用特征作为零件的输入手段，可以使系统输入的信息单元化，在特征提取过程中，相关的尺寸已全部定位，以特征作为检索条件，检索到某个特征组合的工艺规程后，可以将尺寸信息替换到相应的工艺条件中去。

CAPP 是在企业范围内采用网络数据库模式的应用系统，系统的查询速度是衡量数据库及其应用的关键指标。在提高数据库查询速度上，除遵循常规的数据库系统设计的一般原则外，还需要采取下列措施：

尽量减少数据库表的数量和属性，系列表中可以采用顺序存放的方式，用特征代码作为主键标，同样能实现系列参数的连接与提取。

系统设计时，尽量调用存储过程（procedure）来实现网络数据库的应用。存储过程是一组被编译的，且已在 DBMS 中建立了查询计划并经优化的 SQL 语句，当 Client 调用存储过程时，通过网络发送的数据只是调用命令和参数值，它不仅为数据库上处理 SQL 事务提供了一种快捷的途径，同时也降低了网络的传输量。

系统运行过程中，要减少对数据库服务器的访问次数。当应用程序需要反复操作相同或类似的数据（如静态工艺数据、数据字典等）时，可利用数据共享技术，将数据从数据库中提取出来，存储在本地机的缓存中，待一系列操作完成后再对缓存进行释放。

（3）派生式 CAPP 系统的研制。

派生式 CAPP 系统的研制可按以下步骤进行。

①建立一个分类编码系统。派生式 CAPP 通常需要建立一个分类编码系统，因为分类编码为识别零件的相似性提供了一种方便的手段。虽然目前市场上已经提供了不少分类编码方法，但仍然有不少企业宁可根据自己企业的情况自行研制分类编码。建议各企业在自行研制分类编码系统以前，应对已有的分类编码方法进行仔细研究和比较，然后尽可能采用比较成熟的分类编码方法，这样可以节约大量人力物力。如果无法找到合适的分类编码系统，建议在自行建立分类编码系统时，请有关的专业人员来进行指导。原则上，分类编码应覆盖本企业的所有产品，其中应包括企业准备发展的产品。因为有时无法预测企业要开发何种产品，故建议编制分类编码系统时要带有一定柔性，例如，留几个备用码位以便今后扩展。

②零件族的划分。成组技术提出了零件族的概念，把结构形状相似、尺寸相近和工艺相似的零件归并为一个加工族。工艺相似使同一类零件可以采取相类似的工艺路线，这是制定标准工艺的前提，而结构相似则是工艺相似的基础。尺寸相近可使零件在同规格的加工设备上加工。在三个相似中，最重要的应该是工艺相似。零件族的划分方法主要有经验法、工艺流程分析法和分类编码法种。

·经验法。它主要根据有经验的老工艺人员多年来的工艺经验，按零件的形状、大小、精度要求并考虑零件功能特征的相似性划分零件族，例如，回转体零件可划分为齿轮类、套类、三角皮带轮、螺母类等，然后再把每一类零件细分为零件族。这种方法全凭经验，简单易行，适合产品变化不大的企业。

·工艺流程分析法。工艺流程分析法是把工艺过程相似的零件划分为一个零件族，也可对用上述方法定出的零件族进行工艺流程分析，把个别工艺流程特殊的零件剔除或修改其工艺，最终确定零件族范围。

·分类编码法。采用这种方法首先要选择零件分类编码系统，最好选用已有的比较成熟的系统，如我国的 JLBM-1 系统（JB/251-85）、德国的奥匹兹系统和日本的 KK-3 系统等。如果已有的系统确实无法满足要求，或者本企业产品品种单一，例如轴承厂、标准件厂、液压件厂等，则可对已有的编码系统进行修改或另行编码。然后将现有的零件利用编码系统进行编码。

③编制典型成组工艺。复合零件法又称样件法，它是利用一种所谓的复合零件来设计成组工艺的方法。复合零件可以选用一组零件中实际

存在的某个具体零件,也可以是一个实际上并不存在而纯属人为虚拟的假想零件。复合零件应是拥有同组零件和全部待加工表面要素或特征的零件。按复合零件设计成组工艺,只要从成组工艺中删除某一零件所不用的工序(或工步)内容,便形成该零件的加工工艺,实践证明,对于形状较简单的回转体零件,用复合零件法编制工艺比较合适。

复合路线法适用于有些结构比较复杂的回转体零件组和绝大部分非回转体零件组,因其形状极不规则,所以要虚拟复合零件相当困难,这时可采用复合路线法或称流程分析法。复合路线法是在零件分类成组上,把同组零件的工艺文件收集在一起,然后从中选出组内最复杂,也即最长的工艺路线作为加工该组零件的基本路线。复合零件法比较适合结构比较复杂的回转体零件和大部分非回转体零件。

5.2.2.2 创成式 CAPP

创成式 CAPP 与派生式 CAPP 不同,其根本差别在于事先没有存入零件或零件族的典型工艺,零件的工艺过程主要是通过逻辑决策方式"创成"出来的。创成式 CAPP 系统可以定义为一个能综合加工信息,自动为一个新零件制定出工艺过程的系统。依据输入零件的有关信息,系统可以模仿工艺专家,应用各种工艺决策规则,在没有人工干预的条件下,从无到有,自动生成该零件的工艺规程。创成式 CAPP 系统的核心是工艺决策的推理机和知识库[①]。

(1)创成式 CAPP 系统的工作原理。

创成式 CAPP 系统主要解决两个方面的问题,即零件工艺路线的确定(或称工艺决策)与工序设计。前者主要是生成工艺规程主干,即确定零件加工顺序(包括工序与工步的确定)以及各工序的定位与装夹基准;后者主要包括工序尺寸的计算、设备与工装的选择、切削用量的确定、工时定额的计算以及工序图的生成等内容。前者是后者的基础,后者是对前者的补充。

(2)研究创成式 CAPP 的方法。

在研究创成式 CAPP 时,经常采用决策表和决策树两种方法。

①决策表。决策表是描述事件之间关系的一种表格,它可分为条件和决策两部分。决策表可用双线成四个区域,其中左上区域是条件说明;右上角中各列是满足各种条件的组合,用 T 表示所在行的条件为真,空格

---

① 邓朝晖,万林林,邓辉,等.智能制造技术基础[M].武汉:华中科技大学出版社,2017.

表示"无关";左下角是决策说明,即列出各种可能的决策行动,决策表的决策行动可以是无序的决策行动,用 X 表示,也可以是有序的决策行动。并给予一定序号,如表 5-1 所示。

表 5-1　决策表示例

尺寸精度 >0.1	T		
尺寸精度 <0.1		T	T
位置度 >0.1	T	T	
位置度 <0.1			T
钻孔	X	1	1
铰孔		2	
镗孔			2

从本决策表上可看到,决策表中各条件的关系是"与"的关系,决策行动之间也是"与"的关系。决策表右面的每一列都可视为一条决策规则,如决策表右面第一行可写作"如果加工尺寸精度允差 >0.1,且位置度允差也大于 0.1,则可采用钻孔加工。"

②决策树。决策树是一种图,决策树有一个主根,并从此主根上分出多个分枝。如果某个分支的条件为真,则这一分支就表示一种可能的决策路线,每一个分支又可能通向某一中间结点或终点。决策树作为一种常用的数据结构,也是一种决策逻辑的表达工具。它很容易与"如果(IF)…那么(THEN)…"这种直观的决策逻辑相对应,很容易转换成逻辑流程图和程序代码。

(3)面向对象的工艺知识表达。

工艺知识是指支持 CAPP 系统工艺决策所需要的规则。根据知识的使用性可以分为选择性规则和决策性规则两大类。选择性规则属于静态规则,它是在有限的方案中选择其中的一种,作为系统中各种工艺参数和加工方法选择的依据,如加工方法选择规则、基准选择规则、设备与工装选择规则、切削用量选择规则、加工余量选择规则、毛坯选择规则等。决策性规则属于动态规则,它是随着操作对象的变化而改变的,如工艺生成规则、工艺排序规则(包括工序排序和工步排序)、实例匹配规则等。

(4)规则库的存储与扩充。

规则的集合形成规则库,它是知识库的核心,反映了机械加工工艺选择的基本规律。采用产生式规则表示,规则中允许与(AND)、或(OR)、非(NOT)等布尔型操作的任意连接形式,对不精确规则可采用可信度描述。

各种规则尤其是决策性规则,与企业的产品对象、制造资源和工艺规划人员的工艺规范的关联性很大,需要随时进行扩充与更新。系统提供了数据库支持的工艺规则扩充方法,可以在系统运行过程中随时进行,不需要经历程序的更改与编译过程。具体操作时,系统给出产生式规则与数据库结构的一一对应关系,同时提供各种数据字典与标准工艺语句库支持,避免规则的二义性以及减少工艺人员的键盘操作量。

5.2.2.3 CAPP 专家系统

随着人工智能技术的发展,专家系统已成为 CAPP 研究中的一个重要方面,从目前来看,专家系统在 CAPP 研究中的应用主要有以下两个方面:

（1）专家系统用于从 CAD 模型中自动提取特征,从而为 CAPP 提供一种特征描述的方法。

（2）开发 CAPP 专家系统。专家系统是一种工具,它具备某一领域的知识并利用这种知识来解决这一领域中的问题。采用专家系统的办法很适合于解决工艺设计中若干方面的问题。传统上,这些问题主要有两个主要特点:其一是工艺知识主要依靠经验,这些专门经验一般要通过较长时间的积累;其二是这些知识本身有一定的不确定性,且随企业条件的不同而变化。因此,如果利用专家系统来进行自动工艺设计,就必须和工艺师一样收集、表达和利用这些工艺知识,而专家系统本身为这些工作提供了很好的框架。

一个好的 CAPP 专家系统,应具备以下特点:

①可维护性。近年来,我国的生产工艺处在不断发展阶段,新工艺、新设备和新材料发展很快,这就要求专家系统可不断补充和更新知识,以保证专家系统能不断适应改变了的情况。

②开放性。一个好的 CAPP 专家系统应该有很好的开放性,以便用户能根据自己的情况对 CAPP 专家系统进行二次开发,也便于把该系统移植到类似企业。

③良好的用户界面。系统应对用户有友好的用户界面,有很方便的输入和输出方式,向用户提出推理和决策的理由。必要时,工艺人员还可进行必要的人工干预,以制定出高质量的工艺规程。

5.2.3 CAPP 系统中零件信息的描述

对于工艺设计来说,第一个任务就是读懂设计图纸。一个零件可以用多种不同的方式来表达,采用三向视图来表示所需加工零件的办法不但精确地表达了零件的几何形状和尺寸,而且在各种符号和文字说明的帮助下,工艺设计人员可以进一步准确无误地了解到各种加工要求。

在进行一个零件的工艺设计时,工艺设计人员首先要了解零件的大体形状,如该零件为一回转体或箱体。然后进一步了解该零件的大小、加工特征、加工精度要求以及其他加工方面的信息。

在工艺设计过程中,我们把从设计信息转换为制造信息的过程称为设计工艺设计接口。这一部分工作可能是 CAPP 专家系统中最重要也是最困难的任务之一。

在 CAPP 专家系统的早期工作中,考虑到使用计算机把设计信息转换为制造信息的难度,设计接口(即读图)工作仍然由工艺人员来担任,即由人把工程图转换成 CAPP 系统可"理解"的数据格式,这种格式有时也被称为"特征",然后采用交互方式输入计算机。

对于比较复杂的零件,这种交互式的过程将变得十分烦琐而且容易出错,因此,有必要开展自动化的设计 / 工艺设计接口。

在自动化的设计 / 工艺设计接口的研究中,其中最重要的问题就是特征识别。在人工读图过程中,工艺人员首先做出一种假设,如工艺人员在工程图的某一个视图上看到一个圆,可能首先把它假设为一个孔,然后再到其他视图上收集信息来证实这一假设。如果这一假设失败,工艺人员可能把它假设为一个圆柱,在这一特征完全确认以后,可以把这一特征及其所包含的图素(点、线圆等实体)从图上去除。这一过程不断进行,直到所有的特征都从图上去除为止。当然,在实际读图时,人们并非真的把这些几何实体从图上擦掉。它们只是被收集日拢,以特征集合的形式存放在我们脑海中。

进一步说,自动化的设计 / 工艺设计接口问题的实质是从零件设计中提取加工特征的过程。近年来,在这方面已开展了大量研究工作并取得不少成果,但直到目前为止,还没有一种方法是尽善尽美的,而且离商业化应用还有一定距离。为了完成这一任务,还必须进行长期不懈的努力。

下面介绍常用的零件描述方法——零件分类编码法。

CAPP 中采用的零件分类编码可利用成组技术中比较成熟的编码方法,也可根据各个企业和产品的特点自行编制。当建立零件代码系统时,对编码的结构形式应根据实际需要加以选择,代码的结构一般可分为:

①树式结构。树式结构也叫分级式结构,其特点是码位之间有隶属关系(级进关系),即后面的码位隶属于前面的码位。这种结构的每一个特征码位有很多分枝,很像树枝形状,所以称为树式结构。

②链式结构。链式结构,也称并列结构。其特点是各码位之间不是从属关系,而是并列的。这种结构形式如同链条,故称链式结构。它所包含的信息量,在其他条件不变的情况下比树式结构少,但其结构简单、使用方便、应用较广。

③混合式结构。混合式结构,即在系统中同时存在树式和链式两种结构形式。

为了尽可能利用树式和链式两种结构形式的优点,扬长避短,目前大多数分类编码系统都采用混合式结构。

零件中包括的特征越多,即零件类型越复杂,描述这些零件特征的编码也就越长。我们认为,在可能的条件下,代码应尽可能简短。这是因为过长的代码不仅使用不便,而且不论代码多长,都不可能详尽地描述出零件的全部信息。

目前,国内外已有几十种,甚至上百种编码方法,其中奥匹兹(OPITZ)分类编码系统是在国际上影响较大,也是较成熟的一种系统。

奥匹兹系统采用 9 位数字码排列组合描述零件,前 5 位用来描述零件的形状和结构特征,称为主码(又称形状码);后 4 位分别表示零件的尺寸、材料、原始形状和精度,称为辅码。每个码位内有 10 项,分别表示零件的 10 种特性。

我国自行研制的机械零件分类编码系统 JLBM-1(JB/Z251-85)是一种比较适合我国机械行业的成组编码系统。该系统共有 15 个码位,其中第 1、第 2 码位为零件名称类别矩阵(用两个码位反映零件的类别和名称),第 2 码位主要描述零件功能,如螺母、链轮、压板和凸轮等。第 3 码位~第 9 码位是零件的形状和加工码位,在 JLBM-1 系统中采用把回转体和非回转体零件分开描述的办法。分开描述的好处是使回转体零件和非回转体零件的加工信息都可得到比较充分的描述。10 码位、11 码位、12 码位分别表示材料、毛坯原始形式和热处理。13 码位和 14 码位用于描述零件的尺寸,并按尺寸档次分开描述大、中、小件。这样做的好处是不仅对零件尺寸描述得更加细致,而且扩大了系统的应用范围。第 15 码位主要用来描述零件的精度,它把加工精度分为低、中、高和超高精度 4 级,比较符合我国实际情况。

成组编码的主要原理是相似性原理,按成组原理对零件进行分类的办法已广泛应用于派生式 CAPP 系统。按成组技术思想对于零件的加工工艺规则进行分析和总结,其中许多规则也可用于创成式 CAPP 系统或进入 CAPP 专家系统的知识库。

5.2.4 CAPP 在 CAD/CAM 集成系统中的作用

目前 CAD、CAM 的单元技术日趋成熟,随着机械制造业向 CIMS 方向发展,CAD/CAM 的集成化要求成了亟待解决的问题。CAD/CAM 集成系统实际上是 CAD/CAPP/CAM 集成系统。CAPP 从 CAD 系统中获得零件的几何拓扑信息、工艺信息,并从工程数据库中获得企业的生产条件、资源情况及企业工人技术水平等信息,进行工艺规划,形成工艺流程卡、工序卡、工步卡及 NC 加工控制指令,在 CAD、CAM 中起着纽带的作用。[①]为达到此目的,在集成系统中必须解决下列问题。

①CAPP 模块能直接从 CAD 模块中获取零件的几何信息、材料信息、工艺信息等,以代替零件信息描述的输入。

② CAD 模块的几何建模系统,除提供几何形状及拓扑信息外,还必须提供零件的工艺信息、检测信息、组织信息及结构分析信息等。

③须适应多种数控系统 NC 加工控制指令的生成。

CAD 系统应成为 CAPP 系统的数据源,CAPP 需要的零件描述信息包括了零件的整体形状、加工部分的几何公差、表面粗糙度等关键信息。这正好是传统 CAD 系统的弱点所在。目前市场上销售的三维造型 CAD 软件,如 Pro/Engineer、Solidworks、UG 等,虽然都带有"特征造型"模块,但其信息中只包括零件的几何形状和拓扑结构,造型数据同样无法描述完整的产品信息,如公差、表面粗糙度等,这使它们也无法彻底摆脱传统 CAD 系统的局限性,不能强有力地支持工程应用所需要的高层信息。而且大多数商品化软件为了技术保密需要,数据结构是封闭的,更给用户实现 CAD/CAPP 的集成造成极大的困难。

特征造型也可称为基于特征的设计,它是一种产品建模的方法,其主要特点是把几何和非几何信息全部汇入产品(零件)定义中,因而是一种理想的造型方法,也是产品造型的发展方向。

STEP 标准是国际标准化组织提出的一个产品模型数据交换标准,它是一个中性的产品模型数据交换机制,表示了贯穿产品生命周期的产品定义数据,并为各个计算机辅助工程应用系统之间的数据交换提供通道。STEP 包含了三方面重要内容:一是参考模型,为进行完整的和无二义性的产品描述提供必要的产品定义模式;二是 EXPRESS 形式化语言,它是

---

① 于宏彦,鲁欣芝.机械制造技术与生产模式实务全书[M].北京:当代中国音像出版社,2003.

用来进行描述产品的数据、定义数据结构、操作和约束的计算机语言；三是 STEP 文件结构（file struc-ture），为数据通信和取用提供一个有效和可靠的模式。

CAPP 是产品开发生命周期中的一个重要环节，在目前发布的 STEP 参考模型中，与 CAPP 应用系统有关的有 4 个参考模型：①公称形状信息模型，它表示零件的公称形状，包括几何、拓扑与实体等。②形状特征信息模型，定义了具有特定形状的特征。③形状公差模型，定义了由相关 ISO 标准给出的尺寸公差信息。④表面信息模型，定义了表面粗糙度、表面硬度方面的信息。应该说，开发基于 STEP 的新一代的 CAD/CAPP 系统是最理想的途径。可是由于 STEP 本身还处于逐渐充实与成熟的阶段，基本框架与方法虽已提出，具体内容却需继续研究与补充，而且全新系统的商品化过程耗时较长，投资也大①。因此，利用现有的商品化 CAD 系统，扩充特征造型功能，使产生的 CAD 模型能表达必要的工艺信息，并与 CAPP 需要的信息格式实现一致的特征造型已成为我国 CAPP 研究的热点之一。

5.3　切削智能数据库

5.3.1 切削数据库研究现状

切削数据库是计算机技术与机械制造切削加工技术结合的产物，数据库存储了丰富的切削加工生产和试验数据，切削数据库可以按照用户的要求，根据理论和经验数据处理并提供切削过程中所需的刀具和切削用量等加工方案信息。切削数据库可以为 CAD/CAPP/CAM 等先进制造技术提供数据支持。使用切削数据库可以显著改善机械加工质量，降低加工成本，避免工件报废，提高企业的经济效益。

从 20 世纪 60 年代中期开始，多个国家相继开始建立自己的切削库，据不完全统计，至 20 世纪 80 年代末已经有美国、德国、瑞典、英国、日本等国建立了 30 多个大型的金属切削数据库，其中最著名的有美国金属切削研究联合公司（Machining Data Center）的 CUTDATA，德国的阿亨工业大学的 INFOS，瑞典的 Sandvik 公司的 CoroCut 等。

---

① 邓朝晖，万林林，邓辉，等.智能制造技术基础 [M].武汉：华中科技大学出版社，2017.

1982年,我国第一个金属切削数据库在成都工具研究所筹建,于1987年9月完成试验性车削数据库TRN10。在引进INFOS的基础上继续开发,增强了一些功能,推出了车削数据库软件CTRN90V1.0。1990年10月成都工具研究所在VAX-11/780系统上开发了多功能车削数据库,"八五"期间,该数据库进一步扩充开发出包含有工件材料库、刀具材料库、刀具库、刀具几何参数库及切削用量库等多套切削数据库,它是第一个适合我国国情的车削数据库。在2005年开发了在Windows环境下运行的网络版切削数据库。

此外,各高校也组织学术力量对切削数据库系统进行研究,南京航空航天大学、北京理工大学、西北工业大学、山东大学、北京航空航天大学、天津大学和哈尔滨理工大学等高校都取得了一定成果。

随着计算机技术的飞速发展,计算机技术的最新成果与切削加工技术结合,广泛应用到工程应用的各个领域。目前的智能型切削数据库主要采用规则推理和人工神经网络,由于规则推理很难实现知识的自动更新,而神经网络必须在给定的训练样本的环境下才能发挥作用,如果改变了加工环境,则需要重新训练神经网络,所以现有的切削数据库的智能性大都是静态的,没有实现规则知识的自学习。

5.3.2 切削智能数据库总体框架的设计

在初步需求分析和以前研究的基础上,提出切削数据库总体框架的初步方案,以便进一步讨论和细化。如图5-1所示为切削数据库流程图,即为数据库系统的输入输出基本流程。

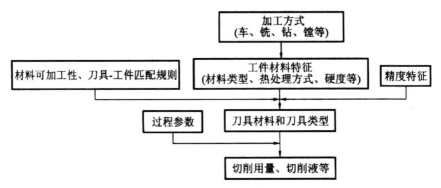

图5-1 切削数据库系统流程图

首先(根据企业盘轴、叶片、结构件等零件的形状特征)选择加工方式,比如车、铣、钻、镗等,车削加工方式又细化为车外圆、车端面等,然后确定要被加工零件的工件材料特征,结合工件材料特征与精度特征,根据材料的可加工性及刀具 – 工件匹配规则来确定刀具材料和刀具类型,最后根据工件、刀具以及制造资源特征和过程参数(刀具耐用度、切削力等)来检索切削加工参数和切削介质[①]。

(1)切削数据库系统框架。

整个切削数据库系统包括流程图中所涉及的各类子库,如工件材料库、匹配规则库、刀具库、切削介质库等。

(2)工件材料库。

工件材料库包括工件材料类别、工件材料代码、热处理状态、材料硬度、抗拉强度、材料密度和工件材料编号。比如材料中的高温合金又可细分为各小类:镍基高温合金、铁基高温合金、钴基高温合金等。

(3)刀具库。

与刀具相关的子库是比较多的。刀具材料库主要是存储各种材料类别;刀具材料性能库主要是存储刀具材料性能,含有硬度、机械性能等;刀具厂家信息库主要存储不同厂家刀具信息;同时,整体式刀具和可转位刀片因为具有不同的结构参数而分别列到整体式和可转位库里面。

(4)匹配规则库。

匹配规则库主要是为切削加工具有一定几何特征的某一材料零件时,选择合适的刀具,将匹配的规则放入匹配库中。如切削难加工材料用的刀具材料:CBN 的高温硬度是现有刀具材料中最高的,最适用于难加工材料的切削加工;新型涂层硬质合金是以超细晶粒合金作基体,选用高温硬度良好的涂层材料加以涂层处理,这种刀具具有优异的耐磨性,也是可用于难加工材料切削的优良刀具材料之一;难加工材料中的合金由于化学活性高、热传导率低,也可选用金刚石刀具进行切削加工。

(5)切削用量库。

切削用量库推荐某一刀具加工某一材料时的切削参数。

(6)过程参数库。

切削过程中的切削力、切削功率、刀具寿命等是监控刀具使用的基础,过程参数的预测是建立在经验公式基础上的。经验公式存储在过程参数库里面。

(7)切削介质库。

切削介质库主要存储切削液等信息,此外在加工过程中可能用到冷

---

① 邓朝晖,万林林,邓辉,等.智能制造技术基础 [M].武汉:华中科技大学出版社,2017.

风、油雾等方式,切削液的类型包括水溶液、切削油和乳化液等。

5.3.3 切削智能数据库的建模

为了正确构建切削实例,根据实例的特点(即实例是工作条件和解决方案的结合),提出了实例参数模型,如图 5-2 所示。即将切削参量划分为四类:非控制参量、控制参量、过程参量和输出参量。各个参量的含义如下。

非控制参量是指不能改变该参量的数值,而获得输出参量,如工件材料。

控制参量是指可以改变该参量的数值,而获得输出参量,如刀具。

过程参量是指系统过程中表现出来的参量,如切削力、切削温度、粗糙度等。

输出参量是指经过加工过程后,非控制参量和控制参量的作用结果,如加工精度、刀具寿命。

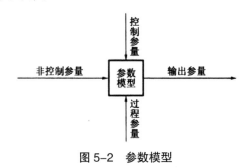

图 5-2　参数模型

5.3.3.1 功能建模

为了得到满足要求的输出参量(加工精度、加工表面质量、刀具寿命),在切削过程中需要合理地选择控制参量(机床、刀具、刀具材料、切削介质、切削用量),从而达到满足约束过程参量(振动、切削力、切削温度、刀具磨损和破损)的目的。

(1)刀具信息的推荐。

切削数据库系统可根据加工要求及工件材料的类别或牌号信息,按照工件材料与刀具材料的匹配规则,推荐出适用的刀具材料以及刀具型号。

(2)切削用量的推荐及其优化。

数据库系统可根据用户定义的工件材料及加工要求,在选定推荐刀具的情况下,在数据库中查询相应的切削用量,得到特定要求条件下的切削用量推荐值。以可转位铣刀为例,其查询流程如图 5-3 所示。

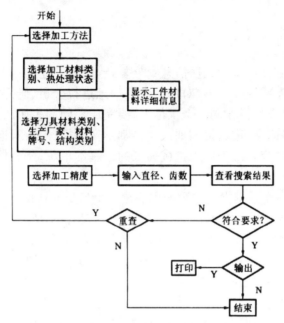

图 5-3　切削数据库系统可转位铣刀查询流程

在实际生产中,企业会根据市场需求调整生产计划。比如在新产品开发或产品需求小于供给时,就要求以最低生产成本进行生产。而在产品畅销即需求大于供给时,就要求以最大生产率为目标进行生产。为了更好地为实际生产服务,难加工材料切削数据库系统确定了两个切削用量优化目标,即最低生产成本目标和最高生产率目标。

（3）切削介质的推荐。

切削数据库系统中收入了有关切削介质(包括切削油、水溶液和乳化液)的相关信息,用户可在查询结果中查看其相关的使用信息。

（4）过程参数的预测。

切削数据库系统为了更好地为生产实际服务,对切削过程中的重要参数(包括刀具寿命、切削力和切削温度)进行预测。

（5）智能推理功能。

利用基于实例和规则推理技术,可根据现有的成功加工实例推理出新的解决方案,直接或经试验验证后存入数据库作为可用实例,因此数据库具有自学习能力。

（6）其他功能。

其他功能如数据录入、删除与更新、数据恢复与安全机制、用户管理机制等。

5.3.3.2 信息建模

切削加工过程中的数据信息十分复杂，因而要建立一个实用而高效的切削数据库系统，就必须对加工数据信息进行分析、研究、处理。在切削加工中，工步是指在同一个工位上，要完成不同的表面加工时，其中加工表面、切削速度、进给量和加工工具都不变的情况下，所连续完成的那一部分加工内容。工步作为机械加工的最基本单位，是分析切削数据信息的良好渠道。

切削数据库系统提供的数据主要是一个工步的知识。根据切削数据系统信息需求，为了实现数据库系统的功能，设计的切削加工的实体有工件及工件材料、刀具及刀具材料、加工方法及切削用量、切削介质等。

根据实际加工过程中工艺参数的选择流程，利用 IDEF3 方法，确定了切削数据库系统的信息模型，如图 5-4 所示。对于参数的选择，主要是：刀具材料及型号、切削用量和切削液。刀具的选择主要考虑工件材料及其硬度；切削用量主要根据工件材料、刀具材料和加工精度进行推荐。

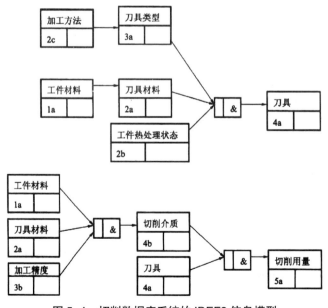

图 5-4　切削数据库系统的 IDEF3 信息模型

5.3.4 切削智能数据库的总体结构

切削智能数据库是与生产实际密切相关的应用型系统,它要求具有使用方便、操作简易、数据准确有效、运行速度快捷及维护方便等特点。通过以上分析,建立适宜的切削智能数据库的总体结构非常重要。图 5-5即为切削智能数据库的总体结构图。

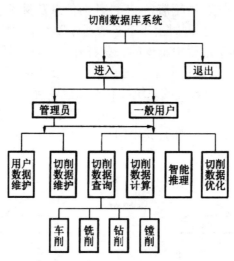

图 5-5　切削智能数据库的总体结构

切削智能数据库用户分为一般用户和管理员两类。一般用户可以进行切削数据查询、切削数据计算、智能推理和切削数据优化,管理员除了拥有一般用户的权限外,还可以进行数据维护。这样就保证了切削智能数据库数据的安全性。

5.4　磨削智能数据库

国内外对磨削数据库的研究是在切削数据库的研究基础上发展而来的。磨削加工过程兼有高速微切削和高速滑擦摩擦的特性,且工艺参数庞杂,磨削工艺数据库的开发技术难度较大,已有的大部分磨削工艺数据库均附加于切削工艺数据库中。

5.4.1 磨削智能数据库功能建模

以凸轮轴数控磨削加工为例,建立与系统匹配的磨削智能数据库的好坏直接决定着凸轮轴数控磨削工艺智能专家系统"智能"程度的高低。因此,凸轮轴磨削智能数据库的功能建模对整个智能专家系统的运行具有非常重要的意义。凸轮轴磨削智能数据库主要包括与凸轮轴数控磨削加工有关的磨削参数、砂轮信息、工件几何信息及材料信息、凸轮轴数控磨床及磨削液信息等。同时由于工艺数据库致力于对整个加工过程进行准确概要描述,加工过程中出现的一些特殊工艺现象及采取的辅助工艺措施均会包含到工艺数据库中。这些信息经过大量、系统的试验筛选后存储于数据库内,具有较高的系统性和实际指导性。

凸轮轴数控磨削加工主要是在凸轮轴数控磨床、砂轮、工件及磨削液等实体设备的基础上完成的,其不同加工过程可以描述为四者之间的不同关系,如图 5-6 所示。

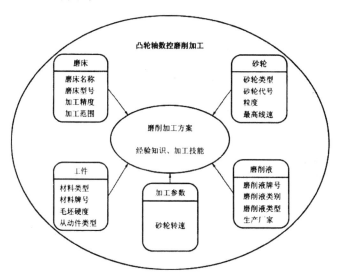

图 5-6 凸轮轴数控磨削加工过程各实体关系示意图

凸轮轴数控磨削加工过程中的各种有关信息分为四类变量,包括输入类、控制类、过程类及输出类。其中,输入类变量主要用来描述待加工工件的几何或特征信息,控制类变量用来描述加工工艺环境和加工工艺参数,过程类变量用来描述加工过程的变动情况,输出类变量用来对加工结果进行描述[①]。四类变量之间的关系为，在已知当前加工输入类变量（工件材料、毛坯硬度、毛坯余量、基圆半径、凸轮片厚度、总长）的前提下，为了达到输出类变量要求（波纹度、最大升程误差、相邻最大误差、表面烧伤程度、表面粗糙度、加工效率、加工成本），在凸轮轴数控磨削加工中合理选择控制类变量的取值（凸轮轴磨床、砂轮、磨削液、加工参数等），同时实现过程类变量（磨削力、磨削温度、砂轮磨损等）在要求范围内，如图 5-7 所示。

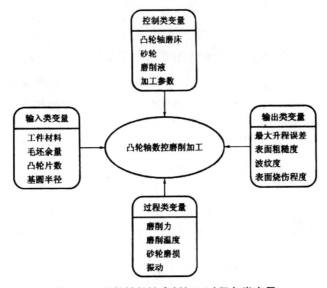

图 5-7　凸轮轴数控磨削加工过程各类变量

　　凸轮轴磨削智能数据库的主要功能是实现凸轮轴数控磨床、砂轮、磨削液、工艺实例、工艺知识等信息的录入、删除、修改，为凸轮轴数控磨削智能专家系统运行过程提供数据保障。

5.4.2 磨削智能数据库结构与子库模型

　　根据以上对凸轮轴磨削智能数据库功能的分析，总结国内外切削磨削数据库的发展、应用情况，并采集国内凸轮轴数控磨床生产厂家、凸轮轴数控磨削制造厂家的建议，将凸轮轴磨削智能数据库的系统总体结构定义为如图 5-8 所示。

---

① 邓朝晖，万林林，邓辉，等.智能制造技术基础 [M].武汉：华中科技大学出版社，2017.

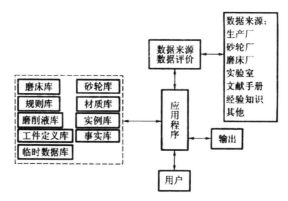

图 5-8 凸轮轴磨削智能数据库总体结构

从图 5-8 中可以看出,凸轮轴磨削智能数据库包括磨床库、砂轮库、磨削液库、材质库、工件定义库、实例库、规则库及临时数据库。应用程序是凸轮轴数控磨削工艺智能专家系统与工艺数据库交互的接口,专家系统借助于该接口实现对工艺数据库中各子库数据的查询、录入、修改、删除等服务。由凸轮轴磨削智能数据库信息处理,设计系统各子库模型及数据库表。

5.4.3 磨削工艺智能应用系统

针对凸轮轴数控磨削加工建立的完整工艺智能应用系统如图 5-9 所示。

图 5-9 凸轮轴数控磨削工艺智能应用系统

工艺智能应用系统结构设计为三层分布式结构体系,如图 5-10 所示。所有工艺数据(包括专家知识)都置于数据库服务器中,以便于数据的集中维护与管理。应用程序服务器专门用来响应客户端的数据访问请求并及时提供数据支持服务。客户端可以完成凸轮轴磨削工艺问题的处理及求解的各种操作。

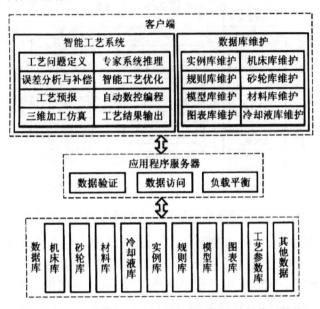

图 5-10　凸轮轴数控磨削工艺智能应用系统的体系结构

凸轮轴数控磨削工艺智能应用系统总体主要由数据库、应用程序服务器、数据库维护、智能工艺系统四大部分构成。数据库集成了机床库、砂轮库、材料库、冷却液库、实例库、规则库、模型库、图表库、工艺参数库和其他数据,涵盖了磨削工艺领域的各个重要环节,并存储了大量的相关工艺数据。应用程序服务器承担数据验证、数据访问响应和平衡网络访问负载等功能。

客户端智能工艺系统主要包括工艺问题定义、专家系统推理、误差分析与补偿、智能工艺优化、工艺预报、自动数控编程、三维加工仿真、工艺结果输出八个重要功能。

凸轮轴数控磨削工艺智能应用系统从工艺问题定义开始,以交互方式完成,系统自动产生该零件的工艺问题空间描述信息模型。结合数据库知识,基于"实例 + 规则推理"的混合专家系统对该模型进行求解,得到新的工艺实例。系统对求解所得的工艺实例进行后续工艺处理、加工质量预报、误差分析补偿、三维虚拟加工仿真等。通过这一系列处理后,该工艺实例的工艺性能基本确定,可针对性地对其进行工艺参数优化。基于优化后的工艺方案,自动编程模块结合数控系统信息实现凸轮轴数控磨削的自动编程。凸轮轴数控磨削工艺智能应用系统工作流程如图5-11所示。

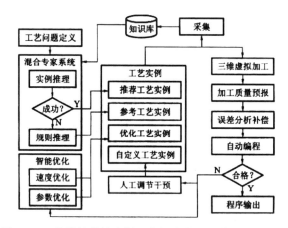

图 5-11 凸轮轴数控磨削工艺智能应用系统工作流程图

若实例推理未能成功推理出工艺实例,或用户对推理结果不满意,混合型专家系统可自动进行基于元知识的规则推理,并形成一条完整的新磨削工艺方案。规则推理过程如图 5-12 所示。规则推理采用优化的正反向混合推理方法,以置信度和活性度综合排序方式实现冲突消解,以路径跟踪法实现整个推理过程的解释说明,对规则推理后得到的磨削工艺参数取值采用人工神经网络和遗传算法的混合智能优化技术进行编码寻优。

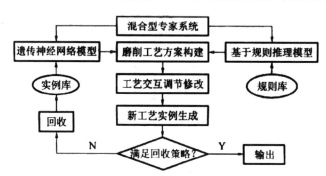

图 5-12 混合型专家系统规则推理过程

第 6 章　智能制造过程的智能监测、诊断与控制

随着信息技术、传感器技术、计算机技术、互联网技术的飞速发展,以及生产中人们对加工质量要求的不断提高,通过对加工过程参数实施监测并通过主被动控制的方法对不利于产品高质量生产的加工过程进行干预的智能加工技术受到广泛关注。随着科学技术的发展和多品种小批量自动化生产要求的产生,制造过程的智能监测、诊断和控制已越来越受到人们的重视,并已在一些工厂中得到实际应用。为确保制造系统可靠高效地运行,必须利用监测系统对其运行过程进行实时监测,以及时发现运行中的故障,并对故障进行诊断和控制。本章主要对智能制造过程中的智能监测、智能诊断、智能预测、智能控制等技术进行详细叙述,并列举了其应用案例。

6.1　概　述

当今是信息化时代,在制造过程现代化的过程中,已大量涌现以计算机为核心的监测和控制相结合的实用系统。伴随着这种系统的发展,一些先进技术,如信号传感技术、数据处理技术及微机控制技术正在飞速发展。

电子测量仪器、自动化仪表、自动化测试系统、数据采集和控制系统在过去是分属于各学科和领域各自独立发展的。由于制造过程自动化的需求,它们在发展中相互靠近,功能相互覆盖,差异缩小,其综合的目的是为提高人们对制造过程全面的监测和控制等多方面的能力。与此同时也对监测、控制技术本身提出了高技术的要求,如高灵敏度、高精度、高分辨率、高速响应、高可靠性、高稳定性及高度自动化智能化等。

6.1.1 加工过程的智能监测与控制的目的

制造过程中的状态监测主要是对制造系统的一些关键参数进行有效的测量和评估。现代制造系统中,为了保障自动化加工设备的安全和加工质量,迫切需要解决加工过程的监控问题。为实现高效低成本加工,现代自动化加工设备采用了更高的切削速度,切削过程的不稳定性和意外情况比传统加工高得多。智能状态监测技术的发展使传统的状态监测逐渐摆脱对专家知识的依赖,它将来自制造系统的多传感器在空间或时间上的冗余或互补信息通过一定的准则进行组合,便于挖掘更深层次、更为有效的状态信息。

6.1.2 智能监测与控制的内容

智能加工技术通过借助先进的检测、加工设备及仿真手段,实现对加工过程的建模、仿真、预测,对加工系统的监测与控制;同时,集成现有加工知识,使得加工系统能根据实时工况自动优选加工参数、调整自身状态,获得最优的加工性能与最佳的加工质效[①]。

(1)加工过程仿真与优化。针对不同零件的加工工艺、切削用量、进给速度等加工过程中影响零件加工质量的各种参数,通过基于加工过程模型的仿真,进行参数的预测和优化选取,生成优化的加工过程控制指令。

(2)过程监控与误差补偿。利用各种传感器、远程监控与故障诊断技术,对加工过程中的振动、切削温度、刀具磨损、加工变形以及设备的运行状态与健康状况进行监测;根据预先建立的系统控制模型,实时调整加工参数,并对加工过程中产生的误差进行实时补偿。

(3)通信等其他辅助智能。将实时信息传递给远程监控与故障诊断系统,以及车间管理 MES 系统。

加工过程中传感器与检测系统通过实时拾取机床加工过程信息,并传递给机床的远程监控及控制系统,实现产品加工的动态控制。加工过程的智能监测与控制在智能制造技术的实现中起着十分关键的作用。

---

① 韩振宇,李茂月.开放式智能数控系统[M].哈尔滨:哈尔滨工业大学出版社,2017.

6.1.3 加工过程的智能监测与控制发展趋势

加工过程的智能监控技术的发展趋势主要包括:

(1)加工过程监控更适合于精密加工和自适应控制的要求。

(2)由单一信号的监控向多传感器、多信号监控发展,充分利用多传感器的功能来消除外界干扰,避免漏报误报情况。

(3)智能技术与加工过程监控结合更加紧密;充分利用智能技术的优点,突出监控的智能性和柔性。

(4)提高监控系统的可靠性和实用性。例如,基于人工智能的状态监测策略、基于统计学习的状态监测策略和基于多传感器信息融合的状态监测策略等方向的研究。

6.2　智能监测

随着计算机技术、信息技术、精密加工等技术的发展,一些新的技术如机器视觉、声发射技术、热红外技术等实现了加工过程参数的智能监测,为智能制造技术的实现奠定了基础。智能制造就是以信息流全局监控为基本线索,通过制造与服役过程的精确调控加以体现,而状态监测传感技术是其中的重要环节。本节将介绍刀具、机床、几何量、智能传动及油液等在线监测应用中监测技术的特点及未来发展趋势。

6.2.1 刀具磨损的在线监测技术

在智能制造过程中,不再像传统制造那样需要依靠人工来判断刀具的磨损状态,而是可以通过自动实时监测一些切削过程中的物理量来实现刀具磨损状态的监测,以确定是否需要更换刀具,从而确保加工的连续性以及更好的加工质量。刀具磨损的在线监测有多种方法,包括切削力监测技术、振动监测技术、声发射信号监测技术、基于电流和功率的监测技术、切削温度监测技术、表面粗糙度监测技术、声音监测技术等。

随着难加工材料的应用和超高速切削技术的不断推广,刀具振动成了提高机床加工效率的障碍之一。特别是铣削加工等方式,由于刀具具有较大的长径比,因此刀具往往是机床刚度最薄弱的环节,刀具振动(如不平衡振动与颤振）的产生直接影响了加工精度和表面粗糙度。加工中刀具的振动还导致刀具与工件间产生相对位移，使刀具磨损加快，甚至产生崩刃现象，严重降低刀具寿命；此外，振动使得机床各部件之间的配合受损，机床连接特性受到破坏，严重时甚至使切削加工无法继续进行。为减小振动，有时不得不降低切削用量，甚至降低高速铣削加工速度，使机床加工的生产率大大降低。因此，为了提高机床加工效率，保障产品加工质量和精度，对高速铣削过程中刀具的振动监测具有重要意义。

实际上，刀具振动是刀具在切削过程中因主轴－刀具－工件系统在内外力或系统刚性动态变化下在三维空间内所发生的不稳定运动，它的位移具有方向性，且是一个空间概念：（1）刀具刀尖平面到工件表面纵向的垂直位移；（2）刀具刀尖在平行于工件表面的平面内所产生的横向位移；（3）因刀具扭转振动所产生的刀尖平面与工件表面的夹角。在高速铣削加工过程中，外部扰动、切削本身的断续性或切屑形成的不连续性激起的强迫振动、因加工系统本身特性所导致的自激振动和切削系统在随机因素作用下引起的随机振动直接导致刀具三维振动轨迹在时间、方向和空间上的变化。因此，刀具的三维振动特征，即纵向振动位移、横向振动位移和刀具扭转振动角度的动态检测，能帮助快速、全面、准确地识别高速铣削刀具的不稳定振动行为。

声发射刀具磨损监测技术是近年来声发射在无损检测领域方面新开辟的一个应用领域，目前被公认为是一种最具潜力的新型监测技术。声发射的原理是当工件材料在外力作用下发生塑性变形时会引起应变能的迅速释放，从而随之释放出瞬态弹性波。这些释放出来的弹性波直接来源于切削加工点，通过工件传递并被采集监测，其频率和幅值与刀具磨损状态具有较高的相关性，一般处于 50 kHz 以上的高频段，所以声发射信号受切削条件变化的影响较小，此外还具有响应速度快、灵敏度高、安装使用较为方便并且对切削加工过程无干涉等优点。如果是在正常的磨损状态下，声发射信号则呈现连续性；一旦刀具发生破损后，声发射信号则转变成幅值较高的非连续性突发信号[1]。

在刀具磨损过程中，电机的电流随刀具磨损程度逐渐增大，与此同时负载功率也会随之增大，因此可根据此规律来判别刀具的磨损状态变化。但这种情况下电流信号的灵敏度并不高，特别是在一些精加工中，机床的功耗随刀具的磨损变化并不明显，且电压是否稳定对信号具有较大的影

① 王燕山，胡飞，张梅菊，等.智能制造中的状态在线监测技 [J].测控技术，2018，37（05）：3-8, 19.

响,所以这种监测方法在实际应用中具有一定的局限性,更适合于粗加工场合。研究发现:随着刀具的磨损加重,切削功率、主切削力、电机电流均会逐渐增加,并通过计算建立了切削功率、电机电流与刀具磨损之间的理论模型。最后通过分析其实验结果表明:刀具从新刀至刀具失效破损的过程中,切削功率增加了 20% ~ 22%,所以可以利用该方法来有效识别刀具的破损情况。

在切削工件的过程中,刀具与工件接触做功时会产生热量,即切削热,该热量值还会随刀具的磨损加剧而大幅度增加。因此通过监测切削热的变化也可以实现刀具磨损状态的监测。目前测量切削温度的主要方法包括热电偶测温法、红外测量法等,分别利用热电偶测出切削区域和刀尖周围某点的平均温度变化以及红外测温法测出切削区域温度场的分布情况差异来实现刀具磨损状况的判别。这些方法由于切屑散热量的不确定性,导致存在测量温度不稳定的缺点,因此发展前途有限。

刀具刀刃锋利度、切削速度以及几何尺寸都会影响工件表面粗糙度,因此工件表面粗糙度会随着刀具磨损程度的变化而变化,据此可以间接反映刀具的磨损状态。因此可以先建立刀具在不同磨损状态下所加工零件表面的粗糙度基准,再通过实时测量工件表面的粗糙度并同基准的粗糙度对比,从而确定刀具的磨损范围。测量方法主要有两种:接触式划针静态测量法和非接触式光学反射测量法,这两种方法测试效率高,但是影响因素多,因此距实用还有一定距离。声音信号是由工件与切屑刀具表面的摩擦振动产生的,其频域及时域参数与刀具磨损程度相关,因此提供了一种新的监测刀具磨损的方法:利用声音信号的变化来监测刀具磨损。由于声音信号处于低频段,与声发射信号相比,抗周围环境尤其是噪声干扰的能力较弱。研究发现:利用切削的声音信号来提取与刀具磨损相关的特征参数,其研究表明:声音信号会随着刀具磨损的加剧逐步出现高频分量,且幅值会不断变大,此研究说明了利用声音信号的变化来监测刀具磨损的可行性[①]。

6.2.2 数控机床健康状态在线监测技术

数控机床健康预测系统需要具备以下两个特征。

(1)具备对自身和其关键部件状态的感知能力,如机床的振动、负载

---

① 王燕山, 胡飞, 张梅菊, 等.智能制造中的状态在线监测技术[J].测控技术, 2018, 37 (05): 3-8,19.

状态、位移、温升状态等，通过一系列的传感器实现对机床健康状态和运行状态进行监控。

（2）具备通信和人机交互能力，其数控系统不仅是运动的控制器，还是工厂网络的一个节点，要能实现与机床、客户、车间管理系统和物料流管理系统之间实时通信，以提高机床的使用效率和效益。

在加工过程中，如果机床出现故障会对液压油箱、主轴箱等关键设备的物理状态造成巨大影响，在这种情况下，传统的机床监测系统通过采用有线传感器网络的方式对机床关键设备进行状态监测，进而降低这种影响。然而，虽然这种网络可以在一定程度上降低硬件成本，但同时也会带来诸多安装和使用问题，例如机床床身的剧烈震动可能会造成数据处理模块与传感器模块之间通信线缆的折断；通信线缆过短就会出现无法适应不同类型机床需求的问题，而当通信线缆过长时则可能造成数字信号的衰减；当采用集中连接方式时，会造成传感器模块的更换和维修更加困难等问题。

对机床状态的感知问题可以通过机床自身的通信接口或新增传感器解决。对于没有开放式标准通信协议接口的机床，则可以使用电压电流传感器对机床的伺服电机电流、主轴驱动电流、三相电电流电压等进行监测；如果电压电流在不同状态下的变化不明显时，可以采用其他类型的传感器进行辅助监测，并通过一定的识别方法综合判断机床的运行状态；如果厂家提供了开放式的通信接口和通信协议，则可以直接采用。

对于状态数据的无线传输问题可以采用物联网技术解决。物联网体系结构中主要是通过最基层的感知与控制层来转换与采集传感信息。感知控制层主要由近距离通信以及数据采集部分组成，其中数据采集功能主要通过视频图像采集技术、二维条码技术、传感器技术采集被监测对象的初始物理信息，并且将这些物理信息转变成数字信息。近距离通信技术则指数据在200 m范围内的传输技术，主流技术分为RFID、WiFi蓝牙、ZigBee等。RFID是指无线射频识别技术，其优点是标签便宜、读写速度快、使用寿命长，缺点是读写距离较短。WiFi技术也被称为WLAN技术，它能够将手持设备、个人电脑等终端采用无线方式互相连接，其优点是传输速度快，缺点是功耗相对较高。蓝牙是一种低成本大容量的近距离无线通信规范，其优点是设备的主端口与从端口配对时间较长，重启连接机制也较为复杂，传输的距离比较近。基于IEEE 802.15.4标准低功耗局域网协议的ZigBee技术，已被大规模用于智能医疗、智能家居、工业控制等领域。但ZigBee的工作频段（2.4 GHz）与WiFi和蓝牙互相重叠并且不支持自动调频，因此当这些网络共存时，ZigBee信号将会被严重干扰。

以上 4 种主流近距离通信技术各有其优缺点,设计者应根据所使用环境的具体需求来选择合适的技术。在实际使用时,常采用融合两种或两种以上近距离通信技术的设计方法,以使物联网系统能够同时拥有更低的使用功耗和更远的通信距离。

6.2.3 几何量的在线监测技术

随着图像处理、计算机和成像器件等先进技术的快速发展,机器视觉零件在几何量测量中应用得越来越广泛。机器视觉主要利用计算机来模拟人或者再现与人类视觉有关的某些智能行为,从客观事物的图像中提取信息,分析特征,最终用于如工业检测、工业探伤、精密测控、自动生产线及各种危险场合工作的机器人等。机器视觉测量作为一种非接触测量方法,具有不接触被测对象的优点,从而可以避免损坏被测对象,因此适合于易变形零件或高压、高温等环境危险场合。另外,由于机器视觉系统还具有通过一幅图像测量多个几何量的特点,可极大地提高测量效率,因此在在线测量中具有很大的应用前景,如螺纹和齿轮的热成型零件测量、在线测量等。对于流水生产线而言,采用专用的测量设备,不但不能保证在线检测,且检测效率也很低。所以,对于像螺纹、齿轮这样轮廓复杂的零件,采用机器视觉可以利用零件图像来快速获取轮廓的信息,进而满足在线实时测量的需求,及时掌握生产状况;对于像热成型这样的零件,可以借助该系统不接触采集零件的图像的特点,经以太网将图像数据送入远处计算机进行处理,可轻松地使测量精度达到微米甚至更高。

6.2.3.1 机器视觉测量原理

视觉系统的输出并非视频信号,而是经过运算处理后的检测结果,采用 CCD 摄像机将被摄取目标转换成图像信号,传送给专用的图像处理系统,根据像素分布和亮度、颜色等信息,通过模数转换器转换成数字信号;图像系统对这些信号进行各种运算来提取目标的特征(面积、长度、数量和位置等);根据预设的容许度和其他条件输出结果(尺寸、角度、偏移量、个数、合格/不合格等);上位机实时获得检测结果后,指挥运动系统或 IVO 系统执行响应的控制动作。这里以双目机器视觉的信息获取详细介绍机器视觉的工作原理。

(1)双目视觉的信息获取。双目视觉是机器视觉的重要分支之一,它由不同位置的两台摄像机经过移动或旋转拍摄同一幅场景,获得图像信息,通过计算机计算空间点在两幅图像中的视差,得到该物体的深度信息,获得该点的坐标,即视差原理。双目视觉系统的传感器代替了人的眼睛,计算机代替了人的大脑,通过匹配算法找到多幅图片中的同名点,从而利用同名点在不同图片中的位置不同产生相差,采用三角定位的方法还原出深度信息。双目视觉系统测量原理如图6-1所示。

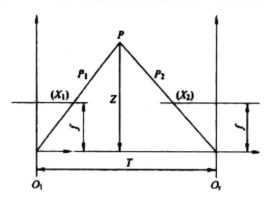

图6-1 双目视觉系统测量原理

其中 O_1 和 O_r 是双目系统的两个摄像头,P 是待测目标点,左右两光轴平行,间距是 T,焦距是 f。对于空间任意一点 P,通过摄像机 O_1 观察,看到它在摄像机 O_1 上的成像点为 P_1,X 轴上的坐标为 X_1,但无法由 P 的位置得到 P_1 的位置。实际上 O_1P 连线上任意一点均是 P_1。所以,如果同时用 O_1 和 O_r 这两个摄像机观察 P 点,由于空间 P 既在直线 O_1P_1 上,又在 O_rP_2 上,所以 P 点是两直线 O_1P_1 和 O_rP_2 的交点,即 P 点的三维位置是唯一确定的。

$$d=X_1-X_2$$

$$\frac{T-d}{Z-f}=\frac{T}{Z}$$

进而可得

$$Z=\frac{fT}{d} \tag{6-1}$$

由式(6-1)可知,视差与深度成反比关系。同时易知,可通过同一点在左右摄像头中成像位置不同产生的视差计算该点的深度信息,即只要能够在两摄像头拍摄到的图片中确定同一个目标,就能得知该目标的坐标,而难点在于分析视差信息。传统的图像匹配算法需要进行大量的循环运算完成这一过程,对于实时性要求较高的工程应用,还必须对图像匹配的过程进行优化,提高算法的实时性。

(2)双目视觉的信息处理。基于双目视觉系统的障碍物检测是障碍物检测中比较常用的方法,相比超声波等其他检测方法,视觉系统接收的信息包含更加广泛的数据,可以检测到更多其他方法监测不到的信息。基于双目视觉系统的障碍物检测通常按以下步骤进行处理。

①图像采集。双目视觉系统利用两个摄像头从不同的角度同时拍摄照片,获得待处理的图片。

②图像分割。通过阈值法、边缘法、区域法等图像分割方法将目标从图像背景中分离出来。

③图像匹配。图像分割后,对多幅图片进行同名点匹配,从匹配结果中可以获得同一目标在多幅图片上的视差,最后计算出该目标的实际坐标。

目标匹配是双目视觉系统信息处理的关键技术。目前常用的目标匹配算法可分为两类:一类为局部匹配,如在一定区域内寻找最小误差的区域匹配、通过梯度优化,使得某度量函数的相似性最小化的梯度优化算法、对数据可靠性特征进行匹配的特征匹配算法等;另一类为全局匹配,如动态规划、非线性融合、置信度传播和非对应性方法等。

6.2.3.2 基于机器视觉的零件表面缺陷检测

工业产品的表面缺陷会对产品的美观度、舒适度和使用性能等带来不良影响,所以生产企业要对产品的表面缺陷进行检测以便及时发现并加以控制。

机器视觉的检测方法可以很大程度上克服人工检测方法的抽检率低、准确性不高、实时性差、效率低、劳动强度大等弊端,在现代工业中得到越来越广泛的研究和应用。

机器视觉软件系统除具有图像处理和分析功能外,还应具有界面友好、操作简单、扩展性好、与图像处理专用硬件兼容等优点。国外视觉检测技术研究开展较早,已涌现了许多较为成熟的商业化软件,应用比较多的有 HALCON、HexSight、Vi-sion Pro、LEADTOOLS 等。例如,HexSight 的定位工具是根据几何特征、采用轮廓检测技术来识别对象和模式的。在图像凌乱、亮度波动、图像模糊和对象重叠等方面有显著效果。HexSight 能处理自由形状的对象,并具有功能强大的去模糊算法。HexSight 软件包含一个完整的底层机器视觉函数库,可用来建构完整的高性能 2D 机器视觉系统,可利用 Visual Basic、Visual C ++ 或 Borland Dephi 平台方便地进行二次开发。其运算速度快,具有 1/40 亚像素平移重复精度和 0.050 旋转重复精度。此外,内置的标定模块能矫正畸变、投影误差和 $X\text{-}Y$ 像素比误差。完整的检测工具包含硬件接口、图像采集、图像标定、图像预处理、几何定位、颜色检测、几何测量、Blob

分析、清晰度评价（自动对焦）、模式匹配、边缘探测等多种开放式体系结构，支持 DireetShow、DCam、CigE vision 等多种通用协议，几乎与市面上所有商业图像采集卡，以及各种 USB.1394 及 GigE 接口的摄像机兼容。[①]LEADTOOLS 在数码图像开发工具领域中已成为全球领导者之一，是目前功能强大的优秀的图形、图像处理开发包，它可以处理各种格式的文件，并包含所有图形、图像的处理和转换功能，支持图形、图像、多媒体、条码、OCR、Intermet DICOM 等，具有各种软硬件平台下的开发包。此外，还有 Dalsa 公司的 Sherlock 检测软件，日本的 OMRON 和 Keyence，德国 SIEMENS 等，这些机器视觉软件都能提供完整的表面缺陷检测方法。国内机器视觉检测系统开发较晚，相关的企业主要是代理国外同类产品，提供视觉检测方案和系统集成，其中具有代表性的企业有凌华科技、大恒图像、视觉龙、凌云光子、康视达、OPT、三姆森和微视图像等。

机器视觉表面缺陷检测系统软硬件设计如下所述。

（1）硬件系统设计。本系统的总体设计主要包括两大部分：一是软件设计、二是硬件设计。按照功能，整个系统可以分成四个模块：光源（硬件）、摄像机（硬件）、图像处理模块（软件）和自动检测结果的输出与储存（软件），缺陷检测系统：置于载物台上的待检测零件，在均匀光照环境下，通过 CCD 摄像机获取零件的图像，采用 Gigh Vision 技术，通过数据线将数字图像输入计算机进行图像处理，提取特征参数，并应用模式识别技术对特征参数进行识别和分类，从而完成系统的检测任务。

（2）软件系统设计。将采集到的零件图片通过缺陷检测软件进行检测，才能对零件的质量等级进行评估，从而掌握零件的质量状况。缺陷检测软件可以对图像进行预处理、图像分割、缺陷特征提取、质量等级评定等任务。检测软件需要利用具有强大功能的开发工具进行开发，如 MATLAB7.10 编程环境。缺陷检测系统主要包括四个模块：读入图像、图像处理、缺陷后处理、缺陷识别和质量等级评定。

①图像读入模块。可将采集到的图像读入该检测系统当中，通过刷新按钮可以对输入图像进行更换。

②图像处理模块。包括图像背景的分割、图像增强和缺陷的提取。背景分割模块是将零件图像从图像背景中分割出来，通过设计两种不同的双结构元素，采用一系列的形态学处理，分割图像背景。图像增强模块采用了灰度图像均衡化的方法，对图像进行增强，以增加图像的对比度。

① 汤勃，孔建益，伍世虔. 机器视觉表面缺陷检测综述 [J]. 中国图像图形学报，2017, 22（12）:1640-1663.

缺陷提取模块是将缺陷从零件表面中提取出来的一个模块,通过基于小波变换和 Olsu 相结合的改进算法来实现缺陷的分割。

③缺陷后处理模块。该模块是对提取出来的零件缺陷进行一些必要的后处理,包括形态学处理和边缘检测。形态学处理模块是对缺陷进行填充、修补的一个后处理模块,通过该模块处理后,零件缺陷将达到最接近原缺陷的一种状态。边缘检测是对修补后的缺陷进行边缘检测,从而更好地进行测量。该模块是通过一种基于小波变换和 Canny 算子相结合的算法来实现的。通过该模块处理后,缺陷的边缘得到了很好的检测。

④缺陷识别和零件质量等级评定模块。缺陷识别模块是对处理后的缺陷图像进行特征的提取,并且建立相应的参数库来训练缺陷分类器的一种模块。如 BP 神经网络分类器,通过采用大量的训练样本,可使分类器达到识别率较高的一种状态。通过缺陷识别模块后,缺陷将被分成点状缺陷、麻点缺陷、坑状缺陷或者线装缺陷。质量等级评定模块是对零件进行总体的质量评估,首先对缺陷的阈值进行计算,将该阈值与给出的质量等级评定标准进行比较,从而得出零件的质量等级。该模块根据质量由好到差,将评估的等级分为一级到五级零件。读入的图像是一幅含有线状缺陷的零件,通过图像处理模块得到零件的缺陷图像。经过缺陷后处理操作,可提取缺陷的边缘。通过缺陷识别,可将缺陷进行正确的分类。通过质量等级模块处理,可得到零件的阈值和质量等级。

6.2.4 智能传动装置中的状态监测技术

智能传动装置是一种不同技术融合的装置,通过将网络技术、总线技术、信息技术、数字技术与传统动力传动技术相融合,实现密封、气动、液压、齿轮、轴承等传动件的在线自我诊断、在线监测、自我修复、实时控制及多种元件与功能的集成装置。智能化轴承与智能化密封是两种典型的智能传动装置。智能化轴承通过动态监测轴承信号(速度、加速度、温度、磨损、噪声),并且融合功能一体化与性能多样化要求,实现轴承的智能监控与早期预警。智能化密封通过适合密封件尺寸的具有集成功能的传感器实现密封状态的监测,并根据密封件的使用状况,预测密封寿命、监测密封水平、调整密封压力,可以大幅度提高密封的安全性与可靠性。

近些年来,声发射作为一种新型检测方法得到关注。声发射法具有安装方式简单,能够得到根据载荷、温度等参数变化产生实时信息变化的特点,可用于预防由于不明缺陷导致的事故。所以该方法适用于生产过程监控以及早期预警。其缺点在于不能反映静态时的受力信息,容易受到外界噪声干扰。

6.2.5 油液状态在线监测技术

通过监测油液的相关参数变化可以对机械设备的故障进行诊断与预测。油液状态监测的参数包括几个方面：理化性能监测、污染度监测、金属磨粒监测等。理化性能监测的指标包括介电常数、黏度、水分、总碱值、闪点、总酸值等指标；污染度监测是对油液中颗粒的分布情况、大小尺寸和数量进行监测；金属磨粒监测流动油液中金属颗粒种类、大小、数量、质量等信息。

油液污染度在线监测传感器可以对油液污染度实现在线实时监测。它将光束射入样品油液中，采用光阻法测量油液污染的颗粒大小。如果有颗粒出现，就会阻挡光线，造成光能的降低，通过检测透过的光能的降低可间接地计算出污染颗粒的大小。

油液金属磨粒在线监测传感器可以实现油液金属磨粒材质与尺寸的实时在线监测。它包括3个线圈，采用交流电对其中两个激励线圈进行驱动，使传感线圈产生相反的磁场。当油液通过激励线圈时，油液中的金属颗粒对线圈中产生的磁场产生扰动，这种扰动能够产生感应电压并被准确识别。通过分析传感线圈输出信号的幅值和相位来确定颗粒的尺寸和类型。

油液品质在线监测传感器可以实现油液介电常数、黏度等参数的在线监测。介电常数可以通过测量圆筒电容值来实现。音叉晶体的等效阻抗和频率响应与黏度具有良好的相关性，可以通过音叉晶体的逆压电效应，将油液的黏度信号转换为电信号输出。

6.3　智能诊断

智能故障诊断以人类思维的信息加工和认识过程为研究基础，通过有效地获取、传递、处理、共享诊断信息，以智能化的诊断推理和灵活的诊断策略对监控对象的运行状态及故障作出正确判断与决策。智能故障诊断已经成为故障诊断领域中最活跃的研究之一，本节仅从智能识别、大数

据和寿命预测 [1] 三个方面对其进行简要阐述。

6.3.1 智能识别

华南理工大学李巍华等 [2] 提出了基于一种双层萤火虫改进算法,减小了训练误差,提升了训练效率、故障识别率。英国思克莱德大学 Al-Bughabee 等 [3] 首先通过奇异谱分析做信号预处理,再使用自回归模型诊断故障,可对存在的故障进行完整和高精度的识别。袁建虎 [4] 提出了一种基于小波时频图和卷积神经网络的滚动轴承智能故障诊断方法,该方法能有效识别滚动轴承的故障类型,改进的 CNN 具有较强的泛化能力、特征提取和识别能力。田书 [5] 提出将改进变分模态分解能量熵与支持向量机相结合的断路器故障诊断新方法,所提方法在少量样本情况下仍能有效提取断路器的运行状态并对故障进行分类。陈超 [6] 根据获取的可用数据不足提出一种基于辅助数据的增强型最小二乘支持向量机迁移学习策略来诊断数据量不足时的轴承故障诊断,相比传统机器学习,基于此方法的模型在诊断轴承故障时性能提升显著。司景萍 [7] 将小波包信号处理技术与模糊神经网络结合,研究了基于模糊神经网络的智能故障诊断专家系统。刘建强 [8] 提出了一种基于小波包分解和集合经验模态分解的列车转向架轴承智能故障诊断方法,能够充分提取故障特征,准确识别轴承故

① 陈国梁,岳夏,周超,等.机械故障诊断技术机遇与挑战[J].机电工程技术,2020,49(10):1-4.
② 李巍华,翁胜龙,张绍辉.一种萤火虫神经网络及在轴承故障诊断中的应用[J].机械工程学报,2015,51(7):99-106.
③ Al-Bugharbee H.Trendafilova I.A fault diagnosis methodology for rolling element bearings based on advanced signal pretreatment and autoregressive modelling[J].Joumal of Sound and Vibration, 2016(369):246-265.
④ 袁建虎,韩涛,唐建,等.基于小波时频图和CNN的滚动轴承智能故障诊断方法[J].机械设计与研究,2017,33(2):93-97.
⑤ 田书,康智慧.基于改进变分模态分解和SVM的断路器机械故障振动分析[J].振动与冲击,2019,38(23):90-95.
⑥ 陈超,沈飞,严如强.改进LSSVM迁移学习方法的轴承故障诊断[J].仪器仪表学报,2017,38(01):33-40.
⑦ 司景萍,马继昌,牛家骅,等.基于模糊神经网络的智能故障诊断专家系统[J].振动与冲击,2017,36(04):164-171.
⑧ 刘建强,赵治博,任刚,等.基于小波包分解和集合经验模态分解的列车转向架轴承智能故障诊断方法[J].铁道学报,2015,37(7):40-45.

障。曲建岭[①]提出了一种基于一维卷积神经网络的滚动轴承自适应故障诊断算法,轴承数据库实验表明算法能够实现高达 99% 以上的故障识别准确率。李奕江[②]基于 VMD-HMM 的滚动轴承磨损状态识别方法,对滚动轴承磨损状态识别率较高。Rajeevan[③]将无监督学习和认知建模相结合,有效地检测、分类诊断中已知和未知故障。Wang[④]提出了一种基于甲壳虫天线搜索的支持向量机(BAS-SVM)的风电机组滚动轴承智能故障诊断方法,识别准确率达 100%。张鑫[⑤]提出了基于拉普拉斯特征映射和深度置信网络的半监督故障识别,增强了特征提取的智能性,提高了分类精度。胡茑庆[⑥]提出一种基于经验模态分解和深度卷积神经网络的智能故障诊断方法,准确、有效地对行星齿轮箱的工作状态和故障类型进行分类。

6.3.2 大数据智能诊断

Jia[⑦]提出一种利用频谱对深度神经网络进行训练的旋转机械故障诊断方法。该方法能够自适应地从滚动轴承和行星齿轮箱的大量样本中提取故障特征,提高了诊断精度,对基于大数据的故障诊断具备指导意义。胡军[⑧]提出了基于大数据挖掘技术的设备故障诊断方法,能够有效挖掘

① 曲建岭,余路,袁涛,等.基于一维卷积神经网络的滚动轴承自适应故障诊断算法[J].仪器仪表学报,2018,39(7):134-143.
② 李奕江,张金萍,李允公.基于 VMD-HMM 的滚动轴承磨损状态识别[J].振动与冲击,2018,37(21):61-67.
③ Rajeevan Arunthavanathan, Faisal Khan.Fault detection and diagnosis in process system using artificial intelligence-based cognitive technique[J].Computers and Chemical Engineering, 2020(134):106697.
④ Zhenya Wang, Ligang Yao.Mahalanobis semi-supervised mapping and beetle antennae search based support vector machine for wind turbine rolling bearings fault diagnosis[J].Renewable Energy, 2020(155):1312-1327.
⑤ 张鑫,郭顺生,李盖兵,等.基于拉普拉斯特征映射和深度置信网络的半监督故障识别[J].机械工程学报,2020,56(1):69-81.
⑥ 胡茑庆,陈徽鹏,程哲,等.基于经验模态分解和深度卷积神经网络的行星齿轮箱故障诊断方法[J].机械工程学报.2019,55(7):9-18.
⑦ Feng Jia, Yaguo Lei, Jing Lin, et al.Deep neural networks: Apromising tool for fault characteristic mining and intelligent diagnosis of rotating machinery with massive data[J].Mechanical Systems and Signal Processing.2016(72-73):303-315.
⑧ 胡军,尹立群,李振,等.基于大数据挖掘技术的输变电设备故障诊断方法[J].高电压技术,2017,43(11):3690-3697.

出设备状态记录数据内在规律,实现具有数据自适应性、更加准确的设备故障诊断。Melis[①] 提出了基于数据驱动的间歇过程监控框架,在大数据环境下进行在线故障监测与诊断,具有优良性能。Wu[②] 在大数据环境下将机器学习算法应用于数据挖掘阶段,采用混合智能算法,有效地提高了监测诊断的灵敏度、鲁棒性和准确性。

6.3.3 寿命预测

Li[③] 针对系统预测和健康管理上利用模型预测剩余使用寿命中精准模型不可用的问题,提出了一种新的基于数据驱动的深度卷积神经网络预测方法,将采取的原始数据作为输入,避免了直接利用专业知识进行预测,有效提高了预测精度。Xu 等 [④] 基于预先分好的 5 个轴承寿命等级,从振动和声发射中提取的时域特征,提出了一种基于可延长使用寿命的轴承状态连续监测和状态分类的混合模型。西安交通大学雷亚国等 [⑤] 提出自适应多核组合的相关向量机预测方法,并应用于机械剩余寿命预测。Jia[⑥] 提出了一种新的多故障模式下的故障监测与剩余使用寿命预测框架,通过监测故障的发展趋势、预测和识别多故障下的故障模式来进一步估计剩余使用寿命。一种隐半马尔可夫模型方法被用于直升机主变速箱行星齿轮架疲劳裂纹的故障诊断和剩余使用寿命预测,提高了诊断准确性。

① MelisOnel, Chris A.Kieslich.Big data approach to batch process monitoring: Simultaneous fault detection and diagnosis using nonlinear support vector machine-based feature selection[J].Computers and Chemical Engineering.2018（115）: 46-63.
② Tianshu Wu, Shuyu Chen, Peng Wu.Intelligent fault diagnosis system based on big data[J].The Journal of Engineering, 2019（23）: 8980-8985.
③ Xiang Li, Qian Ding, JianQiao Sun.Remaining useful life estimation in prognostics using deep convolution neural networks[J].Reliability Engineering and System Safety, 2018（172）: 1-11.
④ GuanjiXu, DongmingHou, Hongyuan Qi.High-speed train wheel set bearing fault diagnosis and prognostics: A new prognostic model based on extendable useful life[J].Mechanical Systems and Signal Processing, Volume 146, 1 January 2021, 107050.
⑤ 雷亚国, 陈吴, 李乃鹏, 等.自适应多核组合相关向量机预测方法及其在机械设备剩余寿命预测中的应用 [J].机械工程学报, 2016, 52（1）: 87-93.
⑥ Ruihualiao, Kaixiang Peng.Fault monitoring and remaining useful life prediction framework for multiple fault modes in prognostics[J].Reliability Engineering and System Safety, 2020（203）: 107028.

6.4　智能预测

6.4.1 基于大数据的状态预测

在工业系统中,设备的预测性智能维护和效能动态优化是工业大数据的核心应用场景之一,也是实现智能化工业系统最为关键的核心技术之一。对设备性能的预测分析和对故障时间的精准估计,将会量化管理设备运行中的不确定性,并降低这些不确定性的影响,为用户提供预先缓和措施和解决方案,以防止设备运行中的非预期停机损失和事故风险。同时,根据设备的健康状态、外部环境、生产线组织形式和生产目标等多维信息,基于工业大数据的预测性模型对生产线整体的效能进行优化决策支持,从而实现对生产系统成本和效益的深度管理与效益提升。

工业大数据的分析过程包括业务场景分析、数据问题定义、数据场景化、模型建立、模型价值评估及模型部署与实施六大步骤。

第一步,业务场景分析。工业大数据分析不同于互联网,通过数据挖掘来泛泛寻找相关性这种模式在成本上无法承受。工业大数据分析应该从业务入手,在了解行业背景、分析用户痛点之后,制定明确的数据服务目标,定义工业数据分析系统的功能与边界。

第二步,数据问题定义。在确定业务目标之后,需要对问题进行数学化的定义。在工业中,并非所有问题都适用于数据驱动的建模方式。根据数据的数量、质量与可采集变量的完整性,明确数据建模的策略与详细流程。

第三步,数据场景化。原始数据往往因为数据质量、工况完整性、标签缺失等问题无法用来直接建模。在建模之前,有必要检测数据质量,将数据与业务场景相对应,之后提取能够反映建模对象健康状态的特征,为后续模型输入做准备。

第四步,模型建立。这一步与通常意义上的机器学习过程类似。不同的是,在工业数据预测性分析中,建模更强调模型的可靠性、泛化能力以及可解释性。

第五步,模型价值评估。模型本身的性能与准确性不是工业数据分析的唯一衡量标准。如何让模型生成准确的可执行信息,快速支持用户决策,改善设备健康状态,优化运维效率,是建模中需要着重强调的关键评估因素。

第六步,模型部署与实施。模型本身不产生价值,嵌入软件产品中支持业务改善的模型才有价值。与离线验证不同,工业系统的模型上线后,仍需要被维护、管理以及不断迭代,以适应变换的工业场景与可能出现的问题,持续为用户提供设备洞察力,提高生产力。

6.4.2 预测维护管理平台

6.4.2.1 设备运行管理

随着设备在复杂度和设备在生产系统中的重要性的不断提升,管理人员对设备运行状态信息的及时掌握的需求就越来越迫切。通过对设备运行数据的采集和其他相关系统的集成,对设备运行信息的多口径、多数据源的汇总,为设备运行状态的评价、设备健康评估、设备状态维修、管理绩效评价、管理对标提供可靠的数据支撑。卓越设备管理系统根据系统设备台账(主要针对重要的 A 类设备),支撑设备运行数据采集、运行数据管理、运行数据统计、停机管理、设备运行监测。同时,利用网络实现运行信息的远程传送、远程监测和信息推送服务。

(1)设备运行数据采集。

采用针对性的通信接口(如 OPC 协议、MODBUS 协议等)与设备控制系统、生产线控制系统等系统对接,获取设备运行相关的状态数据,如速度、技术参数等。

采用针对性的集成接口(如 Web Services、ODBC、文件等),与第三方系统进行对接,获取设备运行相关的效能数据,如产量、质量、能耗等。

对于上述途径不能获得的重要状态信息,还可以通过额外的传感器等物联网技术手段来获取。对于大型电动机状态监测来说,可以加装振动传感器来实时监测电动机,风机的转子(不平衡、不对中等),轴承(内圈、外圈、保持架、磨损等),齿轮等故障;通过加装温度传感器可以实时监测电动机温度、轴承温度变化情况,从而发现轴磨损、润滑等问题。

(2)运行数据管理。

设备运行数据是典型的来源复杂、实时性强、异构和时序相关的数据。基于 MESA 协会组织提出的 S95 标准来组织与管理这些数据,为后续数据分析及处理奠定基础。

根据数据的特点,EAM 系统在技术上采用实时数据库、关系型数据库和文件数据库三种方式来管理。系统为专门内嵌的实时数据库和实时引擎技术,解决了状态数据的高并发采集、长周期存储和实时推理计算的难题。

实时历史数据库可用于工厂过程的自动采集、存储和监视,可在线存储每个状态过程点的多年数据,如同飞机上的"黑匣子"一样,它提供了清晰、精确的状态数据,可以为设备状态模型,设备运行管理、历史追忆、报表统计提供数据支撑,是智能制造的关键点之一。

(3)设备状态分析。

基于实时数据,采用状态分析算法对设备状态进行实时统计计算,得出相关统计结果,为后续状态评估算法和状态预测提供数据支撑。其中针对状态数据进行挖掘分析和可视化。状态数据的可视化是状态分析的基础要求,直观展示数据的趋势、差异、比较、分布、关联等。数据挖掘分析与建模是近年来随着计算能力的提高和可用数据量急剧膨胀而快速发展起来的大数据分析方法,包括诊断分析、预测分析、关联分析和特征分析等。针对设备状态数据具有的干扰因素多、数据质量不高、数据多维、数据量大的特征,传统的分析方法由于只适用低维度(或只处理一维)数据,或对失效机理有明确期望的分析场合。虽然各类大数据分析算法还在不断成熟和完善的过程中,而对于这种不确定性、原因复杂、大数据量的分析场合,大数据分析方法已显示出明显的优势。

(4)设备停机管理。

停机管理在系统运行监测中具有重要意义。EAM2 系统支持设备开停机详细信息的采集,从设备管理的角度出发进行维护,统计各设备各班的制度时间、负荷时间、设备运行时间、停机时间,为计算设备故障停机率、有效作业率、MTBF、MTTR、OEE 等关键绩效指标提供数据支撑。

(5)设备运行监测。

在智慧工厂内部,采用图形化的界面将设备运行的直观系统展示出来,供设备管理人员、生产管理人员远程查看,实现运行现场的透明化管理。

6.4.2.2 在线状态监测

"状态监测"程序可跟踪资产或位置上的测量数据,并使用该数据来预测何时需要进行预防维护,产生相应的工单。数据的类型可包括振动、压力、温度等。用户可使用"状态监测"应用程序来创建并查看资产和位置上的测点记录,可设定该测点的正常测量值的上下限范围,以及在测量结果超出范围后触发的相应预防维护工单。状态监测是预防维护和基于状态维护的基础工作,包括在线状态监测和离线状态监测。

状态监测标准作为状态监测报警的基础,可实现状态监测指标的定义与维护。

状态监测预警的标准,包括标准编号、类型(在线、离线)、测点名称、所属设备、所属部位、预警标准(规定值、上限、上上限、下限、下下限)、采样频度等。

在线状态监测包括(异常处理)对生产现场设备的运行状态和健康状态进行监控。在线状态监测管理可以实现对设备在线监测结果的记录,在状态监测发现故障后,可以进行报修呼叫并将报修请求上报至报修平台,实现异常跟踪追溯以及运行参数变化趋势展示。

系统支持在线监控、状态预警、状态分析、报修处理等,具体功能如下。

(1)在线监测:以虚拟现实的图形化方式显示设备的运行情况,以及关键监测数据的曲线、列表。

(2)状态预警:根据配置的在线监测标准,自动产生预警系统。在预警中心中,支持配置好的预警处理办法,如短信、系统提示、自动任务等。

(3)状态分析:在采集状态数据的基础上,系统提供曲线、统计方式的分析功能,并结合设备运维数据进行趋势分析。

(4)报修处理:对于经人工确认的异常信息(预警或人工提出),可以申请报修呼叫,进入系统的报修中心。该项报修将赋予统一的编码,支持在报修过程中进行任务分配处理和工单,方便全流程的追溯。

6.4.2.3 离线状态监测

设备管理的目标是建立预知维修机制,而设备的状态需要通过状态监测的手段进行分析与判定。在线状态监测解决了已确定测量点、状态模型的自动监测问题。但对于工厂来说,还有很多故障是未确定模型的。因此,系统提供离线状态监测功能,支持不定期开展的状态监测研究及课题跟踪功能,收集离线状态监测、精密点检所形成的报告与结果,与设备运行状态相结合,最终找到状态监测的方法及模型。

离线状态监测管理可以实现设备离线监测结果的记录,当状态监测发现故障后,可以进行报修呼叫并将报修请求上报至报修平台。系统包括监测报告名称、所属设备、部位、专业、监测时间,并能在系统中直接人工提出报修请求。同时,任何报修请求支持闭环的跟踪与处理流程。

6.4.2.4 预警中心

预警中心根据预警配置为各个业务模块的预警信息提供了一个集中展示的平台。预警中心内容包括预警业务类型、预警设备、预警内容、预警时间等。涉及预警业务包括但不限于:状态类预警,包括设备状态(统计）阈值预警、趋势预警、多状态组合预警、时间预警、状态频度预警等；备件类预警，包括备件寿命预警、修旧利废的利旧配件到期预警、库存量预警等；定检周期预警，包括计量器具检定预警、特种设备检定预警、安全阀检定预警、特种作业证书复审预警等[①]。不同的警示级别可显示为不同的颜色。预警内容可根据需求进行配置，包括以下几方面。

（1）预警模板的定义，如定义模板编码、标题、时间间隔、单位、首次提醒日期、提醒内容、备注、结束时间、提醒人机构、提醒人角色、提醒人等。

（2）预警引擎推送定义，如预警定义、开始时间字段名、结束时间字段名、预警查询 SQL、备注、添加人、添加时间、修改人、修改时间。

6.5　智能控制

粗略地说，智能控制是一种将智能理论应用于控制领域的模型描述、系统分析、控制设计与实现的控制方法。它首先是一种控制方法，是一种具有智能行为与特征的控制方法。智能控制系统的特征如下。

（1）控制对象与环境的复杂性。智能控制系统的被控对象呈现复杂的、多样的动力学特性，一般不再局限于单机单变量的优化控制问题，而是具有大型化、分散化、网络化以及层次化等特征的整个系统与生产加工过程的优化控制问题。同时，复杂性还体现在被控对象所处的环境复杂。其环境处于未知、变化或难以用传统工具描述与感知中，所获取的模型与信息具有不完整、不确定的特征，因此要求控制系统有较好的学习与适应能力，有较强的鲁棒性，能充分利用人的经验与系统拟人的智能，能在复杂环境中自主地做出合理有效的行为。

（2）目标任务综合性。智能控制系统接受的目标任务呈现综合化特征，并且具有较高的层次性。如无人驾驶系统的目标任务是到达指定的目的地，目标综合且具有较高层次性，并大多为定性的描述，不再分别对单个设备、系统、过程去指定具体的、量化的目标。因此，要求控制系统具有较好的理解能力和逻辑分析能力，能根据综合与高层目标推演、分解出单个被控设备、系统、过程的子目标。并具有较好的综合与反馈协调机制，使得各被控设备、系统、过程能有机地成为一个整体，以达到控制目标，从

---

① 王军，王晓东.智能制造之卓越设备管理与运维实践[M].北京：机械工业出版社，2019.

而寻求整个控制系统在巨大的不确定环境中获得整体的优化。

（3）自主性。所谓自主性是指在无外来指挥与干预的情况下，系统能在不确定环境中作出适当反应的性能。智能控制系统的自主性体现在智能控制系统的感知、思维、决策和行为具有自主性。人的作用主要体现在智能控制系统的研发和设计中。一旦智能控制系统投入使用，人则成为智能控制系统咨询与讨论的伙伴，

（4）智能性。智能控制系统的智能性表现为在智能理论的指导下系统具有拟人的思维和行为控制方式，能充分利用人的经验，在不完整和不确定的环境下充分理解目标与环境，具有较强的学习与适应能力。

因此，智能控制可定义如下：智能控制是能够在复杂变化的环境下根据不完整和不确定的信息，模拟人的思维方式使复杂系统自主达到高层综合目标的控制方法。

6.5.1 智能控制方法与应用

智能控制研究的主要问题为智能控制系统基本结构和机理，建模方法与知识表示，智能控制系统分析与设计，智能算法与控制算法，自组织、自学习系统的结构和方法，以及智能控制系统的应用。

根据所承担的任务、被控对象与控制系统结构的复杂性以及智能的作用，智能控制系统可以分为直接智能控制系统、监督学习智能控制系统、递阶智能控制系统和多智能体控制系统等四种主要形式。由这四种基本系统构建了面向工业生产、交通运输、日常家居生活等领域丰富多彩的实际智能控制系统。

6.5.1.1 直接智能控制系统

对于某些设备控制中的单机系统、流程工业中的单回路等实际被控对象，虽然该系统规模小，但该系统的机理复杂，导致系统的动力学模型呈现非线性、不确定性等复杂性；甚至采用传统数学模型难以描述与分析，以致传统的控制系统设计方法难以施展。针对这类底层被控对象的直接控制问题，出现了以模糊控制器、专家控制器为代表的直接智能控制系统。在直接智能控制系统中，智能控制器通过对系统的输出或状态变量的监测反馈，基于智能理论和智能控制方法求解相应的控制律／控制量，向系统提供控制信号，并直接对被控对象产生作用。

在直接智能控制系统中，智能控制器采用不同的智能监测方法，就形成各式智能控制器及智能控制系统，如模糊控制器、专家控制器、神经网

络控制器、仿人智能控制器等。这些不同的直接智能控制方法,主要从不同的侧面、不同的角度模拟人的智能的各种属性,如人认识及语言表达上的模糊性、专家的经验推理与逻辑推理、大脑神经网络的感知与决策等。针对实际控制问题,这些智能控制方法可以独立承担任务。也可以由几种方法和机制结合在一起集成混合控制,如在模糊控制、专家控制中融入学习控制、神经网络控制的系统结构与策略来完成任务。

(1)模糊控制器。

所谓模糊控制,就是在用模糊逻辑的观点充分认识被控对象的动力学特征所建立的模糊模型和专家经验的基础上,归纳出一组模拟专家控制经验的模糊规则,并运用模糊控制器近似推理,实现用机器去模拟人控制系统的一种方法。

1973年,马丹尼提出基本模糊控制器,并成功地应用于蒸汽锅炉的控制系统。模糊控制系统的实际运行过程:首先,基于模糊逻辑与模糊隶属度函数对系统的设定值和反馈量二者的差及其相关的量进行模糊化,得到其模糊量;然后,模糊推理机将模糊量与模糊规则表中的模糊规则不断进行搜索、匹配与推理,寻求适用的模糊规则集;最后,基于适用模糊规则集综合计算处理并反模糊化求得控制量。

从诞生至今的40余年间,模糊控制得到迅速发展,并成功走向实际工程应用,模糊控制的诞生是对传统线性控制方法的极大补充,并与PID调节、BangBang控制和自适应调节一起构成实际工程系统经典的控制方法,当然,模糊控制方法本身还存在不足,如缺乏严格的稳定性分析和设计方法,缺乏对系统的控制品质指标分析和设计,控制精度有待提高。

(2)专家控制器。

专家控制器是指以面向控制问题的专家系统作为控制器构建的智能控制系统,它有机地结合了人类专家的控制经验、控制知识和AI求解技术,能有效地模拟专家的控制知识与经验,求解复杂困难的控制问题。

专家控制系统的基本原理是:基于对系统的动力学特性、控制行为和专家的控制经验的理解,剖析出与被控系统、环境与检测信号相关的特征及其特征提取的计算方法,建立这些特征与控制策略的关系的知识,构建控制策略求解的相关控制知识库。

专家控制系统的实际运行过程是:首先,基于特征提取方法对系统的设定值和反馈量计算提取特征;然后,专家控制器基于提取的特征量与控制知识库中的知识进行搜索、匹配与推理寻求适用的控制规则集;最后,控制综合环节总结出适宜的控制量。

由不同的定义特征,产生不同的专家控制器,如奥斯特隆姆的专家控制器、周其鉴等人的仿人智能控制器等。仿人智能控制器根据对控制系统动态过程的深刻理解,定义了诸如调节误差与其变化量、超调量、调节误差过零点次数等特征,以及对特征进行量化处理与计算的特征提取方法,总结出系统当前特征与系统的理想动态过程关系的控制策略。系统实际运行时,仿人智能控制器就可以根据系统设定位和反馈量提取特征,基于搜索、匹配和推理就可以得到理想的控制策略。实践表明,仿人智能控制器具有非线性控制的特征,能大大改善控制系统的超调量和调节时间。

（3）神经网络控制器。

在现代自动控制领域,存在许多难以建模和分析、设计的非线性系统,对控制精度的要求也越来越高,因此需要新的控制系统具有自适应能力、良好的鲁棒性和实时性、计算简单、柔性结构和自组织并行离散分布处理等智能信息处理的能力,这使得基于 ANN 模型和学习算法的新型控制系统结构 – 神经网络控制系统产生。所谓神经网络控制系统,即利用 ANN 进行有效的信息融合达到运动学、动力模型和环境模型间的有机结合,并运用 ANN 模型及学习算法对被控对象进行建模与系统辨识、构造控制器及控制系统。

神经网络控制器以 ANN 作为构建被控对象模型和控制器的工具,利用所设计 ANN 的学习结构和学习算法,使 ANN 获得对被控对象的"好"的控制策略的知识,从而作为控制器对被控对象实施控制。

6.5.1.2 监督学习智能控制系统

在复杂的被控系统和环境中,存在着多工况、多工作点、动力学特性变化、环境变化、故障多等复杂因素,当这些变化超过控制器本身的鲁棒性规定的稳定性和品质指标的裕量时,控制系统将不能稳定工作,品质指标也将恶化。对于此类复杂控制问题,需要在直接控制器之上设置对多工况和多工作点进行监控、对系统特性变化进行学习与自适应、对故障进行故障诊断与系统重构、承担监控与自适应的环节,以调整直接控制器的设定任务或控制器的结构与参数。这类对直接控制器具有监督和自适应功能的系统,称为监督学习控制系统。传统控制理论中,自适应控制与故障系统的控制器重构即属于这类的监督学习控制方法。监督学习控制系统中,直接控制器或监督学习环节是基于智能理论和方法设计与实现的控制系统,即为监督学习智能控制系统,也称为间接智能控制系统。

根据智能理论的作用层级,监督学习智能控制系统可分为如图 6-2和图 6-3 所示的两种类型。

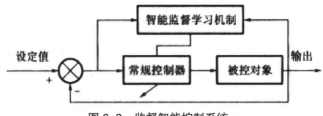

图 6-2　监督智能控制系统一

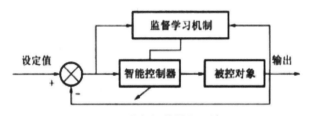

图 6-3　监督智能控制系统二

　　系统一的控制器为常规控制器,其监督学习级为基于智能理论与方法,承担监控、自适应与自学习,或故障诊断与控制系统重构任务的智能控制器,如模糊 PID 控制等。系统二的间接控制器为智能控制器,其监督学习级可以为基于常规优化与控制方法的监控与自学习、自适应系统,也可以为智能系统,如自适应模糊控制、模糊神经网络控制。

　　图 6-4 所示的是具有在线学习功能的专家控制系统的基本结构。系统中的知识自动获取环节,根据收集到的大量有关当前状态、使用过的控制规则等信息,结合系统的控制目标,运用数据挖掘或其他知识获取工具,挖掘出有意义、有效的新控制规则,以对知识库进行增删、维护与更新,实现具有在线学习功能的智能控制。

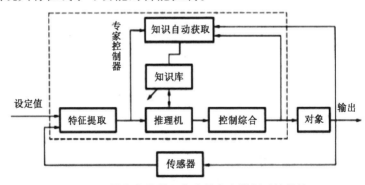

图 6-4　具有在线学习能力的专家控制系统结构

6.5.1.3 递阶智能控制系统

对于规模巨大且复杂的被控系统和环境,单一直接控制系统和监督学习控制系统难以承担整个系统中多部件、多设备、多生产流程的组织管理、计划调度、分解与协调、生产过程监控、工艺与设备控制,所以各部分不能有机地结合达到整体优化与控制,不能共同完成系统的管、监、控一体的综合自动化。

递阶智能控制是在自适应控制和自组织控制等监督学习控制系统的基础上,由萨里迪斯提出的智能控制理论。递阶智能控制系统主要由三个智能控制级组成,按智能控制的高低分为组织级、协调级、执行级,并且这三级遵循"伴随智能递降、精确性递增"原则。递阶智能控制系统的三级控制结构,非常适合于以智能机器人系统、工业生产系统、智能交通系统为代表的大型、复杂被控对象系统的综合自动化与控制,能实现工业生产系统的组织管理、计划调度、分解与协调、生产过程监控以及工艺与设备控制的管、监、控一体的综合自动化。

(1)递阶智能控制系统的一般结构。

递阶智能控制系统是由三个基本层级递阶构成的,其层级交互结构如图 6-5 所示。图 6-5 中,f_E 为自执行级至协调级的在线反馈;f_C 为自协调级至组织级的离线反馈信号;C 为定性的用户输入指令集(任务命令),在许多情况下它为自然语言;U 为经解释器解释用户指令后的任务指令集。

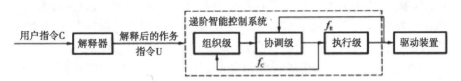

图 6-5　递阶智能控制系统的递阶结构

这一递阶智能控制系统可视为一个整体,它把定性的用户指令变换为一个驱动底层设备的物理操作序列。系统的输出是通过一组控制被控对象的驱动装置的指令来实现的。一旦收到用户指令,系统就基于用户指令、被控系统的结构和机理、对系统及其环境的感知信息开始运行。感知系统与环境的传感器提供工作空间环境和每个子系统状况的监控信息,对于机器人系统,子系统状况主要有位置、速度和加速度等。智能控制系统融合这些信息,并作出最佳决策。

图 6-5 所示的三级递阶结构具有自左向右和自右向左的知识(信息)

处理能力。自右向左的知识流取决于选取信息的集合,这些信息包括从简单的底层执行级反馈到最高层组织级的积累知识。反馈信息是智能控制系统中学习所必需的,也是选择替代动作所需要的。[①]

①组织级。组织级代表系统的主导思想,并通过人机接口和用户进行交互,理解并解析用户的命令,作出达到目标的动作规划、执行最高决策的控制功能,监测并指导协调级和执行级的所有行为,其智能程度最高。由于组织级需要很好地理解并解释用户的任务,其动作规划的解空间大,因此主要由 AI 起控制作用。组织级的主体为规划与决策的专家系统,处理高层信息用于机器推理、规划、决策、学习,如图 6-6 所示。

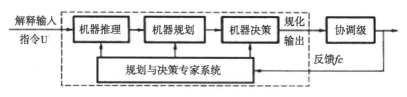

图 6-6　组织级的结构框图

②协调级。协调级是上(组织级)下(执行级)级间的接口,主要进行任务分解与协调,它由 AI 和运筹学共同起作用。协调级由协调与调度优化的专家系统和多个协调器组成。每个协调器根据各子系统的各种因素的特定关系执行协调,如多机械手、足的运动协调,力的协调,视觉协调等。协调与调度优化的专家系统处理整个系统的调度与协调的优化。

③执行级。执行级是智能控制系统的最低层级,直接控制与驱动硬件设备完成指定的动作。由于底层设备的动力学复杂程度低、刚度好,由传统控制方法辅之直接智能控制方法可以实现对相关过程和装置的直接控制,因此执行级的控制具有很高的精度,但其智能程度较低。

(2)系统精确性与智能程度的关系。

萨里迪斯指出,智能系统的精确性随智能降低而提高,他深刻揭示了系统精确性与智能程度的关系,即所谓的 IPDI 原理,并可由概率公式表示为

$$P(\text{MI,DB})=P(R) \tag{6-1}$$

式中,P 为概率;MI 为进行问题求解的机器智能;DB 为与执行任务有关的数据库,代表任务的复杂性;R 为通过图 6-5 所示的递阶智能控制系统的知识流量。在这里,知识流量为已知数据库和进行问题求解的机器智能 MI 方法求解(推理)产生的新的结果(知识),假定机器智能 MI 独立

---

① 蔡自兴.智能控制[M].2 版.北京:电子工业出版社,2004.

于数据库 DB,式(6-1)可以表示为如下信息熵

$$H(\mathrm{MI})+H(\mathrm{DB})=H(R)\qquad(6\text{-}2)$$

式中,H 为信息熵函数;R 为知识流量

对于如图 6-5 所示的递阶智能控制系统,在系统的每一个层级,求解问题所需的知识总量(知识流量)是不变的,即不管在哪个层级,求解并完成该控制系统的目标任务的知识流量 R 是不变的,只不过是求解策略(动作规划)在每个层级体现的形式不一样,有的体现为高层任务目标,有的体现为一系列的动作规划,有的体现为各驱动装置的驱动命令,但其内涵是一致的。

因此,式(6-2)表明对于某些层级,如果其数据库 DB 的信息丰富,则精确性高,即 DB 的信息熵大,则所需的问题求解的机器智能 MI 的智能程度要低,即 MI 的信息熵小;反之,如果其数据库 DB 的信息贫乏,则精确性低,即 DB 的信息熵小,则所需的问题求解的机器智能 MI 的智能程度要高,即 MI 的信息熵大。这就是萨里迪斯的 IPDI 原理,即智能控制系统的精确性随智能程度降低而提高的原理。该原理适用于递阶系统的单个层级和多个层级。在多层情况下,知识流量 R 在信息理论意义上代表系统的工作能力。

6.5.1.4 多智能体控制系统

目前的社会系统与工业系统正向大型、复杂、动态和开放的方向转变,传统的单个设备、单个系统及单个个体在许多关键问题上遇到了严重的挑战。多智能体系统理论为解决这些挑战提供了一条最佳途径,如在工业领域广泛出现的多机器人、多计算机应用系统等都是多智能体控制系统。

所谓智能体,即可以独立通过其传感器感知环境,并通过其自身努力改变环境的智能系统,如生物个体、智能机器人、智能控制器等都为典型的智能体。多智能体系统即为具有相互合作、协调与协商等作用的多个不同智能体组成的系统。如多机器人系统,是由多个不同目的、不同任务的智能机器人所组成的,它们共同合作,完成复杂任务。在工业控制领域,目前广泛采用的集散控制系统由分散的、具有一定自主性的单个控制系统,通过一定的共享、通信、协调机制共同实现系统的整体控制与优化,亦为典型的多智能体系统与传统的采用多层和集中结构的智能控制系统结构相比,采用多智能体技术建立的分布式控制结构的系统有着明显的优点,如模块化好、知识库分散、容错性强和冗余度高、集成能力强、可扩展性强等。因而,采用多智能体系统的体系结构及技术正在成为多机器人

系统、多机系统发展的必然趋势

6.5.1.5 智能控制的应用领域

智能控制的应用领域非常广泛,从实验室到工业现场、从家用电器到火箭制导、从制造业到采矿业、从飞行器到武器、从轧钢机到邮件处理机、从工业机器人到康复假肢等,都有智能控制的用武之地。下面简单介绍智能控制应用研究的几个主要领域。

(1)智能机器人规划与控制。

机器人学的主要研究方向之一是机器人运动的规划与控制。机器人在获得一个指定的任务之后,首先根据对环境的感知,作出满足该任务要求的运动规划;然后,由控制来执行规划,该控制足以使机器人适当地完成所期望的运动。目前,该领域已从单机器人的规划与控制发展到多机器人的规划、协调与控制。

(2)生产过程的智能控制。

化工、炼油、轧钢、材料加工、造纸和核反应等工业领域许多连续生产线,其生产过程需要监测和控制,以保证高性能和高可靠性。对于基于严格数学模型的传统控制方法无法应对的某些复杂被控对象,目前已成功地应用了有效的智能控制策略,如炼铁高炉的 ANN 模型及优化控制、旋转水泥窑的模糊控制、加热炉的模糊 PID 控制与仿人智能控制、智能 pH 过程控制、工业锅炉的递阶智能控制以及核反应器的专家控制等。工业锅炉的递阶智能控制可作为这方面的典型。

(3)制造系统的智能控制。

计算机集成制造系统(CIMS)是近三十年制造领域发展最为迅速的先进制造系统,它是在信息技术、自动化技术与制造技术的基础上,通过计算机技术把分散在产品设计与制造过程中的、各种孤立的自动化子系统有机地集成起来,形成适用于多品种、小批量生产,实现整体效益的集成化和智能化制造系统。在多品种、小批量生产,制造工艺与工序复杂的条件下,制造过程与调度变得极为复杂,其解空间也非常大。此外,制造系统为离散事件动态系统,其系统进程多以加工事件开始或完成来记录,并采用符号逻辑操作和变迁来描述。因此,模型的复杂性、环境的不确定性以及系统软硬件的复杂性,向当代控制工程师们设计和实现有效的集成控制系统提出了挑战。

智能控制能很好地结合传统控制方法与符号逻辑为基础的离散事件动态系统的控制问题,进行制造系统的管、监、控的综合自动化。

（4）智能交通系统与无人驾驶。

自 1980 年以来,智能控制被应用于交通工程与载运工具的驾驶中,高速公路、铁路与航空运输的管理监控,城市交通信号控制,飞机、轮船与汽车的自动驾驶等,形成智能交通系统与无人驾驶系统等。

所谓智能交通系统,就是把卫星技术、信息技术、通信技术、控制技术和计算机技术结合在一起的运输(交通)自动引导、调度和控制系统,它包括机场、车站客流疏导系统,城市交通智能调度系统,高速公路智能调度系统,运营车辆调度管理系统,机动车自动控制系统等。智能交通系统通过人、车、路的和谐、密切配合,提高交通运输效率,缓解交通阻塞,提高路网通过能力,减少交通事故,降低能源消耗,减轻环境污染。

（5）智能家电与智能家居。

智能家电指利用智能控制理论与方法控制的家用电器,如市场上已经出现的模糊洗衣机、模糊电饭煲等。未来智能家电将主要朝多种智能化、自适应优化和网络化三个方向发展。多种智能化是家用电器尽可能在其特有的功能中模拟多种人的智能思维或智能活动的功能。自适应优化是家用电器根据自身状态和外界环境自动优化工作方式和过程的能力,这种能力使得家用电器在其生命周期都能处于最有效率,最节省能源和最好品质的状态。网络化是建立家用电器社会的一种形式,网络化的家用电器可以由用户实现远程控制,在家用电器之间也可以实现互操作。

所谓智能家居,就是通过家居智能管理系统的设施来实现家庭安全、舒适、信息交互与通信的能力。家居智能化系统由家庭安全防范、家庭设备自动化和家庭通信三个方面组成。

（6）生物医学系统的智能控制。

从 20 世纪 70 年代起,以模糊控制、神经网络控制为代表的智能控制技术成功地应用于各种生物医学系统,加以神经信号控制的假肢、基于平均动脉血压(MAP)的麻醉深度模糊控制等。

例如,基于肌肉神经信号控制的假肢控制系统。系统首先从人的肢体残端处的神经,以及与肢体运动有关的胸部、背部等处肌肉群采集人指挥肢体运动时发出的微弱神经信号,经过信号分析解释各肢体及关节运动的指令;然后,通过与反馈信号比较,经智能控制器发出各肢体及关节运动的驱动器的驱动命令,从而实现以神经信号控制假肢的功能。

（7）智能仪器。

随着微电子技术、微机技术、AI 技术和计算机通信技术的迅速发展,自动化仪器正朝着智能化、系统化、模块化和机电一体的方向发展,微机或微处理机在仪器中的广泛应用,已成为仪器的核心组成部件之一。这类仪器能够实现信息的记忆、判断、处理、执行,以及测控过程的操作、监测和诊断,被称为"智能仪器"。

比较高级的智能仪器具有多功能、高性能、自动操作、对外接口、"硬件软化"和自动测试与自动诊断等功能。例如,一种由连接器、用户接口、比较器和专家系统组成的系统,与心电图测试仪一起构成的心电图分析咨询系统,就已获得成功应用。

6.5.2 智能控制方法的特点

传统的控制理论主要涉及对与伺服机构有关的系统或装置进行操作与数学运算,而 AI 所关心的主要与符号运算及逻辑推理有关。源自控制理论与 AI 结合的智能控制方法也具有自己的特点,并可归纳如下。

6.5.2.1 混杂系统与混合知识表示

智能控制研究的对象结构复杂,具有不同运动与变化过程的各过程有机地集成于一个系统内的特点。例如,在机械制造加工中,机械加工过程的调度系统以一个加工、装配、运输过程的开始与完成来描述系统的进程(事件驱动),而加工设备的传动系统则以一个连续变量随时间运动变化来描述系统的进程(时间驱动),再如,在无人驾驶系统和智能机器人的基于图像处理与理解的机器视觉系统中,感知的是几近连续分布与连续变化的像素信息,通过模式识别与图像理解变换成的模式与符号,去分析被控对象及对控制行为进行决策,其控制过程又驱动一个连续变化的传动系统。现代大型加工制造系统、过程生产系统、交通运输系统等都呈现这样的混杂过程,其模型描述与控制知识表示也因此成为基于传统数学方法与 AI 中非数学的广义模型。

6.5.2.2 复杂性

智能控制的复杂性体现为被控系统的复杂性、环境的复杂性、目标任务的复杂性、知识表示与获取的复杂性。被控系统的复杂性体现在其系统规模大且结构复杂,其动力学还出现诸如非线性、不确定性、事件驱动与符号逻辑空间等复杂动力学问题。

6.5.2.3 结构性和递阶层次性

智能控制系统具有良好的结构性,其各个系统一般是具有一定独立自主行为的子系统,其系统结构呈现模块化。在多智能体系统中,各智能体本身就是一个具有自主性的智能系统,各智能体按照一定的通信、共享、合作与协调的机制和协议,共同执行与完成复杂任务。智能控制系统还将复杂的、大型的优化控制问题按一定层次分解为多层递阶结构,各层分别独立承担组织、计划、任务分解、直接控制与驱动等任务,有独立的决策机构与协调机构。上下层之间不仅有自上而下的组织(下达指令)、协调功能,还有自上而下的信息反馈功能[①]。一般,层次越高,问题的解空间越大,所获取的信息不确定性也越大,越需要智能理论与方法的支持,越需要具有拟人的思维和行为的能力。智能控制的核心主要在高层,在承担组织、计划、任务分解及协调的结构层中。

6.5.2.4 适应性、自学习与自组织

适应性、自学习与自组织是智能控制系统的“智能”和“自主”能力的重要体现。适应性是指智能控制系统具有较好的主动适应来自系统本身、外部环境或控制目标变化的能力。系统通过对当前控制策略下系统状态与期望的控制目标的差距的考量,对系统本身行为变化、环境因素变化的监测,主动地修正自己的系统结构、控制策略以及行为机制,以适应这些变化并达到期望的控制目标。

自学习是指智能控制系统自动获取有关被控对象及环境的未知特征和相关知识的能力,通过学习获取的知识,系统可以不断地改进自己决策与协调的策略,使系统逐步走向最优。

自组织能力是指智能控制系统具有高度柔性去组织与协助多个任务重构。当各任务的目标发生冲突时,系统能作出合理的决策。

6.6　典型示范案例

6.6.1 西安陕鼓动力股份有限公司(动力装备智能化服务)

西安陕鼓动力股份有限公司(以下简称“陕鼓动力”)属于陕西鼓风机(集团)有限公司的控股公司。陕鼓动力主要生产离心压缩机、轴流压缩机、能量回收透平装置(TRT)、离心鼓风机、通风机等五大类80多个系列近2000个规格的透平机械产品,陕鼓动力已开始积极从制造迈向智造。一方面,大力开拓整机、关键零部件制造,为客户提供系统解决方案;

---

① 赵明旺,王杰. 智能控制[M]. 武汉:华中科技大学出版社,2010.

另一方面,积极实施产品全生命周期的健康管理,公司的"动力装备全生命周期智能设计制造及云服务项目"入选工信部 2015 年智能制造专项项目,将通过大数据挖掘及专业软件的应用提升在役设备的服务深度与广度,支持相应生态图及产业价值链的共赢发展[①]。

到目前为止,陕鼓动力已监测超过 200 家用户约 600 套大型动力装备在线运行数据(其中包括不能远程在线监测的约 300 套装备),已积累约 20 TB 现场数据。通过对动力装备远程监测、故障诊断、网络化状态管理、云服务需求调研与技术储备,提高陕鼓售后服务的反应速度和质量,跨出了机组制造企业"发展服务经济,提高服务信息化"的重要一步,并已形成特有远程诊断服务技术及服务模式。

(1)基于全生命周期运行与维护信息驱动的复杂动力装备可持续改进的制造服务及系统保障体系。

围绕动力装备的全生命周期 MRO 服务,提出了基于 CDP 三重循环及闭环控制的制造服务模式及保障体系结构。

针对 C 循环(基于故障闭环方面),完成通过对动力装备数据智能采集、监测诊断系统构建、融合装备出厂前高速动平衡信息、试车信息;集成装备领域专家运行维护经验和外部专家信息构建动力装备远程维护和运营中心。

针对 D 循环,完成以远程维护和运行中心数据为驱动,针对动力装备的现场服务提供融合设计、制造及运行全信息实现快速平衡服务支持、数字化维修手册支持与远程可视化维修服务支持。

以上已完成的透平设备服务保障体系可实现基于网络制造服务平台提出面向动力装备远程监测诊断、运行状态分析评估和专用备件零库存等服务,实现基于预知维修决策与数字化支持的设备检维修服务。

下一步将结合大数据分析与云服务构架,进一步细化、提升各服务模块具体内容,最终实现面向动力装备的故障预示与健康管理智能云服务平台的构建,达到动力装备行业制造维护服务的典型应用示范目标。

后期云服务平台规划实施内容包括:实现大数据挖掘云服务,支撑云计算、云存储、云模型和诊断技术云服务超市等具体业务,建立完善云服务平台基础。并在此基础上,提供监测诊断、维修备件、性能优化托管三项运维云服务,涉及基于用户产品运行可靠性的寿命预测服务,基于海量案例推理的动力装备产品健康状态可视化服务,基于云计算的动力装

① 邓朝晖,万林林,邓辉,等.智能制造技术基础[M].武汉:华中科技大学出版社,2017.

备运行效率优化服务,基于"互联网+"的远程轴系动平衡服务,大数据支持下IETM数字化维护支持服务,基于生产协同保障的重大专用备件共享零等待服务,诊断超市服务等多项云服务业务,全面提升动力装备运维云服务水平。利用三年周期,建设完成以西安陕鼓动力股份有限公司为旋转动力装备服务运营管理为主体的动力装备运维云服务平台。

（2）动力装备运行维护与健康管理智能云服务平台。

"动力装备全生命周期智能设计制造及云服务项目"的预期目标为构建动力装备运行维护与健康管理智能云服务平台,实现动力装备行业智能制造云服务的典型应用示范。在该智能制造云服务平台中,实现基于大数据挖掘的云服务,以保障云服务平台的基础运行,其中包括面向动力装备的大数据挖掘技术研究、面向动力装备的异步异构海量数据建模与管理技术、基于用户产品运行可靠性的寿命预测服务、基于云计算的动力装备运行效率优化服务等多项支撑云计算、云存储、云模型和诊断技术云服务超市的关键技术研发。

"动力装备全生命周期智能设计制造及云服务项目"的预期实现成果体现在以下几个方面:①缩短动力装备应用企业产品停机时间20%以上;②节约动力装备应用企业设备维修成本10%;③缩小备件资金占用额度或减少备件资金的服务转化额20%;④新增动力装备制造服务业务收入10%;⑤云服务平台中增加配备网络化监测系统的动力装备应用企业20%,年新增接入服务平台机组80台套以上。

6.6.2 三一集团有限公司（工程机械运维服务）

三一集团有限公司(以下简称"三一")针对离散制造行业多品种、小批量的特点,针对零部件多且加工过程复杂导致的生产过程管理难题和客户对产品个性化定制日益强烈的需求,以三一的工程机械产品为样板,以自主与安全可控为原则,依托数字化车间实现产品混装+流水模式的数字化制造,并以物联网智能终端为基础的智能服务,实现产品全生命周期以及端到端流程打通,引领离散制造行业产品全生命周期的数字化制造与服务的发展方向,并以此示范,向离散行业其他企业推广[1]。

（1）面向全生命周期的工程机械状态监测与运维服务支持系统。

以三一业务现状和信息系统为基础,构建工程机械运维服务模式与核心业务模型,以及面向全生命周期的工程机械运维服务支持系统框

① 蔡自兴.智能控制[M].2版.北京:电子工业出版社,2004.

架；实现多源信息融合的工程机械状态监测与故障远程诊断；设计面向全生命周期的工程机械状态监测与运维服务支持系统——智能服务管理云平台，并借助 3G/4G、GPS、GIS、RFID、SMS 等技术，配合嵌入式智能终端、车载终端、智能手机等硬件设施，构造设备数据采集与分析机制、智能调度机制、服务订单管理机制、业绩可视化报表、关键件追溯等核心构件，构建客户服务管理系统、产品资料管理系统、智能设备管理系统、全球客户门户四大基础平台。

（2）广泛采用大数据技术。

使用大数据基础架构 Hadoop，搭建并行数据处理和海量结构化数据存储技术平台，提供海量数据汇集、存储、监控和分析功能。基于大数据存储与分析平台，进行设备故障、服务、配件需求的预测，为主动服务提供技术支撑，延长设备使用寿命，降低故障率。

基于大数据研究成果，对企业控制中心（enterprise control center, ECC）系统升级，实现大数据的存储、分析和应用，有效监控和优化工程机械运行工况、运行路径等参数与指标，提前预测预防故障与问题，智能调度内外部服务资源，为客户提供智慧型服务。

三一以中国制造 2025 为纲领，在数字化车间、智能装备、智能服务三个方面的总体规划、技术架构、业务模式、集成模型等方面进行有益的探索和应用示范，为工程机械行业开展类似应用提供了一个很好的范式，不仅有助于工程机械行业通过信息化的手段和先进的物联网技术来加速产品的升级迭代，而且促进行业通过开展数字化车间 / 智能工厂的应用实践来完成企业创新发展，更是为我国装备制造业由生产型制造向服务型制造转型提供了新思路。

第 7 章　智能制造系统

　　智能制造简称智造,源于人工智能的研究成果,是一种由智能机器和人类专家共同组成的人机一体化智能系统。该系统在制造过程中可以进行诸如分析、推理、判断、构思和决策等智能活动,同时基于人与智能机器的合作,扩大、延伸并部分地取代人类专家在制造过程中的脑力劳动。智能制造更新了自动化制造的概念,使其向柔性化、智能化和高度集成化扩展。

7.1　概　述

　　智能制造源于人工智能的研究,是自 20 世纪 80 年代以来由高度工业化国家首先提出的一种开发性技术。智能制造可以在受到限制的、没有经验知识的、不能预测的环境下,根据不完全的、不精确的信息来完成拟人的制造任务。

　　制造业是国民经济的支柱产业,是工业化和现代化的主导力量,是衡量一个国家或地区综合经济实力和国际竞争力的重要标志,也是国家安全的保障。当前,新一轮科技革命与产业变革风起云涌,以信息技术与制造业加速融合为主要特征的智能制造成为全球制造业发展的主要趋势。中国机械工程学会组织编写的《中国机械工程技术路线图》提出了到 2030 年机械工程技术发展的五大趋势和八大技术,认为"智能制造是制造自动化、数字化、网络化发展的必然结果"。

　　智能制造的主线是智能生产,而智能工厂、车间又是智能生产的主要载体。随着新一代智能技术的应用,国内企业将要向自学习、自适应、自控制的新一代智能工厂进军。新一代智能技术和先进制造技术的融合,将使得生产线、车间、工厂发生革命性大变革,提升到历史性的新高度,将从根本上提高制造业质量、效率和企业竞争力。

7.1.1 智能制造的定义

智能制造系统的定义是：在制造过程中，采用高度集成且柔性的方式，并利用计算机对人脑的分析、判断、思考和决策等行为进行模拟，以实现对制造环境中部分脑力劳动的延伸或取代。据此定义，智能制造系统由智能制造模式、智能生产和智能产品组成。其中，智能产品可在产品生产和使用中展现出自我感知、诊断、适应和决策等一系列智能特征，且其实现了产品的主动配合制造；智能生产是组成智能制造系统最为核心的内容，其是指产品设计、制造工艺和生产的智能化；智能制造是通过将智能技术和管理方法引入制造车间，以优化生产资源配置、优化调度生产任务与物流、精细化管理生产过程和实现智慧决策。

加快推进智能制造，是实施中国制造 2025 的主攻方向，是落实工业化和信息化深度融合，打造制造强国的战略举措，更是我国制造业紧跟世界发展趋势，实现转型升级的关键所在。为解决标准缺失、滞后及交叉重复等问题，指导当前和未来一段时间内智能制造标准化工作，根据"中国制造 2025"的战略部署，工业和信息化部、国家标准化管理委员会共同组织制定了《国家智能制造标准体系建设指南》。该指南重点研究了智能制造在两个领域的幅度与界定：一方面是指基于装备的硬件智能制造，即智能制造技术；另一方面，是基于管理系统的软件智能制造管理系统，即智能制造系统。

新的智能制造研究背景，更多地强调大数据对智能制造带来的新的应用与智能制造本身的智能化，基于产品、系统和装备的统一智能化水平有机结合，最终形成基于数据应用的全过程价值链的智能化集成系统。

7.1.2 智能制造系统的典型特征

与传统的制造系统相比，智能制造系统具有如下特征。

（1）自组织能力。

自组织能力是指智能制造系统中的各种智能设备，能够按照工作任务的要求，自行集结成一种最合适的结构，并按照最优的方式运行。完成任务后，该结构随即自行解散，以备在下一个任务中集结成最新的结构。自组织能力是智能制造系统的一个重要的标志。

（2）自律能力。

即搜集与理解环境信息的信息，并进行分析判断和规划自身行为的能力。智能制造系统能根据周围环境和自身作业状况的信息进行监测和处理,并根据处理结果自行调整控制策略,以采用最佳行动方案。这种自律能力使整个制造系统具备抗干扰、自适应和容错的能力。

（3）学习能力和自我维护能力。

IMS 能以原有的专家知识为基础,在实践中不断进行学习,完善系统知识库,并删除库中有误的知识,使知识库趋向最优,同时,还能对系统故障进行自我诊断、排除和修复。这种特征使智能制造系统能够自我优化并适应各种复杂的环境。

（4）人机一体化。

IMS 不是单纯的"人工智能"系统,而是人机一体化智能系统,是一种混合智能。基于人工智能的智能机器只能进行机械式的推理、预测、判断,它只能具有逻辑思维,最多做到形象思维,完全做不到灵感思维,只有人类专家才真正同时具备以上 3 种思维能力。人机一体化一方面突出人在制造系统中的核心地位,同时在智能机器的配合下,更好地发挥人的潜能,使人机之间表现出一种平等共事、相互"理解"、相互协作的关系,使两者在不同的层次上各显其能,相辅相成。

因此,在智能制造系统中,高素质、高智能的人将发挥更好的作用,机器智能和人的智能将真正地集成在一起,相互配合,相得益彰。

7.1.3 智能制造系统的实现基础

7.1.3.1 制造系统自动化

（1）制造自动化概述。

自动化是美国于 1936 年提出的,通用汽车公司在再生产过程中,机械零部件在不同机器间转移时不用人工搬运就实现了自动化。这是早期制造自动化的概念。

制造自动化概念经历了一个动态的发展过程。人们对自动化的理解或者说对自动化功能的期待,只是以机械的动作代替人力操作。自动地完成特定动作。这实质是认为自动化就是用机械代替人的体力劳动。后来,随着电子和信息技术的发展,特别是随着计算机的出现和广泛应用,自动化的含义扩展为:用机器不仅代替人的体力劳动,而且还代替或辅助了人的脑力劳动,以自动地完成特定的工作。

自动化制造系统是指在较少的人工直接或间接干预下,将原材料加工成零件或将零件组装成产品,在加工过程中实现管理过程和工艺过程自动化。管理过程包括产品的优化设计；程序的编制及工艺的生成；设备的组织及协调；材料的计划与分配；环境的监控等。工艺过程包括工件的装卸、储存和输送；刀具的装配、调整、输送和更换；工件的切削加工、排屑、清洗和测量；切屑的输送、切削液的净化处理等。

（2）制造系统自动化的目的和举措。

制造系统自动化的目的主要如下：

①加大质量成本的投入，提高或保证产品的质量。

②提高对市场变化的响应速度和竞争能力，缩短产品上市时间。

③减少人的劳动强度和劳动量，改善劳动条件，减少人为因素对生产的影响。

④提高劳动效率。

⑤减少生产面积、人员，节省能源消耗，降低生产成本。

制造系统自动化的举措：制造系统自动化大多体现在与计算机技术和信息技术的结合上，形成了计算机控制的制造系统，即计算机辅助制造系统。但系统规模、功能和结构要视具体需求而定，可以是一个联盟、一个工厂、一个车间、一个工段、一条生产线，甚至是一台设备。制造系统自动化可分为单一品种大批量生产自动化和多品种单件小批量生产自动化，由于两类生产的特点不同，所采用的自动化手段也各异。

单一品种大批量生产自动化。单一产品大批量生产时，可采用自动机床、专用机床、专用流水线、自动生产线等措施来实现。早在20世纪30年代开始便在汽车制造业中逐渐发展，成为当时先进生产方式的主流，但其缺点是一旦产品变化，则不能适应，一些专用设备只能报废。而产品总是在不断更新换代的，生产者总希望能使生产设备有一定的柔性，能适应生产品种变化时的自动化要求。

多品种单件小批量生产自动化。在机械制造业中，大部分企业都是多品种单件小批量生产，多年来，实现多品种单件小批生产的自动化是一个难题。

由于计算机技术、数控技术、工业机器人和信息化技术的发展，使得多品种单件小批生产自动化的举措十分丰富，主要如下：

①成组技术。可根据零件的相似性进行分类成组，编制成组工艺，设计成组夹具和成组生产线。

②数控技术和数控机床。现代数控机床已向多坐标、多工种、多面体加工和可重组等方向发展，数控系统也向开放式、分布式、适应控制、多级递阶控制、网络化和集成化等方向发展，因此数控加工不仅可用于单件小批生产自动化，也可用于单一产品大批量生产的自动化。

③制造单元。将设备按不同功能布局,形成各种自动化的制造单元,如装配、加工、传输、检测、储存、控制等,各种零件按其工艺过程在相应制造单元上加工生产。

④柔性制造系统。它是针对刚性自动生产线而提出的,全线由数控机床和加工中心组成,其无固定的加工顺序和节拍,能同时自动加工不同工件,具有高度的柔性,体现了生产线的柔性自动化。

⑤计算机集成制造系统。它由网络、数据库、计算机辅助设计、计算机辅助制造和管理信息系统组成,强调了功能集成、信息集成,是产品设计和加工的全盘自动化系统。

（3）计算机辅助制造系统的概念。

计算机辅助制造系统是一个计算机分级结构控制和管理制造过程中多方面工作的系统,是制造系统自动化的具体体现,是制造技术与信息技术相结合的产物。

（4）制造单元和生产单元。

现代制造业多采用制造单元的结构形式。各制造单元在结构和功能上有并行性、独立性和灵活性,通过信息流来协调各制造单元间协调工作的整体效益,从而改变了制造企业传统生产的线性结构。制造单元是制造系统的基础,制造系统是制造单元的集成,强调各单元独立运行、并行决策、综合功能、分布控制、快速响应和适应调整。制造单元的这种结构使生产具有柔性,易于解决多品种单件小批生产的自动化。

现代制造业的发展对机械产品的生产提出了生产系统的概念,强调生产是一个系统工程,认为企业的功能应依次为销售→设计→工艺设计→加工→装配,把销售放在第一位,这对企业的经营是一个很大的变化,强调了商品经济意识。从功能结构上看,加工系统是生产系统的一部分,可以认为加工系统是一个生产单元,今后的生产单元是一个闭环自律式系统。

7.1.3.2 制造系统信息化

1）信息化制造的定义

信息是指应用文字、数据或信号等形式通过一定的传递和处理,来表现各种相互联系的客观事物在运动变化中所具有的特征性内容的总称。

信息技术是人类开发和利用信息资源的所有手段的总和。信息技术既包括有关信息的产生、收集、表示、检测、处理和存储等方面的技术,也包括有关信息的传递、变换、显示、识别、提取、控制和利用等方面的技术。

信息化是指加工信息高科技发展及其产业化,提高信息技术在经济和社会各领域的推广应用水平并推动经济和社会发展前进的过程。信息化最初起源于 1993 年美国提出的"信息高速公路计划"。信息化的内容包括信息生产和信息应用两大方面。信息化的实施包括产品信息化、企业信息化、行业信息化、国民经济信息化和社会信息化 5 个层次。企业信息化是国民经济信息化的基础。实现工业化仍然是我国现代化进程中艰巨的历史任务,信息化是加快实现工业化和现代化的必然选择。我国企业信息化的战略是"以信息化带动工业化,以工业化促进信息化"。

信息化制造也称为制造业信息化,是企业信息化的主要内容。那么,什么是信息化制造呢? 信息化制造是指在制造企业的生产、经营、管理的各个关节和产品生命周期的全过程,应用先进的计算机、通信、互联网和软件信息技术和产品,并充分整合,广泛利用企业内外信息资源,提高企业生产、经营和管理水平,增强企业竞争力的过程。

通俗来说,信息化制造就是用 0 和 1 的数字编码来表示、处理和传输制造企业生产经营的一切信息。企业生产经营的信息,不仅能够用 0 和 1 这两个数字编码来表示和处理,而且能够以光的速度在光纤中传送,使企业生产经营的信息流实现数字化。信息化制造的目的是把信息变成知识,将知识变成决策,把决策变成利润,从而使制造业的生产经营能够快速响应市场需求,达到前所未有的高效益。

2)信息化制造的内容与任务

(1)信息化制造的内容可以分成 4 个方面: 生产作业层的信息化、管理办公层的信息化、战略决策层的信息化、协作商务层的信息化。协作商务层是基于企业与外部联系而言,而前三者则是基于企业内部而言。

①生产作业层的信息化。其包括设计、研发的信息化,如计算机辅助设计 / 制造 / 工艺设计等;生产的信息化,如制造执行系统、柔性制造系统和快速成型制造等;作业监控的信息化,如计算机辅助测试 / 检验 / 质量控制等。

②管理办公层的信息化。其包括根据企业量身定做的管理信息系统;通用程度很高的企业全面管理软件,如制造资源计划或企业资源计划;还包括办公自动化、工作流系统等。

③战略决策层的信息化。包括决策支持系统、战略信息系统经理或主管信息系统、专家系统等。

这 3 个层次必须统一规划、统一设计、统一标准和统一接口,实现企业物料流、资金流和信息流的统一。

(2)信息化制造的任务。信息化制造是一项长期的、综合的系统工程。它的建设任务包括 3 个方面。

①硬件方面。其包括因特网的连通,企业内部网和企业外联网的构建,科研、生产、营销办公等各种应用软件系统的集成或开发,企业内外部信息资源的挖掘与综合利用,信息中心的组建以及信息技术开发与管理人才的培养。

②软件方面。其包括相关的标准规范问题以及安全保密问题的研究与解决,信息系统的使用与操作以及数据的录入与更新的制度化,全体员工信息化意识的教育与信息化技能的培训,与信息化相适应的管理机制、经营模式和业务流程的调整或改革。

③应用系统方面。其具体内容包括网络平台、信息资源、应用软件建设三大部分。企业信息化在应用层应有的主要系统:技术信息系统、管理信息系统、办公自动化系统、企业网络系统及企业电子商务系统等。这些应用软件系统必须有相应的企业综合信息资源系统的支持,还要有相应的数据维护管理系统。所有系统要建立在计算机网络平台之上,并要配有网络资源管理系统和信息安全监控系统。

从企业经营学的角度看,企业产品的销售、企业技术开发能力、企业文化和企业抵御风险能力是企业经营中 4 个最主要的因素。当前涌现出大量的企业网站,利用网站发布企业信息、产品信息等,使这些信息可以快捷地传递到各个角落,达到宣传和销售产品的效果。已有一些企业在信息化初步实践中得到了好处,也开始尝试使用搜索引擎、企业邮箱、信息化模块化产品、客户关系管理系统等信息化技术。

3)信息化制造的特点与技术

(1)信息化制造的基本特点。信息化制造涉及制造系统的方方面面,从硬件到软件、从技术到管理、从企业到全社会的组织与个人、从局部资源到全球资源等。其显著特点:制造信息的数字化与无纸化;制造设备的柔性化与智能化;制造组织的全球化与敏捷化;制造过程的并行化与协同化;制造资源的分布性与共享性。

制造信息的数字化已显现了无纸化制造的迹象。这主要表现在如下 3 个方面。

①产品设计数字化。传统制造业的工程图样式制造数据,被称为工程师的语言。计算机在产品设计中的应用导致了工程图样向产品定义数据发展。产品设计正经历着从人工绘图→计算机绘图→计算机支持设计→无纸设计的变化。

②生产过程数控化。传统制造业的加工、成型、装配、测量等生产过程是由手工来控制的,计算机在制造过程中的应用实现了数字指令的控制,产生了"无纸"生产的变化。

③企业管理网络化。制造企业中的各种信息,通过网络在企业内传递,可以实现工作流与过程管理,进行审核会签批准等。一些企业现在已提倡"无纸化办公"。这种办公方式加速了信息流在企业内外的流动,也规范了管理。

总之,图样和纸质文件在未来的产品设计、生产过程和企业管理中将会逐渐隐退。

（2）信息化制造的主要技术是先进制造技术的核心。信息化制造技术主要由三部分组成:上游的计算机辅助设计/制造、制造仿真和虚拟制造;下游的计算机辅助数字控制加工、装配、检验;管理层面的计算机辅助管理和动态联盟企业的建立。

信息化制造的核心是管理方式的完善和提高,信息技术是其实现的主要工具。但是企业不能因技术而技术,成为技术的奴隶,而是要将技术作为提升企业竞争力的手段,驾驭技术,成为技术的主人。

4）信息化制造的作用

制造业开展信息化有如下实际作用:

（1）有利于企业适应国际化竞争。我国加入WTO以后,企业更直接地面对国际竞争和挑战,在全球知识经济和信息化高速发展的今天,信息化是决定企业成败的关键因素,也是企业实现跨地区、跨行业、跨所有制,特别是跨国经营的重要前提。

（2）实现企业快速发展的前提条件。信息化可以实现企业自身的快速发展。虽然各个企业的规模、所处的行业生态环境和发展阶段目标不尽相同,但每个企业终究有存在的社会价值和自我价值。企业存在的目标就是追求利润最大化,它们都渴望自身快速发展。利用信息化得到行业信息、竞争对手信息、产品信息、技术信息、销售信息等,同时及时分析这些信息,做出积极的市场反应,达到企业迅速发展的效果。

（3）有助于实现传统经营方式的转变。传统的加工业离不开生产和销售,传统的零售业也离不开供、销、存。但是在信息化发展的今天,这些关键环节都可以借助信息化去实现,信息化也可以派生新的销售手段。国内越来越多的企业也逐步开展网上经营的方式,在传统经营的基础上开辟了一种企业营销新模式。

（4）可以节约营运成本。信息化使传统经营方式发生了转变,有利于加速资金流在企业内部和企业间的流动速度,实现资金的快速、重复、有效的利用。

（5）可以提高工作效率。信息化使企业内部管理结构更趋于扁平化。信息化使信息资源得到共享,给企业决策层与基层,各部门之间的迅速沟通创造了条件。上级管理者可随时跟踪、监控下级的工作状况,管理更加直接。信息化拉近管理层与各基层之间的和谐关系,有助于改变企业内部的低效体制,提高了工作效率。

（6）可以提高企业的顾客满意度。信息化缩短了企业的服务时间,并可及时地获取客户需求,实现按订单生产,促使企业全部生产经营活动的运营自动化、管理网络化和决策智能化。

7.1.3.3 智能化运行分析与决策

智能车间在运行分析与决策方面,主要体现在实现面向生产制造过程的监视和控制。其涉及现场设备按照不同功能,可分为:①监视,包括可视化的数据采集与监控系统、人机接口、实时数据库服务器等,这些系统统称为监视系统;②控制,包括各种可编程的控制设备,如可编程逻辑控制器(Programmable Logic Controller, PLC)、分布式控制系统(Ditributed Control System, DCS)、工业计算机(Industrial Personal Computer, IPC)、其他专用控制器等,这些设备统称为控制设备。

7.1.3.4 制造业智能化的目标

对于制造业而言,企业所期待车间的目标主要为提质增效,即提升质量,增加效率。在提升质量方面,一般关注于产品质量提高、产品检验设备能力提高、安全生产能力提高、生产设备能力提高和车间信息化建设提高;在增加效率方面,一般关注于生产管理能力提高、客户需求导向的及时交付能力提高、车间物流能力提高和车间能源管理能力提高。最终实现产品生产整体水平的提升。

而智能车间的引入,对生产、仓库的检验、入库、出库、调拨、移库移位、库存盘点等各个作业环节的数据进行自动化的无线数据采集、无线数据更新,保证仓库管理各个环节数据输入的快速性和准确性,确保企业及时准确地掌握库存的真实数据,合理保持和控制企业库存,对产品生产在提质增效这两方面均有体现。

7.1.4 "工业 4.0"

工业 4.0 究竟是什么? 工业 1.0 主要是机器制造、机械化生产;工业 2.0 是流水线、批量生产、标准化;工业 3.0 是高度自动化、无人化(少人化)生产;而工业 4.0 是网络化生产、虚实融合。关于工业 4.0:在一个"智能、网络化的世界"里,物联网和服务网将渗透到所有的关键领域。智能电网将能源供应领域、可持续移动通信战略领域(智能移动、智能物流),以及医疗智能健康领域融合。在整个制造领域中,信息化、自动化、数字化贯穿整个产品生命周期。端到端工程、横向集成(协调各部门间的关系),成为工业化第四阶段的引领者,也即"工业4.0"。工业4.0想要打造的是整个产品生产链的实时监控,产品配套服务设施之间的合作。

工业4.0计划的核心内容可以用"一个网络、两大主题、三大集成"来概括。其中一个网络指的便是信息物理融合系统,工业4.0强调通过信息网络与物理生产系统的融合,即建设信息物理系统来改变当前的工业生产与服务模式。具体是指将信息物理系统技术一体化应用于制造业和物流行业,以及在工业生产过程中使用物联网和服务技术,实现虚拟网络世界与实体物理系统的融合,完成制造业在数据分析基础上的转型[①]。通过"6C"技术:Connection(连接)、Cloud(云储存)、Cyber(虚拟网络)、Content(内容)、Community(社群)、Customization(定制化)将资源、信息、物体以及人员紧密联系在一起,从而创造物联网及相关服务,并将生产工厂转变为一个智能环境[②]。

两大主题则指的是智能工厂和智能生产。智能工厂由分散的、智能化生产设备组成,在实现了数据交互之后,这些设备能够形成高度智能化的有机体,实现网络化、分布式生产。智能生产将人机互动、智能物流管理、3D打印与增材制造等先进技术应用于整个工业生产过程。智能工厂与智能生产过程使人、机器和资源如同在一个社交网络里一般自然地相互沟通协作;智能产品能理解它们被制造的细节以及将被如何使用,协助生产过程。最终通过智能工厂与智能移动、智能物流和智能系统网络相对接,构成工业4.0中的未来智能基础设施。

工业4.0计划的三大集成分别是横向集成、端到端集成纵向集成。①横向集成。工业4.0通过价值网络实现横向集成,将各种使用不同制造阶段和商业计划的信息技术系统集成在一起,既包括一个公司内部的材料、能源和信息,也包括不同公司间的配置。最终通过横向集成开发出公司间交互的价值链网络。②端到端集成。贯穿整个价值链的端到端工程数字化集成,在所有终端实现数字化的前提下实现的基于价值链与不同公司之间的一种整合,将在最大限度上实现个性化定制。最终针对覆盖产品及其相联系的制造系统完整价值链,实现数字化端到端工程。③纵向集成。垂直集成和网络化制造系统,将处于不同层级(例如,执行器

① 张洁,秦威,鲍劲松.制造业大数据[M].上海:上海科学技术出版社,2016.
② 朱扬勇.大数据资源[M].上海:上海科学技术出版社,2018.

和传感器、控制、生产管理、制造和企业规划执行等不同层面)的 IT 系统进行集成。最终,在企业内部开发、实施和纵向集成灵活而又可重构的制造系统。

工业 4.0 计划优先在八个重点领域执行:建立标准化和开放标准的参考架构、实现复杂系统管理、为工业提供全面带宽的基础设施、建立安保措施、实现数字化工业时代工作的组织和设计、实现培训和持续的职业发展、建立规章制度、提高资源效率。其中的首要目标就是“标准化”。

PLC 编程语言的国际标准 IEC 61131-3(PLCopen)主要是来自德国企业;通信领域普及的 CAN、Profibus 以及 EtherCAT 也全都诞生于德国。德国工业 4.0 的本质是基于“信息物理系统”实现“智能工厂”。工业 4.0 核心是动态配置的生产方式。工业 4.0 报告中描述的动态配置的生产方式主要是指从事作业的机器人(工作站)能够通过网络实时访问所有相关信息,并根据信息内容,自主切换生产方式以及更换生产材料,从而调整为最匹配模式的生产作业。

7.1.5 “工业互联网”

与德国强调的“硬”制造不同,软件和互联网经济发达的美国更侧重于在“软”服务方面推动新一轮工业革命,希望用互联网激活传统工业,保持制造业的长期竞争力。其中以美国通用电气公司为首的企业联盟倡导的“工业互联网”,强调通过智能机器间的连接并最终将人机连接,结合软件和大数据分析,来重构全球工业。

“工业互联网”的概念最早由通用电气于 2012 年提出,随后美国 5 家行业龙头企业联手组建了工业互联网联盟(Industrial Internet Consortium,IIC),将这一概念大力推广开来。除了通用电气这样的制造业巨头,加入该联盟的还有 IBM、思科、英特尔和 AT&T 等 IT 企业。工业互联网联盟致力于发展一个“通用蓝图”,使各个厂商设备之间可以实现数据共享。

该蓝图的标准不仅涉及 Internet 网络协议,还包括诸如 IT 系统中数据的存储容量、互联和非互联设备的功率大小,数据流量控制等指标。其目的在于通过制定通用标准,打破技术壁垒,利用互联网激活传统工业过程,更好地促进物理世界和数字世界的融合。

工业互联网的核心内容即是发挥数据采集、互联网、大数据、云计算的作用,节约工业生产成本,提升制造水平。工业互联网将为基于互联网的工业应用,打造一个稳定可靠、安全、实时、高效的全球工业互联网络。

通过工业互联网,将智能化的机器与机器连接互通起来,将智能化的机器与人类互通起来,更深层次的是可以做到智能化分析,从而能帮助人们和设备做出更智慧的决策,这就是工业互联网给客户带来的核心利益。

美国制造业复兴战略的核心内容是依托其在信息通信技术(Information Communication Technology,ICT)、新材料等通用技术领域长期积累的技术优势,加快促进人工智能、数字打印、3D打印、工业机器人等先进制造技术的突破和应用,推动全球工业生产体系向有利于美国技术和资源禀赋优势的个性化制造、自动化制造、智能制造方向转变。

"工业互联网"主要包括3种关键因素:智能机器、高级分析、工作人员。①智能机器是现实世界中的机器、设备、设施和系统及网络通过先进的传感器、控制器和软件应用程序以崭新的方式连接起来形成的集成系统;②高级分析是使用基于物理的分析性、预测算法、关键学科的深厚专业知识来理解机器和大型系统运作方式的一种方法;③建立各种工作场所的人员之间的实时连接,能够为更加智能的设计、操作、维护以及高质量的服务提供支持和安全保障。

7.2 智能制造系统体系架构

7.2.1 IMS 的总体架构

目前,国内制造业自主创新能力薄弱、智能制造基础理论和技术体系建设滞后、高端制造装备对外依存度还较高、关键智能控制技术及核心基础部件主要依赖进口,智能制造标准规范体系也尚不完善。智能制造顶层参考框架还不成熟,完整的智能制造顶层参考框架尚没有建立,智能制造框架逐层逻辑递进关系尚不清晰。

根据《国家智能制造标准体系建设指南》(2018年版),智能制造系统架构主要从生命周期、系统层级和智能功能三个维度进行构建。其中生命周期是由设计、生产、物流、销售、服务等一系列相互联系的价值创造活动组成的链式集合;系统层级自上而下分为协同层、企业层、车间层、单元层和设备层;智能功能则包括资源要素、系统集成、网络互联、信息融合和新兴业态五个层次。通过研究各类智能制造应用系统,提取其共性抽象特征,构建一个从上到下分别是管理层(含企业资源计划与产品全寿命周期管理)、制造执行层、网络层、感知层及现场设备层五个层次的智能制造系统层级架构。

系统层级的体系结构及各层的具体内容简要描述如下：

（1）协同层。协同层的主要内容包括智能管理与服务、智能电商、企业门户、销售管理及供应商选择与评价、决策投资等。其中智能管理与服务是利用信息物理系统（Cyber Physical System, CPS），全面地监管产品的状态及产品维护，以保证客户对产品的正常使用，通过产品运行数据的收集、汇总、分析，改进产品的设计和制造。而智能电商是根据客户订单的内容分析客户的偏好，了解客户的习惯，并根据订单的商品信息及时补充商品的库存，预测商品的市场供应趋势，调控商品的营销策略，开发新的与销售商品有关联的产品，以便开拓新的市场空间，该层将客户订购（含规模化定制与个性化定制）的产品通过智能电商与客户及各协作企业交互沟通后，将商务合同信息、产品技术要求及问题反馈给管理层的 ERP 系统处理。

（2）管理层。智能制造系统的管理层，位于总体架构的第二层，其主要功能是实现智能制造系统资源的优化管理，该层分为智能经营、智能设计与智能决策三部分，其中智能经营主要包括企业资源计划（ERP）、供应链管理（SCM）、客户关系管理（CRM）及人力资源管理等系统；智能设计则包括 CAD/CAPP/CAM/CAE/PDM 等工程设计系统、产品生命周期管理（PLM）、产品设计知识库、工艺知识库等；智能决策则包括商业智能、绩效管理、其他知识库及专家决策系统，它利用云计算、大数据等新一代信息技术能够实现制造数据的分析及决策，并不断优化制造过程，实现感知、执行、决策、反馈的闭环。为了实现产品的全生命周期管理，本层 PLM 必须与 SCM 系统、CRM 系统及 ERP 系统进行集成与融合，SCM 系统、CRM 系统及 ERP 系统在统一的 PLM 管理平台下协同运作，实现产品设计、生产、物流、销售、服务与管理过程的动态智能集成与优化，打造制造业价值链。该层的 ERP 系统将客户订购定制的产品信息交由 CAD/CAE/CAPP/CAM/PDM 系统、财务与成本控制系统、供应链管理（SCM）系统和客户关系管理（CRM）系统进行产品研发、成本控制、物料供给的协同与配合，并维护与各合作企业、供应商及客户的关系；产品研发制造工艺信息、物料清单（BOM）、加工工艺、车间作业计划交由底层的制造执行层的制造执行系统（MES）执行。此外，该层获取下层制造执行层的制造信息进行绩效管理，同时将高层的计划传递给下层进行计划分解与执行。

（3）制造执行层。负责监控制造过程的信息，并进行数据采集，将其反馈给上层 ERP 系统，经过大数据分析系统的数据清洗、抽取、挖掘、分析、评估、预测和优化后，将优化后的指令或信息发送至设备层精准执行，从而实现 ERP 与其他系统层级的信息集成与融合。

（4）网络层。该层首先是一个设备之间互联的物联网。由于现场设备层及感知层设备众多，通信协议也较多，有无线通信标准（WIA-FA）、RFID 的无线通信技术协议 ZigBee，针对机器人制造的 ROBBUS 标准及 CAN 总线等，目前单一设备与上层的主机之间的通信问题已得到解决，而设备之间的互联问题和互操作性问题尚没有得到根本解决。工业无线传感器 WIA-FA 网络技术，可实现智能制造过程中生产线的协同和重组，为各产业实现智能制造转型提供理论和装备支撑。

（5）感知层。该层主要由 RFID 读写器，条码扫描枪，各类速度、压力、位移传感器，测控仪等智能感知设备构成，用来识别及采集现场设备层的信息，并将设备层接入上层的网络层。

（6）现场设备层。该层由多个制造车间或制造场景的智能设备构成，如 AGV 小车、智能搬运机器人、货架、缓存站、堆垛机器人、智能制造设备等，这些设备提供标准的对外读写接口，将设备自身的状态通过感知层设备传递至网络层，也可以将上层的指令通过感知层传递至设备进行操作控制。

智能制造系统中架构分层的优点如下：

①智能制造系统是一个十分复杂的计算机系统，采取分层策略能将复杂的系统分解为小而简单的分系统，便于系统的实现。

②随着业务的发展及新功能集成进来，便于在各个层次上进行水平扩展，以减少整体修改的成本。

③各层之间应尽量保持独立，减少各个分系统之间的依赖，系统层与层之间可采用接口进行隔离，达到高内聚、低耦合的设计目的。

④各个分系统独立设计，还可以提高各个分系统的重用性及安全性。

在 IMS 的六个层次中，智能制造系统之间存在信息传递关系，以智能经营为主线，将智能设计、智能决策及制造执行层集成起来，最终实现协同层的客户需求及企业的生产目标。企业资源计划 ERP 是 IMS 的中心，属于智能经营范畴，处于制造企业的高层。ERP 是美国 Gartner Group 公司于 20 世纪 90 年代初提出的概念，是在制造资源计划（Manufacturing Resource Planning，MRP）的基础上发展起来的，其目的是为制造业企业提供销售、生产、采购、财务及售后服务的整个供应链上的物流、信息流、资金流、业务流的科学管理模式。ERP 发展的历程见表 7-1。

表7-1 ERP发展的历程

阶段	企业经营方	要解决的问题	管理软件发展阶段	基础理论
第1阶段 20世纪60年代	追求降低成本,手工订货发货,生产缺货频繁	确定订货时间和订时段式货数量	时段式MRP系统	库存管理理论,主生产计划,BOM,期量标准
第2阶段 20世纪70年代	计划偏离实际,人工完成车间作业计划	保障计划工作的有效实施和及时调整	循环式MRP系统	能力需求计划、车间作业管理,计划、实施、反馈与控制的循环
第3阶段 20世纪80年代	寻求竞争优势,各子系统缺乏联系,矛盾重重	实现管理系统一体化	MRPⅡ系统	系统集成技术、物资管理和决策模拟
第4阶段 20世纪90年代	寻求创新,要求适应市场环境的迅速变化	在全社会范围内利用一切可利用的资源	ERP系统	供应链、混合型生产研究和事前控制
第5阶段 20世纪90年代末到21世纪初	寻求创新,要适应全球化市场环境的迅速变化	在全球范围内利用一切可利用的资源	ERPⅡ系统	商业智能、商业法规和高级生产计划等

ERP系统的主要功能包括销售管理、采购管理、库存管理、制造标准、主生产计划(Master Production Schedule,MPS)、物料需求计划(Material Requirement Planning,MRP)、能力需求计划(Capacity Requirement Planning,CRP)、车间管理、准时生产管理(Just In Time,JIT)、质量管理、财务管理、成本管理、固定资产管理、人力资源管理、分销资源管理、设备管理、工作流管理及系统管理等,其核心是MRP。

在IMS中ERP与时俱进,不断适应知识经济的新的管理模式和管理方法。如敏捷制造、虚拟制造、精益生产、网络化协同制造、云制造及智能制造等不断融入ERP系统。以ERP为核心衍生出的供应链管理、客户关系管理、制造执行系统也较好补充了新的需求,互联网、物联网、移动应用、大数据技术等在ERP系统中不断加强。如今企业内部应用系统ERP与知识管理(Knowledge Management,KM)、办公自动化(Office Automation,OA)日益交互,已经成为密不可分的一个集成系统。产品数据管理(Product Data Management,PDM)、先进制造技术(Advanced Manufacturing Technology,AMT)与ERP的数据通信及集成度也不断加强。供应链、CRM、企业信息门户(Enterprise Information Portal,EIP)

等处于内部信息与外部互联网应用的结合处,使得面向互联网应用,如电子商务、协同商务与企业信息化日益集成构建了全面信息集成体系(Enterprise Application Integration,EAI),这些变化形成了 ERP Ⅱ 系统。

7.2.2 IMS 涉及的若干关键技术

7.2.2.1 无线射频技术(RFID)

近年来,趋于成熟的 RFID 技术是一种非接触式自动识别技术,它通过无线射频信号自动识别制造车间中的移动对象,如物料、运输小车、机器人等。RFID 从其读取方式、读取范围、信息储量及工作环境等方面,可取代传统的条码技术。RFID 可实现动态快速、高效、安全的信息识别和存储,其在制造业中应用较广泛。

RFID 射频卡具有体积小、非接触式、重复使用、复制仿造困难、安全性高、适应恶劣环境、多标签同时识别读写、距离远速度快等诸多优点。一个基本的 RFID 系统由射频卡(标签)、射频阅读器、射频天线及计算机通信设备等组成。其中射频卡是一种含有全球唯一标识的标签,标签内含有无线天线和专用芯片。按供电方式分为有源标签及无源标签;按载波频率分为低频、中频及高频,其中低频主要适合于车辆管理等,中频主要应用于物流、智能货架等,而高频应用于供应链、生产线自动化、物料管理等;按标签数据读写性可分为只读卡及读写卡。射频阅读器也称读卡器,通过 RS232 等总线与通信模块相连,其功能是提供与标签进行数据传输的接口,对射频卡进行读写操作,通过射频天线完成与射频卡的双向通信;在射频卡及阅读器中都存在射频天线,两种天线必须相互匹配。天线的性能与频率、结构及使用环境密切相关。通信设备一般采用 ZigBee 无线通信协议,以满足低成本、低功耗无线通信网络需求。[①]ZigBee 模块有主副之分,一个主模块可与一个或多个副模块自动构建无线网络,其中主模块可与计算机相连,来实现主从模块间点对多点的无线数据传输。

RFID 系统的工作原理是阅读器通过发射天线发送一定频率的射频信号,当附有射频卡的物料进入发射天线工作区域时产生感应电流激活射频卡,射频卡将自身编码等信息的载波信号通过卡的内置发送天线发出,由系统接收天线接收,经天线调节器传送到阅读器,阅读器对接收的信号进行解调和解码,通过无线通信副模块传至通信主模块所在的 RFID

---

① 葛英飞.智能制造技术基础 [M].北京:北京机械工业出版社,2019.

控制器进行相关处理;控制器根据逻辑运算判断该卡的合法性,做出相应的处理和控制,完成系统规定的功能。根据 RFID 的原理及特点,将 RFID 读写器放置在智能制造系统的感知层,而将电子标签放置在现场设备层,将 RFID 控制器放置在高层的制造执行层,高层的控制器与底层的感知层通过网络层的 ZigBee 模块进行网络通信,完成对现场相应设备的控制。当然现场设备层还配置较多的各类传感器,连同 RFID 及无线通信网络,共同完成物理制造资源的互联、互感,确保制造过程多源信息的实时、精确和可靠的获取。

7.2.2.2 智能机床

智能机床就是对制造过程能够做出决策的机床。它通过各类传感器实时监测制造的整个过程,在知识库和专家系统的支持下,进行分析和决策,控制、修正在生产过程中出现的各类偏差。数控系统具有辅助编程、通信、人机对话、模拟刀具轨迹等功能。未来的智能机床会成为工业互联网上的一个终端,具有与信息物理系统 CPS 联网的功能。对机床故障能进行远程诊断,能为生产提供最优化方案,并能实时计算出所用切削刀具、主轴、轴承和导轨的剩余寿命。

智能机床一般具有如下特征。

(1)人机一体化特征。智能机床首先是人机一体化系统,它将人、计算机、机床有机地结合在一起。机器智能与人的智能将真正地集成在一起,互相融合,保证机床高效、优质和低耗运行。

(2)感知能力。智能机床与数控机床的主要区别在于智能机床具有各种感知能力,通过力、温度、振动、声、能量、液、工件尺寸、机床部件位移、身份识别等传感器采集信息,作为分析、决策及控制的依据。

(3)知识库和专家系统。为了智能决策和控制,除了有关数控编程的知识库、智能化数控加工系统及专家系统外,还要建立故障知识库和分析专家系统、误差智能补偿专家系统、3D 防碰撞控制算法、在线质量检测与控制算法、工艺参数决策知识、加工过程数控代码自动调整算法、振动检测与控制算法、刀具智能检测与使用算法以及加工过程能效监测与节能运行等。

(4)智能执行能力。在智能感知、知识库和专家系统支持下进行智能决策。决策指令通过控制模块确定合适的控制方法,产生控制信息,通过 NC 控制器作用于加工过程,以达到最优控制,实现规定的加工任务。

(5)具有接入 CPS 的能力。智能机床要具备接入工业互联网的能力,实现物物互联。在 CPS 环境下实现机床的远程监测、故障诊断、自修复、智能维修维护、机床运行状态的评估等。同时,具有和其他机床、物流系统组成柔性制造系统的能力。

7.2.2.3 智能机器人

(1)智能机器人定义。

智能机器人是智能产品的典型代表。智能机器人至少要具备以下3个要素:一是感觉要素,用来认识周围环境状态;二是运动要素,对外界做出反应性动作;三是思考要素,根据感觉要素所得到的信息,思考采用什么样的动作。

智能机器人与工业机器人的根本区别在于,智能机器人具有感知功能与识别、判断及规划功能。工业智能机器人最显著的智能特征是对内和对外的感知能力。外部环境智能感知系统由一系列外部传感器(包括视觉、听觉、触觉、接近觉、力觉和红外、超声及激光等)进行传感信息处理、实现控制与操作的能力。如碰撞传感器、远红外传感器、光敏传感器、麦克风、光电编码器、超声传感器、连线测距红外传感器、温度传感器等。而内部智能感知系统主要是用来检测机器人本身状态的传感器,包括实时监测机器人各运动部件的各个坐标位置、速度、加速度、压力和轨迹等,监测各个部件的受力、平衡、温度等。多种类型的传感器获取的传感信息必须进行综合、融合处理,即传感器融合。传感器的融合技术涉及神经网络、知识工程、模糊理论等信息检测、控制领域的新理论和新方法。

(2)专家系统与智能机器人。

智能控制系统的任务是根据机器人的作业指令程序及从外部、内部传感器反馈的信号,经过知识库和专家系统去辨识,应用不同的算法,发出控制指令,支配机器人的执行机构去完成规定的运动和决策。

如何分析处理这些信息并做出正确的控制决策,需要专家系统的支持。专家系统解释从传感器采集的数据,推导出机器人状态描述,从给定的状态推导并预测可能出现的结果,通过运行状态的评价,诊断出系统可能出现的故障。按照系统设计的目标和约束条件,规划设计出一系列的行动,监视所得的结果与计划的差异,提出解决系统正确运行的方法。

(3)智能机器人的学习能力。

智能制造系统对机器人要求较高,机器人要能在动态多变的复杂环境中,完成复杂的任务,其学习能力显得极为重要。通过学习不断地调节自身,在与环境交互过程中抽取有用的信息,使之逐渐认识和适应环境。通过学习可以不断提高机器人的智能水平,使其能够应对复杂多变的环境。因此,学习能力是机器人系统中应该具备的重要能力之一。

（4）接入工业互联网的能力。

智能机器人在未来都要成为工业互联网的一个终端，因此智能机器人要具有接入工业互联网的能力。通过接入互联网，实现机器人之间，机器人与物流系统、其他应用系统之间的集成，实现物理世界与信息世界之间的集成。智能机器人处于智能制造系统架构生命周期的生产环节、系统层级的现场设备层级和制造执行层级，同时属于智能功能的资源要素中。

7.2.2.4 常用的网络通信协议

在智能制造系统环境中，工业互联网不可缺少，智能功能的网络互联几乎应用于系统层级的各个层次中，它通过有线、无线等通信技术，实现设备之间、设备与控制系统之间、企业之间的互联互通。在网络层中，设备与设备的通信存在两类协议。第一类协议是接入协议（也称传输协议），负责子网内设备间的组网及通信，这类协议包括 ZigBee、WiFi、蓝牙。第二类协议是通信协议，负责通过传统互联网与服务器、APP 或设备进行交换数据，包括 HTTP、MQTT、WebSocket、XMPP、COAP。下面对几种协议进行介绍。

（1）ZigBee 协议。ZigBee 协议通常用于工控设备，广泛应用于车间、仓库、物流及智能家居环境中，例如网关与检测传感器通信使用的就是 ZigBee 协议。它具有如下的特点：

①开发成本低、协议简单。

②ZigBee 协议传输速率低，节点所需的发射功率小，且采用休眠与唤醒模式，功耗较低。

③通过 ZigBee 协议自带的 mesh 功能，一个子网络内可以支持多达 65 000 个节点连接，可以快速实现一个大规模的传感网络，具有强大的自组网能力。

④ZigBee 协议使用 CRC 校验数据包的完整性，支持鉴权和认证，并且采用 AES 对 16 字节的传输数据进行加密，具有较好的安全性。

因此，ZigBee 适用于设备的管理监控，并实时获取传感器数据。

（2）蓝牙技术。蓝牙技术目前已经成为智能手机的标配通信组件，其迅速发展的原因是其具有低功耗特性。蓝牙 4.0 方案已经成为移动智能设备的标配，用户无须另行购买额外的接入模块即可实现移动智能设备与其他智能设备的互联[1]。

（3）WiFi。WiFi 协议和蓝牙协议一样，发展同样迅速。WiFi 协议最

---

[1]　葛英飞.智能制造技术基础 [M].北京：北京机械工业出版社，2019.

大的优势是可以直接接入互联网。相对 ZigBee,采用 WiFi 协议的智能通信方案省去了额外的网关。相对蓝牙协议,则省去了对手机等移动终端的依赖。

（4）HTTP 和 WebSocket 协议。在互联网时代,主要采用 TCP/IP 协议实现底层通信,而 HTTP 协议由于开发成本低,开放程度高,使用广泛,因此在建立物联网系统时可参照 HTTP 协议进行开发。

HTTP 协议是典型的浏览器 / 服务器(Browse/Server)通信模式,由客户端主动发起连接,向服务器请求 XML 或 JSON 格式的数据。该协议目前在计算机、手机、平板电脑等终端设备广泛应用,但并不适用于物联网场景。主要缺点是:

①由于必须由设备主动向服务器发送数据,而服务器却难以主动向设备推送数据。这对于单一的数据采集等场景勉强适用,但是对于频繁的操控场景,只能通过设备定期主动拉取的方式进行数据推送,其实现成本高,且实时性难以保证。

②由于 HTTP 是明文协议,难以适应高安全性的物联网场景要求。

③不同于用户交互终端如计算机、手机等设备,物联网场景由于设备多样化,对于运算和存储资源都十分受限的设备,HTTP 协议实现资源解析、信息处理比较困难。因此,可以使用 WebSocket 协议来替代 HTTP 协议。WebSocket 是 HTML5 包含的基于 TCP 之上的可支持全双工通信的协议标准,在设计上基本遵循 HTTP 的思路,对于基于 HTTP 协议的物联网系统是一个很好补充。

（5）XMPP 协议。XMPP 是互联网中基于 XML 的常用的即时通信协议,由于其开放性和易用性,在互联网实时通信应用中运用较多。现已大量运用于物联网系统架构中,但是 HTTP 协议中的安全性以及计算资源消耗的硬伤并没有得到本质的解决。

（6）COAP 协议。COAP 协议的设计目标是在低功耗、低速率的设备上实现物联网通信。COAP 与 HTTP 协议一样,参考 HTTP 协议的格式,采用 URL 标识发送需要的数据,易于理解。它具有以下优点:

①采用 UDP 而不是 TCP 协议,可节省 TCP 建立所需要的连接成本及开销。

②将数据包头部进行二进制压缩,从而减小数据量以适应低速网络传输的场合。

③发送和接收数据可以异步进行,提升了设备响应的速度。

由于 COAP 协议设计保留了 HTTP 协议的功能,使得学习成本低。但是考虑到物联网众多的智能设备分布在局域网内部,COAP 设备作为服务器无法被外部设备寻址,因此目前 COAP 只用于局域网内部通信。

（7）MQTT 协议。MQTT 协议能较好地解决 COAP 存在的问题。MQTT 协议是由 IBM 开发的即时通信协议,比较适合物联网场合。MQTT 协议采用发布/订阅模式,所有的物联网终端都可以通过 TCP 连接到云端,云端再通过主题订阅的方式管理各个设备关注的通信内容,负责将设备之间消息进行转发。

MQTT 在协议设计时就考虑到不同设备的计算性能的差异,所有的协议都是采用二进制格式编解码,并且编解码格式都易于开发和实现。最小的数据包只有 2 个字节,对于低功耗低速网络也有很好的适应性。MQTT 协议运行在 TCP 协议之上,同时支持 TLS 协议,具有较好的安全性。

（8）DDS 协议。DDS 是面向实时系统的数据分布服务（Data Distribution Service for Real Time Systems, DDSRTS）,其适用范围是分布式高可靠性、实时传输设备的数据通信。目前,DDS 已经广泛应用于国防、民航、工业控制等领域。DDS 在有线网络下能够很好地支持设备之间的数据分发和设备控制,设备和云端的数据传输,同时 DDS 的数据分发的实时效率很高,能做到秒级内同时分发百万条消息到众多设备；缺点是在无线网络,特别是资源受限的情况下,应用实例较少。

7.3　智能制造系统调度控制

7.3.1 调度控制问题

从控制理论的角度看,调度控制系统的基本结构如图 7–1 所示。该系统是一个基于状态反馈的自动控制系统。调度控制器的输入信息 R 为来自上级的生产作业计划、设计要求和工艺规程,反馈信息 X 为生产现场的实际状态。调度控制器根据输入信息和反馈信息进行实时决策,产生控制信息 U（即调度控制指令）。制造过程在调度控制指令的控制下运行,克服外界扰动 D 的影响,生产出满足输入信息要求的产品 C。

解决调度控制问题的难点主要体现在以下几点。

①现代制造系统中的调度控制属于实时闭环控制,对信息处理与计算求解的实时性要求很高；

②被控对象是特殊的非线性动力学系统——离散事件动态系统（DEDS）,难以建模；

③没有根据被控对象设计调度控制器的有效理论方法；

④系统处于具有强烈随机扰动的环境中，扰动 D（如原材料、毛坯供应突变，能源供应异常变化，资金周转出现意外情况等）对系统运行的影响极大。

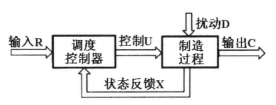

图 7-1　调度控制系统的基本结构

目前虽然还难以对制造系统的调度控制问题，特别是对动态调度控制问题全面求出最优解，但经过大量学术研究和生产实践，已经找到一些在某些特殊情况下求解最优解的方法。此外，对于一般性的调度控制问题，亦找到许多求其可行解的方法。其中，具有代表性的有以下几种：

①基于排序理论的调度方法，如流水排序方法、非流水排序方法等；

②基于规则的调度方法，如启发式规则调度方法、规则动态切换调度方法等；

③基于离散事件系统仿真的调度方法；

④基于人工智能的调度方法，如模糊控制方法、专家系统方法、自学习控制方法等。

7.3.2 流水排序调度方法

7.3.2.1 基本原理与方法

在某些情况下，通过采用成组技术等方法对被加工工件（作业）进行分批处理，可使每一批中的工件具有相同或相似的工艺路线。此时，由于每个工件均需以相同的顺序通过制造系统中的设备进行加工，因此其调度问题可归结为流水排序调度问题，可通过流水排序方法予以解决。

所谓流水排序，其问题可描述为：设有 n 个工件和 m 台设备，每个工件均需按相同的顺序通过这 m 台设备进行加工。要求以某种性能指标最优（如制造总工期最短等）为目标，求出 n 个工件进入系统的顺序[①]。

基于流水排序的调度方法（简称流水排序调度方法），是一种静态调

①　邓朝晖，万林林，邓辉，等.智能制造技术基础[M].武汉：华中科技大学出版社，2017.

度方法,其实施过程是先通过作业排序得到调度表,然后按调度表控制生产过程运行。如果生产过程中出现异常情况(如工件的实际加工时间与计划加工时间相差太大,造成设备负荷不均匀、工件等待队列过长等),则需重新排序,再按新排出的调度表继续控制生产过程运行。

实现流水排序调度的关键是流水排序算法。目前在该领域的研究已取得较大进展,研究出多种类型的排序算法,概括起来可分为以下几类:

①单机排序算法;

②两机排序算法;

③三机排序算法;

④n 机排序算法。

7.3.2.2　n 作业单机排序

(1)性能指标。

为实现最优作业排序,以作业平均通过时间(Mean Flow Time, MFT)最短作为性能指标。MFT 的计算公式为

$$\text{MFT} = \frac{\sum_{i=1}^{n} c_i}{n} = \frac{\sum_{i=1}^{n} \omega_i + \sum_{i=1}^{n} t_i}{n}$$

式中,c_i 为 i 作业的完工时间,$c_i = \omega_i + t_i$;ω_i,t_i 为 i 作业的等待和加工时间。

(2)实现 MFT 最短的调度方法。

下面将证明,按最短加工时间(Shortest Processing Time, SPT)优先原则排序可使 MFT 最短。SPT 优先原则的含义是具有最短加工时间的作业优先加工(处理)。

图 7-2　作业排队加工过程

证明:由图 7-2 可知

第 2 作业的等待时间:$\omega_2 = t_1$

第 3 作业的等待时间:$\omega_3 = t_1 + t_2$

第 4 作业的等待时间:$\omega_4 = t_1 + t_2 + t_3$

第 n 作业的等待时间:$\omega_n = t_1 + t_2 + \cdots t_n$

总等待时间:

$$\sum_{i=1}^{n}\omega_i = t_1 + (t_1 + t_2) + (t_1 + t_2 + t_3) + \cdots + (t_1 + t_2 + \cdots + t_{n-1})$$

$$= (n-1)t_1 + (n-2)t_2 + \cdots + 2t_{n-2} + t_{n-1}$$

（7-1）

由式（7-1）可见，加工时间前的权重系数 $t_1, t_2, \cdots, t_{n-1}$ 由大到小递减，说明越是排在前面的作业，其加工时间对总等待时间的贡献越大，因此将加工时间最短的作业排在最前面，即按照 SPT 原则排序，可使总等待时间最短。

又因为总加工时间 $\sum_{i=1}^{n} t_i = $ 常数，所以，总等待时间最短，即可保证总通过时间最短，从而使平均通过时间最短。

（3）推论。

MFT 最小可保证作业平均延误时间（Mean Lateness，ML）最小。

证明：第 i 作业的延误时间（+延误，–提前）为

$$L_i = c_i - d_i$$

式中，d_i 为第 i 作业的交付时间。

n 作业的平均延误时间为

$$ML = \frac{1}{n}\sum_{i=1}^{n} L_i = \frac{1}{n}\sum_{i=1}^{n}(c_i - d_i)$$

$$= \frac{1}{n}\sum_{i=1}^{n} c_i - \frac{1}{n}\sum_{i=1}^{n} d_i$$

$$= MFT - d$$

式中，$d = \frac{1}{n}\sum_{i=1}^{n} d_i$ 为平均交付时间。

因为平均交付时间 d 为常数，所以 MFT 最小，ML 也最小。

7.3.3 非流水排序调度方法

非流水排序调度方法的基本原理与流水排序调度方法相同，亦是先通过作业排序得到调度表，然后按调度表控制生产过程运行，如果运行过程中出现异常情况，则需重新排序，再按新排出的调度表继续控制生产过程运行。因此，实现非流水排序调度的关键是求解非流水排序问题。

非流水排序问题可描述为：给定 n 个工件，每个工件以不同的顺序和时间通过 m 台机器进行加工。要求以某种性能指标最优（如制造总工期最短等）为目标，求出这些工件在 m 台机床上的最优加工顺序。

非流水排序问题的求解比流水排序的难度大大增加，到目前为止还没有找到一种普遍适用的最优化求解方法。本节将介绍一种两作业

m 机非流水排序的图解方法,然后对非流水排序问题存在的困难进行讨论。

7.3.3.1 两作业 m 机非流水排序(图解法)

(1)基本原理。

两作业在 m 台机器上的加工过程中,每一作业都需按照自己的工艺路线进行,每一工序使用 m 台机器中的某一台完成该工序的加工任务。如果没有出现两作业在同一时间段需使用同一机器的情况,即没有资源竞争情况出现,两作业将沿各自的路线顺利进行,其作业进程的推进轨迹将是无停顿的直线轨迹。这种情况下,如果将两作业的推进轨迹合成起来即为两维空间中一条与水平线成夹角的直线轨迹,如图 7-3 所示。图中线后有一段水平直线是因为作业 J_2 结束后作业 J_1 仍在继续所形成的合成轨迹。

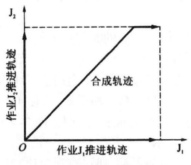

图 7-3　无冲突时的作业轨迹

在作业推进过程中,如果出现在同一时间段两作业需使用同一机器的情况,两作业之一必须让步,即让自己的推进过程停下来,让另一作业先使用该机器。于是停顿作业的推进轨迹上将出现停顿点,例如图 7-4 中横轴上的圆点就是作业 J_1 出现折线。显然,含有折线的合成轨迹的总长度比不含折线的合成轨迹要长。这意味着作业推进的总时间将延长。由此可知,为使完成两作业的总工期最短,应使合成轨迹的总长度最短。因此,为求出最优排序,应先找出所有可能的合成轨迹(如图 7-4 中的实线轨迹和虚线轨迹),然后计算每条轨迹的总长度,最后以总长度最短为目标选出最优合成轨迹。该轨迹对应的排序即为最优排序。

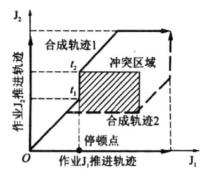

图 7-4　有冲突时的作业轨迹

（2）求解步骤。

根据上述原理,可将两作业 m 机非流水排序图解法的求解步骤归纳如下。

①画直角坐标系,其横轴表示 J_1 的加工工序和时间,纵轴表示 J_2 的加工工序和时间。

②将两作业需占用同一机器的时间用方框标出,表示不可行区。

③用水平线、垂直线和 45° 线 3 种线段表示两作业推进过程的合成轨迹。水平线表示 J_1 加工、J_2 等待,垂直线表示 J_2 加工、J_1 等待,45° 线表示 J_1、J_2 同时加工。为使制造总工期最短,应使 45° 线段占的比例最大。通过本步应找出所有可能的合成轨迹,例如图 7-4 中就存在两条合成轨迹,分别以实线和虚线表示。

④以轨迹总长度最短为目标,通过直观对比和计算,从第③步确定的候选合成轨迹中找出最优合成轨迹。

⑤求解最优合成轨迹上的时间转折点,得到调度表。

7.3.3.2 n 作业 m 机非流水排序存在的问题

关于非流水排序问题,以上仅给出了两作业 m 机排序的图解法,对于更复杂的非流水排序问题,目前还没有求其最优解的有效方法。枚举法虽然能找出最优解,但由于计算量巨大而难以实现。

用枚举法确定最佳作业排序看似容易,只要列出所有的排序,然后再从中挑出最好的就可以了,但实际上这个问题相当困难,主要是由于随着作业数量和机器数量的增加,排序的计算量将非常大。对于作业数 n 和机器数 m 较少排序问题,借助于计算机利用一定的数学算法编制程序勉强能求解。但对于 n 和 m 较大的非流水排序,即使用超级计算机求解,也往往会因计算量爆炸而难以实现。这是因为 n 作业 m 机非流水

排序有 $(n!)^m$ 个方案,计算量是惊人的! 例如,以 $n=10$,$m=5$ 为例,共有 $(10!)^5=6.29 \times 10^{32}$ 个排序方案,即便是使用高速计算机进行计算,全部检查完每一个排序,所用时间也是相当漫长的。如果再考虑其他约束条件,如机器状态、人力资源、厂房场地等,所需时间就无法想象了。

因此在实际应用中,对于较大规模的以 $n \times m$ 排序问题,要求其最优解是不可能的。到目前为止,几乎所有的研究都是应用仿真技术、启发式算法或人工智能方法等进行的。

7.3.4 基于规则的调度方法

7.3.4.1 基本原理

基于规则的调度方法(以下简称为规则调度方法)的基本原理是:针对特定的制造系统设计或选用一定的调度规则,系统运行时,调度控制器根据这些规则和制造过程的某些易于计算的参数(如加工时间、交付期、队列长度、机床负荷等)确定每一步的操作(如选择 1 个新零件投入系统、从工作站队列中选择下一个零件进行加工等),由此实现对生产过程的调度控制。

7.3.4.2 调度规则

实现规则调度方法的前提是必须有适用的规则,由此推动了对调度规则的研究。目前研究出的调度规则已达 100 多种。这些规则概括起来可分为 4 类,即简单优先规则、组合优先规则、加权优先规则和启发式规则。

(1)简单优先规则。

简单优先规则是一类直接根据系统状态和参数确定下一步操作的调度规则。这类规则的典型代表有以下几种。

①先进先出(First In First Out, FIFO)规则: 根据零件到达工作站的先后顺序来执行加工作业,先来的先进行加工。

②最短加工时间(Shortest Processing Time, SPT)规则: 优先选择具有最短加工时间的零件进行处理。SPT 规则是经常使用的规则,它可以获得最少的在制品、最短的平均工作完成时间以及最短的平均工作延迟时间。

③最早到期日(Earliest Due Date, EDD)规则: 根据订单交货期的先后顺序安排加工,即优先选择具有最早交付期的零件进行处理。这种方法在作业时间相同时往往效果较好。

④最少作业数（Fewest Operation, FO）规则：根据剩余作业数来安排加工顺序，剩余作业数越少的零件越先加工。这是考虑到较少的作业数意味着有较少的等待时间。因此使用该规则可使平均在制品少、制造提前和平均延退时间较少。

⑤下一队列工作量（Work In Next Queue, WINQ）规则：优先选择下一队列工作量最少的零件进行处理。所谓下一队列工作量是指零件下一工序加工处的总工作量（加工和排队零件工作量之和）。

⑥剩余松弛时间（Slack Time Remained, STR）规则：剩余松弛时间越短的越先加工。剩余松弛时间是将在交货期前所剩余的时间减去剩余的总加工时间所得的差值，其计算公式为

$$S_k = D - t - \sum_{j=k}^{J} p_j$$

式中，S_k 为剩余松弛时间；D 为交付时间；t 为当前时间；p_j 为第 j 工序的加工时间；k 为当前要进行的工序号；J 为零件工序总数。

该规则考虑的是：剩余松弛时间值越小，越有可能拖期，故 STR 最短的任务应最先进行加工。

（2）组合优先规则。

组合优先规则是根据某些参数（如队列长度等）交替运用两种或两种以上简单优先规则对零件进行处理的复合规则。例如，FIFO/SPT 就是 FIFO 规则和 SPT 规则的组合，即当零件在队列中等待时间小于某一设定值时，按 SPT 规则选择零件进行处理；若零件等待时间超过该设定值，则按 FIFO 规则选择零件进行处理。

（3）加权优先规则。

加权优先规则是通过引入加权系数对以上两类规则进行综合运用而构成的复合规则。例如，SPT+WINQ 规则就是一个加权规则。其含义是，对 SPT 和 WINQ 分别赋予加权系数和，进行调度控制时，先计算零件处理时间与下一队列工作量，然后按照和对其求加权和，最后选择加权和最小的零件进行处理。

（4）启发式规则。

启发式规则是一类更复杂的调度规则，它将考虑较多的因素并涉及人类智能的非数学方面。例如，Alternate Operation 规则的一条启发式调度规则，其决策过程如下：如果按某种简单规则选择了一个零件而使得其他零件出现"临界"状态（如出现负的松弛时间），则观察这种选择的效果；如果某些零件被影响，则重新选择。

一些研究结果表明,组合优先规则、加权优先规则和启发式规则相较简单优先规则有较好的性能。例如,组合优先规则 FIFO/SPT 可以在不增加平均通过时间的情况下有效减小通过时间方差。

7.3.4.3 规则调度方法的优缺点分析

①优点:计算量小,实时性好,易于实施。

②问题:该方法不是一种全局最优化方法。一种规则只适应特定的局部环境,没有任何一种规则在任何系统环境下的各种性能上都优于其他规则。

例如,SLACK 规则虽然能使调度控制获得较好的交付期性能(如延期时间最小),但却不能保证设备负荷平衡度、队列长度等其他性能指标最优。这样,当设备负荷不平衡造成设备忙闲不均而影响到生产进度时,便会反过来影响交付时间。同样,由于制造系统中缓冲容量是有限的,如果队列长度指标恶化,很容易造成系统堵塞,反过来也会影响交付时间。

因此,基于规则的调度方法难以适用于更广泛的系统环境,更难以适用于动态变化的系统环境。

7.3.4.4 规则动态切换调度控制系统

由以上讨论可知,静态、固定地应用调度规则不易获得好的调度效果,为此应根据制造系统的实际状态,动态地应用多种调度规则来实现调度控制。由此构成的调度控制系统称为规则动态切换调度控制系统。下面介绍这类系统的实现方法。

(1)系统原理。

规则动态切换调度控制系统的实现原理是:根据制造系统的实际情况,确定适当调度规则集,并设计规则动态选择逻辑和相关的计算决策装置。系统运行时,根据实际状态,动态选择规则集中的规则,通过实时决策实现调度控制。

(2)实现框图。

规则动态切换调度控制系统的实现框图如图 7-5 所示。其中,$R_1, R_2, \cdots, R_r$ 为调度规则集中的厂条调度规则。动态选择模块是一个逻辑运算装置,可根据输入指令和系统状态,动态选择规则集中的某一条规则。计算决策模块的作用是根据被选中的规则计算每一候选调度方案对应的性能准则值,然后根据准则值的大小做出选择调度方案的决策,并向制造过程发出相应的调度控制指令。

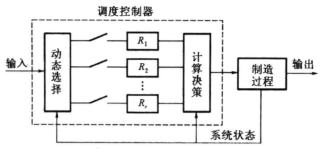

图 7-5 规则动态切换调度控制系统的实现框图

7.3.5 基于仿真的调度方法

7.3.5.1 基本原理

基于仿真的调度方法(简称仿真调度方法)的基本原理如图 7-6 所示。图中计算机仿真系统的作用是用离散事件仿真模型模拟实际的制造系统,从而使制造系统的运行过程用仿真模型(以程序表示)在计算机中的运行过程进行描述。这样当调度控制器(其功能可由人或计算机实现)要对制造系统发出实际控制作用前,先将多种控制方案在仿真模型上模拟,分析控制作用的效果,并从多种可选择的控制方案中选择出最佳控制方案,然后以这种最佳控制方案实施对制造系统的控制。由此可见,基于仿真的调度方法实质上是一种以仿真作为制造系统控制决策的决策支持系统、辅助调度控制器进行决策优化、实现制造系统优化控制的方法。

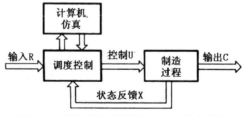

图 7-6 基于仿真的调度方法的基本原理

基于仿真的调度控制系统的运行过程为:当调度控制器接收到来自上级的输入信息(作业计划等)和来自生产现场的状态反馈信息后,通过初始决策确定若干候选调度方案,然后将各方案送往计算机仿真系统进行仿真,最后由调度控制器对仿真结果进行分析,做出方案选择决策,并据此生成调度控制指令来控制制造过程运行。

在理论方法还不成熟的情况下,用仿真技术来解决制造系统调度与控制问题的方法得到了广泛的应用。

7.3.5.2 关键问题

（1）仿真建模。

建立能准确描述实际系统的仿真模型是实现仿真调度方法的前提。常用的仿真模型有物理模型、解析模型和逻辑模型。物理模型主要用于物理仿真，由于这种方法需要较大的硬件投资且灵活性小，所以应用较少。解析模型的研究目前还不够成熟，在调度控制仿真中应用也较少，一般多用于制造系统的规划仿真。目前在调度控制仿真中所用的模型主要是逻辑模型。这类模型的典型代表有 Petri 网模型、活动循环图（ACD）模型等。其中 ACD 模型由于便于描述制造系统的底层活动，在制造系统调度仿真中得到较多应用。

（2）实验设计。

基于仿真的调度方法的实质是通过多次仿真实验，从可选择的调度控制方案中做出最佳控制方案选择决策的方法。由于可供选择的方案往往很多，如果用穷举法一个一个地进行实验，势必要耗费大量机时，而且这也是制造系统控制的实时性要求所不容许的。因此，如何安排实验（即进行实验设计），以最少的实验次数从可选方案中选择出最佳方案，便成为仿真控制方法的另一重要问题[1]。目前常用的仿真实验设计与结果分析方法有回归分析方法、扰动分析方法、正交设计方法等。

（3）仿真运行。

为使仿真模型能在计算机上运行，必须将仿真模型及其运行过程用有效的算法和计算机程序表示出来。对于活动循环图模型来说，可以采用基于最小时钟原则的三阶段离散事件仿真算法。在仿真语言和编程方面，目前可用于制造系统仿真的语言有通用语言（如 C 语言等）、专用仿真语言、仿真软件包等。通用语言的特点是灵活性大，但编程工作量大。专用仿真语言的特点是系统描述容易，编程简单，但柔性不如通用语言大。仿真软件包的特点是使用方便，但柔性小，软件投资较大。

（4）控制决策。

控制决策是实现仿真调度方法的最后一环。该环节的任务是对仿真结果进行分析，比较各调度方案的优劣，从中做出最佳选择，并据此生成调度控制指令，通过执行系统（如过程控制系统）控制生产过程的运行。

为使控制决策更有效、更准确,目前一些实际系统中多由人机结合的方式来完成这一任务。

基于仿真的调度方法虽然可在一定程度上解决制造系统的调度控制问题,如静态调度问题,但还存在一些不足之处。问题之一是,该方法的实时性不太理想,这是由于仿真的调度方法需经过一定数量的仿真实验,才能确定最佳方案,而完成这些实验将耗费相当多的时间,从而使控制系统无暇顾及生产现场状态的实时变化,也就难以对变化做出快速响应。另一问题是,面向实时控制的仿真建模是一个相当复杂的工作,建立一个可用于制造系统动态调度仿真的模型往往需要花较长的时间去解决系统动态行为的精确描述问题,而在某些变结构制造系统中,为实现自适应调度控制,需要对系统进行实时动态建模,其难度将更大。

7.3.6 基于人工智能的调度方法

为解决排序调度方法、规则调度方法、仿真调度方法等存在的问题,国内外的许多研究人员对基于人工智能的调度控制方法(简称智能调度方法)进行了深入研究,取得大量研究成果,并在生产实际中得到应用。下面介绍几种典型方法。

7.3.6.1 规则智能切换控制方法

(1)基本原理。

规则智能切换控制方法是一种将规则调度方法与人工智能技术相结合而产生的一种智能调度方法。其基本原理是根据制造系统的实际情况,确定适当的调度规则集。系统运行时,根据生产过程的实际状态,通过专家系统动态选择规则集中的规则进行调度控制。

(2)调度控制系统组成。

规则智能切换调度控制系统的实现框图如图7-7所示。可以认为,该系统是对规则动态切换调度控制系统的一种升级。其主要不同之处是,以基于人工智能原理的规则选择专家系统替代了规则动态切换调度控制系统中的动态选择逻辑。动态选择逻辑只具有简单的逻辑判断功能,复杂情况下不易得到好的控制效果。此外,动态选择逻辑的功能是在设计阶段确定的,在系统运行阶段难以对其进行改进。而规则选择专家系统的功能是由其中的知识和推理机构确定的,可以模仿人的智能,对复杂情况的处理能力明显优于前者。此外,通过改变知识库中的知识,即可提高规则选择专家系统的功能和性能。因此,规则智能切换调度控制系统具有很强的柔性和可扩展性。

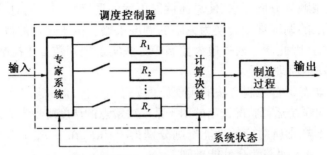

图 7-7　规则智能切换调度控制系统的实现框图

（3）规则选择专家系统。

规则选择专家系统是规则智能切换调度控制系统的核心,其基本结构如图 7-8 所示。其中,输入处理模块的功能是对来自上级的输入信息（作业计划等）和来自生产现场的状态反馈信息进行处理,将其转换为便于调度推理机使用的内部形式。调度知识库是规则选择专家系统的关键部件,其中存放着各种类型的调度控制知识。这些知识可以来自有经验的调度人员,也可以通过理论分析和实验研究获得。调度推理机是该系统的核心,它利用知识库中的知识,在数据库的配合下根据输入信息进行推理,做出调度规则选择决策。输出处理模块的作用是将决策结果转换为规则切换控制指令,以实现对调度规则的动态选择和切换控制。

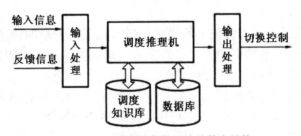

图 7-8　规则选择专家系统的基本结构

7.3.6.2 规则动态组合控制方法

上述规则智能切换控制方法虽然可以动态应用多种调度规则对生产过程进行调度控制,但它一个时刻只能使用一条规则进行决策,只能考虑某一方面的性能,难以同时顾及其他方面。因此,该方法难以满足制造系统对综合性能的要求。本节介绍的规则动态组合控制方法为解决这一问题提供了新的途径。该方法的基本思想是通过动态加权调制,同时选取多条调度规则并行进行决策,从而可更加全面地考虑系统的实际状态,有利于实现兼顾各方面要求、使总体性能更优的调度控制。同时,通过该方法可将有限的调度规则转换为无限的调度策略。由于这样的调度策略是连续可调的,因此便于通过模糊控制等方法实现规则数量化控制。

(1)基本原理。

规则动态组合控制方法的实现原理如下。

设针对系统运行状况选出的用于某一决策点的调度规则为 $R_1, R_2, \cdots, R_r$,这 r 条基本规则所对应的性能准则分别为 $P_1(t), P_2(t), \cdots, P_r(t)$,为实现规则动态组合,引入动态综合性能准则

$$J(t) = U_1(t)P_1(t) + U_2(t)P_2(t) + \cdots + U_r(t)P_r(t)$$

式中,$U_1(t), U_2(t), \cdots, U_r(t)$ 为随时间 t 变化的动态加权系数。

若 t 时刻在该决策点上对事件序列的控制有 n 个候选方案 $S_1, S_2, \cdots, S_n$,则这 n 个候选方案所对应的综合性能准则可表示为

$$
\begin{bmatrix} J_1(t) \\ J_2(t) \\ \vdots \\ J_n(t) \end{bmatrix} =
\begin{bmatrix}
P_{11}(t) & P_{12}(t) & \cdots & P_{1r}(t) \\
P_{21}(t) & P_{22}(t) & & P_{2r}(t) \\
\vdots & \vdots & \cdots & \vdots \\
P_{n1}(t) & P_{n2}(t) & \cdots & P_{nr}(t)
\end{bmatrix}
\begin{bmatrix} U_1(t) \\ U_2(t) \\ \vdots \\ U_r(t) \end{bmatrix}
$$

最佳方案应是取最小值的 J 所对应的方案,即若

$$J_1(t) = \min\{J_1(t), J_2(t), \cdots, J_n(t)\}, i \in \{1, 2, \cdots, n\}$$

则最佳方案为 S_i。

显然,通过上述过程使 r 条调度规则组成了一种新的调度策略(与 r 条规则中的每一条都不相同),它的决策效果取决于两方面因素:一是它所包含的每条规则;二是赋予每条规则的权利。因此针对系统状态的动态变化实时赋予每条规则不同的加权系数,将可做出最有利于系统实际情况的决策,从而实现有利于全局优化的动态调度控制。

(2)调度控制器结构。

规则动态组合调度控制器的基本结构如图 7-9 所示。其中,规则动态组合控制模块是该控制器的核心,它由基于模糊数学方法构成的模糊推理机、模糊控制知识库等组成。其作用是根据系统输入信息和状态反馈信息,进行模糊推理,产生加权控制信息 $U_1, U_2, \cdots, U_r$。$P_1(t), P_2(t), \cdots, p_r(t)$ 为性能准则计算模块,其任务是根据系统当前状态计算 r 条规则的性能准则值。带"×"号的矩形块为加权调制模块,其作用是根据加权控制信息对各规则的贡献进行控制。决策控制模块的作用是根据综合性能准则值,对选择最优方案进行综合决策,并根据决策结果向制造过程发出

调度控制信息。

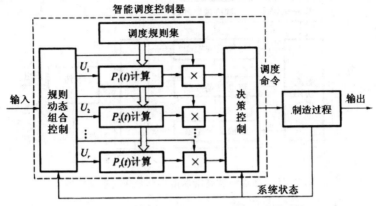

图 7-9　规则动态组合调度控制器的基本结构

7.3.6.3 多点协调智能调度控制方法

（1）问题的提出。

在现代制造系统,特别是自动化制造系统中,为实现底层制造过程的动态调度控制,往往涉及多个控制点,如工件投放控制、工作站输入控制、工件流动路径控制、运输装置控制等。为实现总体优化,这些控制点的决策必须统一协调进行。为此需采用具有多点协调控制功能的调度控制系统。下面对这类系统的组成和工作原理做简要介绍。

（2）控制系统组成。

基于多点协调调度控制方法所构成的多点协调调度控制系统由智能调度控制器和被控对象(制造过程)两大部分组成,如图 7-10 所示。其中,具有多点协调调度控制功能的智能调度控制器是该系统的核心。该控制器的基本结构如图 7-10 中虚线框部分所示。其中,控制知识库和调度规则库是该控制器最重要的组成环节,其中存放着各种类型的调度控制知识和调度规则。工件投放控制、流动路径控制、运输装置控制等 m 个子控制模块,是完成各决策点调度控制的子任务控制器。智能协调控制模块是协调各子任务控制器工作的核心模块。执行控制模块是实施调度命令、具体控制制造过程运行的模块。

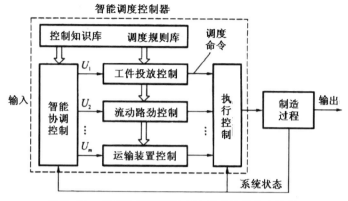

图 7-10　多点协调智能调度控制系统的基本结构

（3）系统工作原理。

该系统的工作原理如下：当调度控制器接收到来自上级的输入信息（作业计划等）和来自生产现场的状态反馈信息后，首先由智能协调控制模块产生控制各子控制模块的协调控制信息 $U_1, U_2, \cdots, U_m$，然后各子控制模块根据协调控制信息的要求和相关的输入和反馈信息对自己管辖范围内的调度控制问题进行决策，并产生相应的调度控制命令。最后由执行控制模块将调度命令转换为现场设备（如工件存储装置、交换装置、运输装置等）的具体控制信息，并通过现场总线网络实施对制造过程运行的控制。

（4）自学习调度控制方法。

①常规智能调度方法存在的问题。以上介绍的几种智能调度控制方法属于基于静态知识的智能调度控制方法，其基本结构可概括为如图7-11所示。图中静态知识库的含义是，库中的知识是系统运行前装进去的，系统运行过程中不能靠自身来动态改变。显然，这类系统的性能从将知识装入知识库那一时刻起就已经确定下来，因此为保证系统具有好的调度控制性能，必须解决如何获取知识并保证知识的有效性这一关键问题。虽然调度控制知识可以从有经验的调度人员那里获得，也可以通过理论分析和实验研究获得，但实施过程中往往遇到一些困难。例如，有丰富经验能承担复杂制造系统动态调度任务的高水平调度人员是极其缺乏的，并且要将他所具有的知识总结出来也是一个相当费时费力的工作。此外，调度人员的知识是有局限性的，有些知识在他所工作的企业很有效，但换一个环境后未必仍能保持好的效果。实际工作中还发现，走通过理论分析和实验研究获取调度控制知识的途径也是相当困难的。因此，如何有效解决智能调度控制系统中的知识获取问题，便成为提高这类系

统性能必须解决的关键问题。

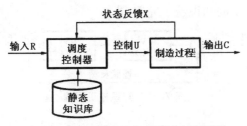

图 7-11　基于静态知识的调度控制系统

　　②自学习调度控制系统的组成。解决知识获取问题的一条有效途径就是学习,特别是通过系统自己在运行过程中不断进行自学习[1]。基于这一思想,可构成一种具有自学习功能的智能调度控制系统。自学习调度控制系统的基本结构如图 7-12 所示。该系统与图 7-11 系统的最大不同点在于增加了以自学习机构为核心的自学习控制环。在自学习闭环控制下,可对知识库中的知识进行动态校正和创成,从而将静态知识库变为动态知识库。这样,随着动态知识库中知识的不断更新和优化,系统的调度控制性能也将得以不断提高。

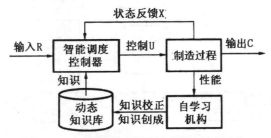

图 7-12　自学习调度控制系统的基本结构

　　③知识校正原理。为实现自学习调度控制,需进行知识校正,使其不断完善。知识校正原理如图 7-13 所示。图中由知识控制器与知识使用过程(被控对象)等组成一闭环控制系统。该系统按照反馈控制原理工作,知识控制器将根据被控量的期望值与实际值之间的偏差来产生控制作用,对被控过程进行控制,使被控量的实际值趋于期望值[2]。确切地说,这里的被控量是系统的性能指标,控制作用表现为对知识的校正,被控过程为知识的使用过程。因该系统为一基于偏差调节的自动控制系统,知识控制器将以系统期望性能与实际性能间的偏差最小为目标函数,不断

① 　王先逵.机械加工工艺手册第 3 卷系统技术卷 [M].北京:机械工业出版社,2007.
② 　周凯,刘成颖.现代制造系统 [M].北京:清华大学出版社,2005.

对知识库中的知识进行校正。因此,在该系统的控制下,经过一定时间,最终将使知识库中的知识趋于完善。

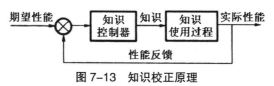

图 7-13　知识校正原理

7.3.6.4 仿真自学习调度控制方法

前面介绍的自学习调度控制系统是以实际的制造系统环境实现自学习控制的。这种学习系统存在的问题是学习周期长,且在学习的初始阶段制造系统效益往往得不到充分发挥。为了提高自学习控制的效果,可进一步将仿真系统与自学习调度控制系统相结合,构成仿真自学习调度控制系统,其基本结构如图 7-14 所示。

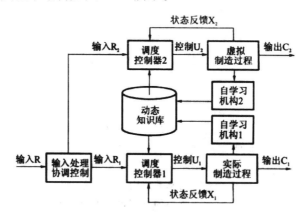

图 7-14　仿真自学习调度控制系统的基本结构

该系统的基本原理是通过计算机仿真对自学习控制系统进行训练,从而加速自学习过程,使自学习控制系统在较短时间内达到较好的控制效果。

要达到上述目的,该系统须由两个自学习子系统组成。

(1)由调度控制器 1、实际制造过程、自学习机构 1 和动态知识库组成的以实际制造过程为控制对象的自学习控制系统(简称实际系统)。

(2)由调度控制器 2、虚拟制造过程、自学习机构 2 和动态知识库组成的以虚拟制造过程为控制对象的自学习控制系统(简称仿真系统)。

仿真自学习调度控制系统可以工作于两种模式,即独立模式和关联模式。

当系统运行独立模式时,先启动上面的仿真系统,下面的实际系统暂不工作。仿真系统启动后,在调度控制器 2 的控制下,整个系统以高于实际系统若干倍的速度运行,从而对动态知识库中的知识进行快速优化。当仿真系统运行一段时间后,系统进行切换,转为实际系统运行。由于此时知识库中的知识已是精炼过的知识,实际系统就可缩短用于初始自学习的时间,从而提高系统的效益。

系统以关联模式运行时,让实际系统与仿真系统同时工作。由于仿真系统的运行速度比实际系统要快得多,因此,发生在仿真系统中的自学习过程也较实际系统快得多。这样由于仿真自学习的超前运行,相对于实际系统,仿真系统对知识库中的知识校正与创成将是一种预见性的知识更新,即提前为实际系统实现智能控制做好了知识准备。而实际系统中的自学习机构所产生的自学习作用,则是对仿真自学习作用的一种补充。通过这两个自学习环的控制,系统性能的提高将更快、更好。

7.4　智能制造系统供应链管理

7.4.1 制造业供应链管理概念

7.4.1.1 供应链的定义

制造业供应链是一种将供应商、制造商、分销商、零售商直至最终客户(消费者)连成一个整体的功能网链模式,在满足一定的客户服务水平的条件下,为使整个供应链系统成本达到最小,而将供应商、制造商、仓库、配送中心和渠道商有效地组织在一起,共同进行产品制造、转运、分销及销售的管理方法。通过分析供应链的定义,供应链主要包括以下三个方面的内容:

(1)供应链的参与者。主要包括供应商、制造商、分销商、零售商、最终客户(消费者)。

(2)供应链的活动。原材料采购、运输、加工在制品、装配成品、销售商品、进入客户市场。

(3)供应链的四种流。物料流、信息流、资金流及商品流。

供应链不仅是一条资金链、信息链、物料链,还是一条增值链。物料因在供应链上加工、运输等活动而增值,给供应链上的全体成员都带来了收益。

7.4.1.2 制造业供应链的特征

供应链定义的结构决定了它具有以下主要特征。

（1）动态性。因核心企业或成员企业的战略及快速适应市场需求变化的需要，供应链网链结构中的节点企业经常进行动态的调整（新加入、退出或调整层次），因而供应链具有明显的动态特性。

（2）复杂性。供应链上的节点往往由多个不同类型、不同层次的企业构成，因而结构比较复杂。

（3）面向用户性。供应链的形成、运作都是以用户为中心而发生的。用户的需求拉动是供应链中物流、资金流及信息流流动的动力源。

（4）跨地域性。供应链网链结构中的节点成员超越了空间的限制，在业务上紧密合作，在信息流和物流的推动下，可进一步扩展为全球供应链体系。

（5）结构交叉性。某一节点企业可能分属为多个不同供应链的成员，多个供应链形成交叉结构，这无疑增加了协调管理的复杂度。

（6）借助于互联网、物联网等信息化技术，供应链正向敏捷化、智能化方向快速发展。

7.4.1.3 制造业供应链管理现状及存在的问题

随着新一轮科技革命和产业变革的到来，制造业供应链管理信息化远没有达到预期的目标，主要存在的问题如下：

（1）供应链管理水平低。通常情况下，采用供应链管理系统可以最大限度地帮助企业缩短生产和采购周期，降低库存和资金占用，快速响应客户需求，实现个性化定制。然而供应链上的节点企业普遍存在供应链管理粗放的问题，缺乏适合不同生产类型、不同计划模式和多种计划模式的混合解决方案。制订的供应链计划往往是一个静态的、分散的、不连续的计划，不能进行合理的通用件合并，缺少科学合理的计划政策、批量政策、储备政策、提前期等生产计划参数，投资重金开发的 ERP 系统只停留在供销存和财务管理的层面，供应链计划却无法有效执行。多数企业在与供应商和客户进行的商务活动中仍处于传统的方式，市场响应速度慢。客户关系管理、供应商关系管理、电子商务的应用水平还很低。

（2）采购计划制订不科学。采购计划没有遵循物料需求计划结果，导致库存数据、消耗定额数据、在制品数据、采购在途量不准确、不及时。从而造成采购计划不科学、不严谨，物料积压或短缺严重。

（3）缺乏物流管理。很多企业只是使用了 ERP 中财务加供销存模块，这些企业所设计的管理模式、业务流程及制度是以财务记账为核心的管理模式,因此物流管理无法为生产计划、财务、成本提供准确及时的物流信息,导致计划制订及执行流于形式。

(4)经营管理信息化、智能化水平低。企业经营管理信息化、智能化要求企业应用新一代信息技术、管理技术、行业最佳实践,对企业业务流程、管理模式、组织机构、数据进行优化和创新。很多企业虽然应用信息化、智能化技术,但是受限于现有的管理模式和业务流程,"穿新鞋走老路",管理变革不到位,实施的效果不佳。

(5)不重视基础数据的管理。物料代码、物料主数据、物料清单(Bill of Material, BOM)、工艺路线、加工中心数据和工时定额不准确,严重影响供应链计划、车间作业计划、成本核算的准确性。

(6)系统集成性差,开放利用不足。多数企业的单个信息系统应用非常普遍而且较好,如 CAD、设备管理系统、财务管理系统等,但系统之间的集成性较差,如产品设计系统与 ERP、MES、CRM、SRM 之间的集成度;ERP 系统内部各个子系统之间、ERP 系统与 MES、CRM、SRM 之间的集成度等。系统出现许多断点,以及不必要的重复录入数据,导致系统运行效率差、出错率高。

7.4.2 智能供应链管理

针对制造业供应链的现状及问题,企业必须对自身的组织机构、业务流程、数据、信息系统进行优化设计,在互联网及物联网的技术支持基础上,建立供应链科学的管控体系及协同商务系统,并建立全价值链的集成平台。

智能供应链管理是一种以多种信息技术、人工智能为支撑和手段的先进的管理软件和技术,它将先进的电子商务、数据挖掘、协同技术等紧密集成在一起,为企业产品策略性设计、资源的策略性获取、合同的有效洽谈以及产品内容的统一管理等过程提供了一个优化的实现双赢的解决方案。

智能供应链系统包括 ERP、CRM、SCM、SRM、PM,在智能制造系统的环境下,智能供应链系统以客户为中心,将供应链上的客户、供应商、协作配套厂商、合作伙伴从战略高度进行策划和组织,使其共享利益,共担风险,共享信息。通过信息化手段,实现 SRM、ERP、CRM、PM 以及整个供应链管理的优化和信息化。这些模块包括供应链计划管理、协同商务管理、库存管理、采购管理、销售管理、生产管理、分销管理、财务成本管理、人力资源管理、设备管理、绩效管理及商业智能等。其中 SRM 围绕企业采购、外协业务相关的领域，目标是通过与供应商建立长期、紧密的业务关系，并通过对双方资源和竞争优势的整合来共同开拓市场，扩大市场需求和份额，降低产品前期的高额成本，实现双赢的企业管理模式，其具体的功能包括供应商管理（包括供应商准入的管理、供应商评价管理、供应商退出管理）、招投标管理（包括招标管理、投标管理、开标管理）、采购管理（包括采购组织管理、采购业务管理、采购业务分析）、工程管理（包括物料管理、BOM 管理、加工中心管理、工艺管理等）及电子商务采购（包括供应商业务管理、采购计划下达、采购订单确认、订单查询、订单变更、发货状态、网上支付、外协供应商管理等）等功能。

供应链管理系统中最重要、应用最困难、成功率最低的是供应链计划与控制及协同商务。

7.4.2.1 供应链计划与控制

供应链的计划与控制是供应链管理系统的核心，也是智能制造系统中智能经营分支的核心。它由客户的需求计划、项目计划、供应链网络计划、MPS、MRP、JIT、运输计划等构成适应不同生产类型要求的计划控制体系。它的目的是在有限资源（库存、在途、在制、计划政策、储备政策、批量政策、提前期、加工能力等）条件下，根据客户的需求，对企业内外供应链上的成员（供应商、协作配套厂商、合作伙伴、企业内部上下工序车间之间）需求做出合理的安排，最大限度地缩短采购和生产周期，降低库存和在制品资金的占用，提高生产率，降低生产成本，准时供货，快速响应客户需求。

通常情况下，将计划与控制模块分为内部（企业）和外部（合作伙伴）计划两个类型。其中内部计划包括财务计划、销售计划、营销计划、采购计划、生产计划、物流计划、库存计划等；外部计划则包括客户的采购计划、供应商的销售计划、第三方的运输配送计划等。这些不同类型的计划，其拆解和转换涉及不同的职能部门、不同的合作伙伴，还会涉及大量的计算，涉及对每个模块业务的充分理解，如果只由供应链计划部门来完成，将是一件不可能完成的任务，因此做好供应链计划的步骤如下：

（1）需要构建计划之间的"连接器"。不管是内部还是外部计划，计划与计划之间都是相互关联、密切配合的。这种关联有可能是不同层级的，有上一层计划才会有下一层计划，例如财务计划和销售计划；也有可能是同层级的，例如需求计划和供应计划。如果忽视这种关联性，计划之间将缺乏协调、计划数据之间产生矛盾。因此，需要重点关注内部协同计划、外部协同计划两个主要的协同计划,它是内外协同的主线。通过内外协同计划,我们可以把前述计划串起来,形成一个有机的整体,形成唯一的共识计划数据,并让信息在这个有机体里顺畅地流动。

(2)需要构建计划之间的"转换器"。每个计划职能都有其对应的输入和输出,上游计划的输出是下游计划的输入,下游计划的输出又是下下游计划的输入。

(3)需要构建计划之间的"调节器"。计划的调节器,是通过实时的数据监控,对计划执行的效果进行转换、汇总、分析、调整和重新分拆,以适应动态的变化。

优秀的"调节器"具备实时监控、周期调整的能力。实时监控确保了对计划执行效果的掌控,而周期性调整避免了频繁变动对计划体系所造成的不必要的冲击,能够将计划本身所产生的波动降到最低。

计划制订工作是供应链管理中最复杂、最细致也是最有技术含量的工作之一,需要确保数据的一致性、计划的准确性、供应链的协调性、计划变动的灵活性,只有通过构建合适的"连接器""转换器"和"调节器",才能将供应链上复杂的计划模块连接起来,形成一个有机的整体,最终让所有人都能够以各自不同的视角面对统一的计划体系。

供应链计划随着生产类型的不同而不同。制造业的生产类型分为离散型制造和流程制造两类,其中前者又分为订单生产、多品种小批量生产、大批量生产、大规模定制及再制造生产五种方式。多品种小批量生产将是机械制造业的主要生产模式,适合使用 ERP 系统制订供应链计划,其他生产类型是在多品种小批量生产模式的基础之上制订供应链计划的。

7.4.2.2 协同商务

产品协同商务是建立在网络化制造、基于互联网基础之上的系统平台。其组织视图是一个复杂的网状结构,在该网络中,每个节点实质是一个企业,各个企业必须在核心企业或盟主的统一领导下,彼此协同合作才能完成机遇产品的开发。

产品协同商务可以与 ERP 进行集成,在产品协同商务网络平台的统一调度下,各个合作企业的 ERP 系统的信息能够按照规定的要求提取至系统商务平台中的协同数据库中进行集成,从而实现协同企业高效交互,增强供应链的核心竞争力。

产品协同商务具有如下的特点:

(1)动态性。参与协同的成员企业数量实时编号,考虑到合作企业的选择、确定协作关系,在产品的全生命周期会调用不同的协作实体。

（2）组织结构优化。为实现资源的快速重组,要求合作体更具有灵活性、开放性和自主性的组织结构,不适合使用传统的树形金字塔结构,而采用扁平化的组织结构。

（3）业务类型以市场订单或者市场机遇为驱动力,保证组建的协同网络中的合作体的资源满足市场机遇产品的生产要求。

（4）分散性。参与合作体的实体群在地理位置上是分散的,需要互联网环境的支撑及数据交换标准的制订。

（5）协同性。协同关系反映在企业内部的协同、企业之间的协同以及企业与其他组织的协同。

（6）竞争性。合作体成员之间既合作又竞争,此外合作体与其他合作体之间也存在群体之间的竞争,合作体内部也存在类似资源的竞争。

（7）知识性。协同商务链是协同商务发展的方向,其特征是具有知识流、物流、信息流、资金流,其中知识流是指协同商务企业可以与知识机构,如科研院所等进行协同。协同的内容包括知识的描述、知识的建模、知识的存储、知识的使用及知识的优化等。

7.4.2.3 系统商务集成平台的技术架构

系统商务集成平台是将具有共同利益的实体通过网络进行协同的分布式服务平台。显然平台的构建需要分布式计算技术。目前适用于分布式计算的方式较多,如中间件(包括 CORBA、EJB、DCOM 等)和 Web Service 等,可以根据实际需要选择合适的分布式计算技术或者进行组合。

7.4.3 多智能体在供应链中的应用

随着企业信息化和业务数字化应用的日益深入,特别是线上业务和网络经营范围的不断扩大,信息的处理规模、关系网络的复杂性以及供需的动态特征等因素已经成为供应链管理的难题。

多智能体(Multi Agent, MA)技术具有分布性、自治性、移动性、智能性和自主学习性等优点,比较适用于跨越企业边界的、处于复杂环境的供应链管理,进而满足企业间可整合、可扩展的需求,集成供应链上各个节点企业的核心能力和价值创造能力,强化供应链的整体管理水平和竞争力。因此,基于 MA 技术构建的供应链管理系统,能充分发挥其在链网式组织模式中的经营管理、辅助决策和协同优化功效,具有智能化效用。

7.4.3.1　Agent 结构类型

Agent 的结构由环境感知模块、执行模块、信息处理模块、决策与智能控制模块以及知识库和任务表组成。其中环境感知模块、执行模块和通信模块负责与系统环境和其他 Agent 进行交互,任务表为该 Agent 所要完成的功能和任务;信息处理模块负责对感知和接收的信息进行初步的加工、处理和存储;决策与智能控制模块是赋予 Agent 智能的关键部件。它运用知识库中的知识,对信息处理模块处理所得到的外部环境信息和其他 Agent 的通信信息进行进一步的分析、推理,为进一步的通信或从任务表中选择适当的任务供执行模块执行做出合理的决策。

7.4.3.2　多智能体系统(Multi Agent System,MAS)及其特征

MAS 是由多个相互联系、相互作用的自治 Agent 组成的一个较为松散的多 Agent 联盟,多个 Agent 能够相互协同、相互服务、共同完成某一全局性目标,显然 MAS 是一种分布式自主系统。MAS 系统具有的特征如下:

(1)每个 Agent 都拥有解决问题的不完全的信息或能力。

(2)每个 Agent 之间相互通信、相互学习、协同工作,构成一个多层次、多群体的协作结构,使整个系统的能力大大超过单个 Agent。

(3)MAS 中各 Agent 成员自身目标和行为不受其他 Agent 成员的限制。

(4)MAS 中的计算是分布并行、异步处理的,因此性能较好。

(5)MAS 把复杂系统划分成相对独立的 Agent 子系统,通过 Agent 之间的合作与协作来完成对复杂问题的求解,简化了系统的开发。

7.4.3.3　多 Agent 供应链管理系统概述及构成

多 Agent 供应链管理系统是在传统的供应链管理系统里,嵌入多 Agent 技术、赋予供应链管理智能,使企业主体的业务建模、量化分析、知识管理和决策支持等任务由 Agent 承担,实现动态的合作体与信息共享。其核心策略是根据优势互补的原则建立多个企业的可重构、可重用的动态组织集成方式以支持供应链管理的智能化,并满足顾客需求的多样化与个性化,实现敏捷供应链管理智能集成体系。

供应链管理系统中的供应商、制造单位、客户、销售和产品管理等均具备独立的 Agent 的特征,因此制造企业的供应链网络中的人、组织、设备间的合作交互、共同完成任务的各种活动可以描述为 Agent 之间的自主作业活动。基于 MAS 的供应链管理系统的结构有两种 Agent 类型,一

种是业务 Agent,另一种是中介 Agent,并且中介 Agent 作为系统的协调器,不仅可以将各个业务 Agent 相互联系起来,进行协同工作,还具有一定的学习能力,即它可以通过 Agent 的协同工作来获取经验和知识[①]。

根据多 Agent 供应链各节点的功能,可将这些节点划分为供应商 Agent、采购 Agent、原材料库存 Agent、生产计划 Agent、制造 Agent、产品库存 Agent、订单处理 Agent、运输 Agent 及分销商 Agent 等。

7.4.3.4 多 Agent 供应链管理系统架构

MAS 供应链管理系统架构的组成包括以客户为中心的 Agent、以产品为中心的 Agent、以供应商为中心的 Agent、以物流为中心的 Agent 四个部分。其中以客户为中心的 Agent 主要负责处理客户信息管理;以产品为中心的 Agent 负责利用客户信息分析客户在什么时候需要何种产品;以供应商为中心的 Agent 负责为原材料和组件选择更好的供应商;以物流为中心的 Agent 负责为制造商调度材料和产品。每个 Agent 在整个供应链中都独立地承担一个或多个职能,同时每个 Agent 都要协调自己与其他 Agent 的活动。

7.4.3.5 多 Agent 供应链管理系统的协同机制

在一个具有动态性、交互性和分布性的供应链中,各合作体之间的协同机制十分重要,一般采用合同网协议实现。基于合同网的协议是一种协同机制,供应链中各合作体使用它进行合作,完成任务的计划、谈判、生产、分配等。整个申请过程可以在互联网平台上完成。供应链合作伙伴之间的通信顺序如下:

(1)生产商通过供应商 Agent 向所有潜在供应商提供外部订单。

(2)接收外部订单后,潜在供应商做出投标决策。

(3)如果供应商决定投标,实施投标申请。

(4)供应商投标在供应商接口代理平台上进行。

(5)接收投标申请之后,制造商将会通过供应商管理 Agent 对参与投标的供应商给出一个综合的评估。评估的指标包括产品质量、价格、交货期、服务水平等。根据评价结果选择较合适的供应商。

(6)生产商通过供应商接口的 Agent 宣布中标者,同时回复所有未中标的供应商。

(7)中标供应商对收到的订单实施生产。

---

① 蒋国瑞.多 Agent 制造业供应链管理[M].北京:科学出版社,2013.

（8）供应商将其生产的最终原料发送给生产商。

因此，为了实施生产，供应商也会将它的外部物料订单告知给供应商的供应商，这个周期将会一直持续到供应链的最终端，最终完成整个流程。

此外，MAS 在供应链管理系统中还具有协调契约机制、协商机制、谈判机制、通信机制及多个 Agent 之间的信息交互机制等；还包括供应链的多 Agent 建模与仿真应用、计划调度与优化求解应用以及多 Agent 的运行和实施方面的应用。

第8章　智能制造装备

　　随着新一代信息通信技术的快速发展及与先进制造技术的不断深度融合,全球兴起了以智能制造为代表的新一轮产业变革,以数字化、网络化、智能化为核心特征的智能制造模式正成为产业发展和变革的主要趋势,引发了新一轮制造业革命,并重构全球制造业竞争新格局,已成为世界各国抢占新一轮产业竞争制高点的主攻方向。世界主要工业发达国家加紧谋篇布局,纷纷推出新的重振制造业的国家战略,支持和推动智能制造发展。目前,我国智能制造发展面临发达国家"高端回流"和发展中国家"中低端分流"的双向挤压。为加速我国制造业转型升级、提质增效,国家发布实施了《中国制造 2025》,期望我国经济增长新动力和国际竞争新优势尽快形成。本章主要阐述了智能制造装备概述、智能机床、3D 打印装备、智能工厂和工业机器人等。

8.1　概　述

　　作为高端装备制造业的重点发展方向和信息化与工业化深度融合的重要体现,大力培育和发展智能制造装备产业对于加快制造业转型升级,提升生产效率、技术水平和产品质量,降低能源资源消耗,实现制造过程的智能化和绿色化发展具有重要意义。智能制造装备的基础作用不仅体现在对于海洋工程、高铁、大飞机、卫星等高端装备的支撑,也体现在对于其他制造装备通过融入测量控制系统、自动化成套生产线、机器人等技术实现产业的提升。

8.1.1 智能制造装备的定义

　　智能制造装备是具有自感知、自学习、自决策、自执行、自适应等功能的制造装备,是制造装备的核心和前沿。它将传感器及智能诊断和决策软件集成到装备中,使制造工艺能适应制造环境和制造过程的变化达到优化。智能制造装备的定义如图8-1所示。

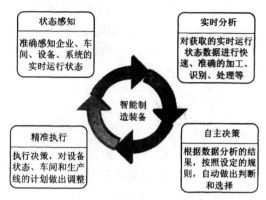

图8-1 智能制造装备

基于智能制造装备,能够实现自适应加工。自适应加工是指通过工况在线感知(看)、智能决策与控制(想)、装备自律执行(做)大闭环过程,不断提升装备性能、增强自适应能力,是高品质复杂零件制造的必然选择。如通过机床的自适应加工,能够实现几何精度、微观组织性能、表面完整性、残余应力分布以及加工产品的品质一致性的完整保证。

中国重点推进高档数控机床与基础制造装备,自动化成套生产线,智能控制系统,精密和智能仪器仪表与试验设备,关键基础零部件、元器件及通用部件,智能专用装备的发展。实现生产过程自动化、智能化、精密化、绿色化,带动工业整体技术水平的提升。例如,在精密和智能仪器仪表与试验设备领域,针对生物、节能环保、石油化工等产业发展的需要,重点发展智能化压力、流量、物位、成分、材料、力学性能等精密仪器仪表和科学仪器及环境、安全和国防特种检测仪器。

8.1.2 智能制造装备的技术特征

与传统的制造装备相比,智能制造装备具有对装备运行状态和环境的实时感知、处理和分析能力;根据装备运行状态变化的自主规划和控制决策能力;对故障的自诊断自修复能力;对自身性能劣化的主动分析和维护能力;参与网络集成和网络协同的能力。

8.1.2.1 实时感知技术

智能制造装备具有收集和理解工作环境信息、实时获取自身状态信息的能力,智能制造装备能够准确获取表征装备运行状态的各种信息;并对信息进行初步的理解和加工,提取主要特征成分,反映装备的工作性能。实时感知能力是整个制造系统获取信息的源头[①]。

智能制造装备运用传感器技术识别周边环境的功能,能够大幅度改善其对周围环境的适应能力,降低能源消耗,提高作业效率,是智能制造装备的主要发展方向。

8.1.2.2 自主决策技术

智能制造装备能够依据不同来源的信息进行分析、判断和规划自身行为,智能制造装备能根据环境自身作业状况的信息进行实时规划和决策,并根据处理结果自行调整控制策略至最优运行方案。这种自律能力使整个制造系统具备抗干扰、自适应和容错等能力。

8.1.2.3 故障诊断技术

故障诊断技术是近十年来国际上随着计算机技术、现代测量技术和信号处理技术的迅速发展而发展起来的一种新技术。应用故障诊断技术对机器设备进行监测和诊断,可以及时发现机器的故障和预防设备恶性事故的发生,从而避免人员的伤亡、环境的污染和巨大的经济损失;应用故障诊断技术可以找出生产系统中的事故隐患,从而对设备和工艺进行改造以消除事故的隐患。故障诊断技术最重要的意义在于改革设备维修制度,现在多数工厂的维修制度是定期检修,不论设备是否有故障都按人为计划的时间定期检修,这造成很大的浪费。由于诊断技术能诊断和预报设备的故障,因此在设备正常运转没有故障时可以不停机,在发现故障前兆时能及时停机,按诊断出故障的性质和部位,有目的地进行检修,这就是预知维修技术。把定期维修改变为预知维修,不但节约了大量的维修费用,而且由于减少了许多不必要的维修时间,从而大大增加了机器设备正常运转的时间,大幅度地提高生产率,产生巨大的经济效益。

8.1.2.4 网络协同技术

智能制造装备是智能制造系统的重要组成部分,具备与整个制造系统实现网络集成和网络协同的能力。智能制造系统包括了大最功能各异的子系统,而智能制造装备是智能制造系统信息获取和任务执行的基本载体,它与其他子系统集成为一个整体,实现了整体的智能化。

---

① 张容磊.智能制造装备产业概述[J].智能制造,2020(7):15-17.

8.2　智能机床

8.2.1　智能机床概念

　　智能机床尚无全面确切定义,简单地说,是对影响制造过程的多种参数及功能做出判断并自我做出正确选控决定方案的机床。智能机床能够监控、诊断和修正在加工过程中出现的各类偏差,并能提供最优化的加工方案。此外,还能监控所使用的切削刀具以及机床主轴、轴承、导轨的剩余寿命等。

　　智能机床借助温度、加速度和位移等传感器监测机床工作状态和环境的变化,实时进行调节和控制,优化切削用量,抑制或消除振动,补偿热变形,能充分发挥机床的潜力,是基于模型的闭环加工系统。

　　智能机床是工厂网络的一个节点,可实现机床之间和车间管理系统的相互通信,提高生产系统效率和效益。它是从加工设备进化到工厂网络的终端,生产数据能够自动采集,实现机床与机床、机床与各级管理系统的实时通信,使生产透明化,机床融入企业的组织和管理。机床智能化和网络化为制造资源社会共享、构建异地的、虚拟的云工厂创造了条件,从而迈向共享经济新时代,创造更多的价值。将来,数字系统将成为高端机床的不可分割的组成部分,虚实形影不离。利用传感器对机床的运行状态实时监控,再通过仿真及智能算法进行加工过程优化,尽可能预测性能变化,实现按需维修。

　　智能机床的出现,为未来装备制造业实现全盘生产自动化创造了条件。首先,通过自动抑制振动、减少热变形、防止干涉、自动调节润滑油量、减少噪声等,可提高机床的加工精度、效率。其次,对于进一步发展集成制造系统来说,单个机床自动化水平提高后,可以大大减少人在管理机床方面的工作量。人能有更多的精力和时间来解决机床以外的复杂问题,能更进一步发展智能机床和智能系统。最后,数控系统的开发创新,对于机床智能化起到了极其重大的作用。它能够收容大量信息,对各种信息进行储存、分析、处理、判断、调节、优化、控制。它还具有重要功能,如工夹具数据库、对话型编程、刀具路径检验、工序加工时间分析、开工时间状况解析、实际加工负荷监视、加工导航、调节、优化,以及适应控制。

8.2.2 智能机床的发展

早在 20 世纪 80 年代,美国就曾提出研究发展"适应控制"机床,但由于许多自动化环节如自动检测、自动调节、自动补偿等没有解决,虽有各种试验,但进展较慢。后来在电加工机床(EDM)方面,首先实现了"适应控制",通过对放电间隙、加工工艺参数进行自动选择和调节,以提高机床加工精度、效率和自动化。

随后,由美国政府出资创建的机构——智能机床启动平台,一个由公司、政府部门和机床厂商组成的联合体对智能机床进行了加速的研究。

日本 Mazak 公司研发制造的智能机床,则向未来理想的"适应控制"机床方面大大前进了一步。日本这种智能机床具有六大特色:

(1)有自动抑制振动的功能。

(2)能自动测量和自动补偿,减少高速主轴、立柱、床身热变形的影响。

(3)有自动防止刀具和工件碰撞的功能。

(4)有自动补充润滑油和抑制噪声的功能。

(5)数控系统具有特殊的人机对话功能,在编程时能在监测画面上显示刀具轨迹等,进一步提高了切削效率。

(6)机床故障能进行远距离诊断。

智能机床的发展主要经历了如下几个阶段:

第一阶段是 1930—1960 年从手动机床向机、电、液高效自动化机床和自动线发展,主要解决减少体力劳动问题。

第二阶段是 1960—2006 年数字控制机床发展,解决了进一步减少体力和部分脑力劳动问题。

第三阶段是 2006 年开发了智能机床。智能化机床的加速发展,将进一步解决减少脑力劳动问题。

8.2.3 智能机床关键技术

8.2.3.1 振动的自动抑制技术

加工过程中的振动现象不仅会恶化零件的加工表面质量,还会降低机床、刀具的使用寿命,严重时甚至会使切削加工无法进行。因此,切削振动是影响机械产品加工质量和机床切削效率的关键技术问题之一,同时也是自动化生产的严重障碍。在机床振动抑制方面,除了需在机床结构设计上不断改进外,对振动的监控也备受关注。目前,一般是通过在电主轴壳体安装加速度传感器来实现对振动的监控。

　　MikronHsm 系列高速铣削加工中心将铣削过程中监控到的振动以加速度 g 的形式显示,振动大小在 $0 \sim 10g$ 范围内分为 10 级。其中,$0 \sim 3g$ 表示加工过程、刀具和夹具都处于良好状态;$3g \sim 7g$ 表示加工过程需要调整,否则将导致主轴和刀具寿命的降低;$7g \sim 10g$ 表示危险状态,如果继续工作,将造成主轴、机床、刀具及工件的损坏。在此基础上,数控系统还可预测在不同振动级别下主轴部件的寿命。日本山崎马扎克也推出了一种"智能主轴",在振动加剧或异常现象发生时可起到预防保护作用,确保安全。一旦监测到的主轴振动增大,机床会自动降低转速,改变加工条件;反之,如果在振动方面还有余地,就会加大转速,提高加工效率。

8.2.3.2　切削温度的监控及补偿

　　在加工过程中,电动机的旋转、移动部件的移动和切削等都会产生热量,且温度分布不均匀,造成数控机床产生热变形,影响零件加工精度。高速加工中主轴转速和进给速度的提高会导致机床结构和测量系统的热变形,同时装置控制的跟踪误差随速度的增加而增大,因此用于高速加工的数控系统不仅应具备高速的数据处理能力,还应具备热误差补偿功能,以减少高速主轴、立柱和床身热变形的影响,提高机床加工精度。为实现对切削温度的监控,通常在数控机床高速主轴上安装温度传感器,监控温度信号并将其转换成电信号输送给数控系统,进行相应的温度补偿。温度传感器是一种将温度高低转变成电阻值大小或其他电信号的装置,常见的有以铂、铜为主的热电阻传感器,以半导体材料为主的热敏电阻传感器和热电偶传感器等。

　　随着测试手段和控制理论的不断发展,各机床公司纷纷利用先进的手段和方法对温度变化进行监控和补偿。瑞士米克朗通过长期研究,针对切削热对加工造成的影响,开发了 IC 智能热补偿系统。该系统采用温度传感器实现对主轴切削端温度变化的实时监控,并将这些温度变化反映至数控系统,数控系统中内置了热补偿经验值的智能热控制模块,可根据温度变化自动调整刀尖位置,避免 Z 方向的严重漂移。采用 ITC 智能热补偿系统的机床大大提高了加工精度,还缩短了机床预热时间并消除了人工干预,所以也同时提高了零件的加工效率。

8.2.3.3　智能刀具监控技术

　　实现刀具磨损和破损的自动监控是完善机床智能化发展不可缺少的部分。现代数控加工技术的特点是生产率高、稳定性好、灵活性强,依靠人工监视刀具的磨损已远远不能满足智能化程度日益提高的要求。进入21世纪以来,高速处理器、数字化控制、前馈控制和现场总线技术被广泛采用,由于信息处理功能的提高和传感器技术的发展,刀具加工过程中实时监控所需的数据采集与处理已经成为可能。

从刀具技术自身的发展来看,适应特殊应用目的和满足规范要求的智能化刀具材料、自动稳定性刀具和智能化切削刃交换系统也是刀具技术的重要发展方向之一。但是,在刀具上安装传感器、电子元件和调节装置必然会占据一定的空间,从而增加刀具的尺寸或减少它们的壁厚截面,这对刀具本身的工艺特性有着许多不利的影响。因此,更为普遍的一种观点认为,刀具作用的充分发挥应更多地依赖于智能化机床,其关键在于刀具使用过程中的信息能够与机床控制系统进行相互交流。

在刀具监控手段和方法方面,主要有切削力监控、声发射监控、振动监控及电机功率监控等测试手段,涉及的技术主要包括智能传感器技术、模式识别、模糊技术、专家系统及人工神经网络等。模糊模式识别在模式识别技术中是比较新颖的方法,可以根据刀具状态信号来识别刀具的磨损情况,利用模糊关系矩阵来描述刀具状态与信号特征之间的关系,国内外都已进行了这些方面的研究,且都取得了一定成功。

8.2.3.4 加工参数的智能优化与选择

将工艺专家或技师的经验、零件加工的一般与特殊规律,用现代智能方法,构造基于专家系统或基于模型的"加工参数的智能优化与选择器",利用它获得优化的加工参数,从而达到提高编程效率和加工工艺水平、缩短生产准备时间的目的。

8.2.3.5 智能故障自诊断、自修复和回放仿真技术

根据已有的故障信息,应用现代智能方法实现故障的快速准确定位;能够完整记录系统的各种信息,对数控机床发生的各种错误和事故进行回放与仿真,用以确定错误引起的原因,找出解决问题的办法,积累生产经验。

8.2.3.6 高性能智能化交流伺服驱动装置

新一代数控应具有更高的智能水平,其中高性能智能化交流伺服系统的研究是智能数控系统的技术前沿。将人工神经网络、专家系统、模糊控制、遗传算法等与现代交流伺服控制理论相结合,研究高精度、高可靠性、快响应的智能化交流伺服系统已经引起国内外的高度重视。智能化

交流伺服装置是自动识别负载,并自动调整参数的智能化伺服系统,包括智能主轴交流驱动装置和智能化进给伺服装置。这种驱动装置能自动识别电机及负载的转动惯量,并自动对控制系统参数进行优化和调整,使驱动系统获得最佳运行。

8.2.3.7 智能 4M 数控系统

在制造过程中,加工、检测一体化是实现快速制造、快速检测和快速响应的有效途径,将测量(measurement)、建模(modelling)、加工(manufacturing)、机器操作(manipulator)四者(4M)融合在一个系统中,实现信息共享,促进测量、建模、加工、装夹、操作的一体化。

8.2.3.8 智能操作与远距离通信技术

机床发生故障及误操作时常会导致工件的报废和机床的损坏,从而给用户造成不必要的经济损失。同时,现场操作参数的设定也对零件的加工结果和加工效率有着重要的影响。

利用智能操作支持系统,操作者可以根据实际加工对象的不同来优化机床性能参数的设置。使用该系统时,在由速度、精度和表面质量构成的三角形范围内选定任一点作为这三项指标的综合优化目标,同时将零件的复杂程度、重量以及精度设定值输入系统,系统就会自动根据操作者的设定实现机床性能参数的自动优化。

市场竞争的不断加剧要求机床在周末等非工作时间仍然需要保持运行。机床自动化程度的不断提高和信息技术的发展使机床与操作人员之间通信关系的建立成为可能,在人机分离的情况下操作人员仍然可以实现对机床的控制和加工信息的掌握。在远程通信方面,目前有代表性的应用主要有米克朗的远距离通知系统和 Mazak 的信息塔技术。米克朗的远距离通知系统可以实现空间上完全分离的操作者与机床能够保持实时联系,机床可以以短消息的形式将加工状态发送到相关人员的手机上,缺少刀具时也可以通知工具室和供应商,发生故障时则通知维修部门等。

8.2.3.9 机床互联

机床联网可进行远程监控和远程操作,通过机床联网,可在一台机床上对其他机床进行编程、设定、操作、运行。在网络化基础上,可以将CAD/CAM 与数控系统集成为一体。新一代数控网络环境的研究已成为近年来国际上研究的重要内容,包括数控内部 CNC 与伺服装置间的通信网络、与上级计算机间的通信网络、与车间现场设备和通过因特网进行通信的网络系统。

8.2.4 典型智能机床介绍

8.2.4.1 i5 智能机床

沈阳机床从 2007 年开始沿着确定的发展路线,经 7 年的艰苦研发,于 2014 年成功推出了具备 Industry(工业化)、Information(信息化)、Internet(网络化)、Intelligence(智能化)、Integration(集成化)的 i5 智能控制系统。在此基础上,成功开发出了七个系列的 i5 智能机床产品,同时开发出 i5 车间信息管理系统、虚拟现实机床、iFactory 智能工厂、iSESOL 工业云、i5OS 工业操作系统等多个系列软件平台,不仅实现了核心技术完全自主,还打破了他国的长期垄断,通过智能机床的广泛应用,将改变未来制造业的工业模式,引领世界智能制造的发展潮流。i5 智能机床作为基于互联网的智能终端实现了操作、编程、维护和管理的智能化,是基于信息驱动技术,以互联网为载体,以为客户提供"轻松制造"为核心,将人、物有效互联的新一代智能装备。

i5 智能数控系统不仅是机床运动控制器,还是工厂网络的智能终端。i5 智能数控系统不仅包含工艺支持、特征编程、图形诊断、在线加工过程仿真等智能化功能,还实现了操作智能化、编程智能化、维护智能化和管理智能化。

8.2.4.2 INC 智能机床

华中数控、宝鸡机床、华中科技大学提出了新一代智能机床的新理念,开展了智能数控系统(Intelligent NC,INC)和智能机床(Intelligent NC Machine Tools,INC– MT)的探索。

智能数控系统(INC)已初步实现了质量提升、工艺优化、健康保障和生产运行等智能化功能,使得数控加工"更精、更快、更智能"。

此外,智能数控系统(INC)采用了多点触控虚拟键盘,替代了传统的数控机床键盘;采用机器视觉人脸识别,对操作者进行身份认证。

机床主要特色:

(1)高精。

采用全闭环高精度光栅尺反馈。具有智能热误差补偿、空间误差补偿、主轴自动避振等智能化功能。

（2）高效。

高速钻攻中心的主轴转速 24 000 r/min，快移速度 60 m/min，加速度 1g，具有加工工艺参数评估、三维曲面双码联控高速加工等智能化功能。

（3）自动化。

HNC-848D 的多通道功能，实现对数控机床和华数机器人的"一脑双控"，大幅降低数控机床实现自动上下料控制的硬件成本。

8.3　3D 打印装备

近年来，3D 打印技术取得了快速的发展。3D 打印原理与不同的材料和工艺结合形成了许多 3D 打印设备，在航空航天、家电电子、生物医疗、装备制造、工业产品设计等领域得到了越来越广泛的应用。

3D 打印技术被认为是工业 4.0 九大支柱技术之一，如图 8-2 所示。3D 打印技术的核心是数字化、智能化制造，它改变了通过对原材料进行切削、组装进行生产的加工模式，实现了面向任意复杂结构的按需生产，将对产品设计与制造、材料制备、企业形态乃至整个传统制造体系产生深刻的影响。

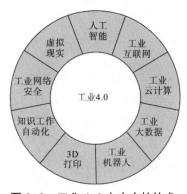

图 8-2　工业 4.0 九大支柱技术

8.3.1 基本概念

3D 打印也称 3D 打印技术或激光快速原型（LRP），其基本原理都是叠层制造。基于这种技术的 3D 打印机在内部装有液体或粉末等"打印材料"，通过计算机控制把"打印材料"一层层叠加起来，最终把计算机上的三维蓝图变成实物。

3D 打印是一种以数字模型为基础,运用塑料或粉末状金属等可黏合材料,通过逐层打印的方式来构造物体的技术,目前该领域广泛应用于模具制造、工业设计、鞋类、珠宝设计、工艺品设计、建筑、工程施工、汽车、航空航天、医疗、教育、地理信息系统、土木工程等领域。其打印的材料分为工程塑料和金属两大类:工程塑料有树脂类、尼龙类、ABS、PLA 等;金属有不锈钢、模具钢、铜、铝、钛、镍等合金。3D 打印的成型工艺有 FDM、SLA、SLS、SLM 等,其中粉末类材料一般采用激光烧结,价格比较贵。SLA 不太环保,相对来说 FDM 比较便宜,材料 PLA 比较环保。

8.3.2 3D 打印技术的特点

相比传统的制造方式,3D 打印技术主要具有以下几个特点。

(1)全数字化制造。

3D 打印是集计算机、CAD/CAM、数控、激光、材料和机械等于一体的先进制造技术,整个生产过程实现全数字化,与三维模型直接关联,所见即所得,零件可随时制造与修改,实现了设计和制造的一体化。

(2)全柔性制造。

与产品的复杂程度无关,适应于加工各种形状的零件,可实现自由制造,原型的复制性能力越高,在加工复杂曲面时优势更加明显;具有高柔性,无须模具、刀具和特殊工装,即可制造出具有一定精度和强度并满足一定功能的原型和零件。

(3)适应新产品开发 / 小批量 / 个性化定制。

3D 打印解决了复杂结构零件的快速成型问题,减少了加工工序,缩短了加工周期。从 CAD 设计到原型零件制成,一般只需几个小时至几十个小时,速度比传统的成型方法更快,这使得 3D 打印尤其适合于新产品的开发与管理,以及解决复杂产品或单件小批量产品的制造效率问题。

(4)材料的广泛性。

3D 打印现在已可用于多种材料的加工,可以制造树脂类、塑料类原型,还可以制造纸类、石蜡类、复合材料、金属材料以及陶瓷材料的零件。

8.3.3 常用 3D 打印的原理

8.3.3.1 光固化成型（SLA）

光固化成型（Stereolithography Apparatus，SLA）又称立体光刻成型，是最早发展起来的增材制造技术，目前市场和应用已经比较成熟。光固化成型主要使用液态光敏树脂为原材料，液槽中盛满液态光固化树脂，氦-镉激光器或氩离子激光器发射出的紫外激光束在计算机的控制下按工件的分层截面数据在液态的光敏树脂表面进行逐行逐点扫描，使得扫描区域的树脂薄层产生聚合反应而固化，从而形成工件的一个薄层，未被照射的地方仍是液态树脂。当一层扫描完成且树脂固化完毕后，工作台将下移一个层厚的距离以使在固化好的树脂表面上再覆盖一层新的液态树脂，刮板将黏度较大的树脂液面刮平，然后再进行下一层的激光扫描固化。新固化的一层将牢固地黏合在前一层上，如此重复直至整个工件层叠完毕，逐层固化得到完整的三维实体。

与其他 3D 打印工艺相比，光固化成型的特点是精度高、表面质量好，是目前公认的成型精度最高的工艺方法，原材料的利用率近 100%，无任何毒副作用，能成型薄壁、形状特别复杂、特别精细的零件，特别适用于汽车、家电行业的新产品开发，尤其是样件制作、设计验证、装配检验及功能测试；成型效率高，可达 60 ~ 150 g/h，其他工艺方法无法达到。激光固化成型是目前众多的基于材料累加法 3D 打印中在工业领域最为广泛使用的一种方法。迄今为止，据不完全统计，全世界共安装各类工业级 3D 打印机中超过 50% 为激光固化成型 3D 打印机。在我国，使用与安装的工业级 3D 打印机中 60% 为激光固化成型 3D 打印机。

8.3.3.2 选区激光烧结 / 熔化

选区激光烧结（Selecting Laser Sintering，SLS）和选区激光熔化（Selecting Laser Melting，SLM）的原理类似，都是采用激光作为热源对基于粉床的粉末材料进行加工成型的增材制造工艺方法。粉末首先被均匀地预置到基板上，激光通过扫描振镜，根据零件的分层截面数据对粉末表面进行扫描，使其受热烧结（对于 SLS）或完全熔化（对于 SLM）。然后工作台下降一个层的厚度，采用铺粉辊将新一层粉末材料平铺在已成型零件的上表面，激光再次对粉末表面进行扫描加工使之与已成型部分结合，重复以上过程直至零件成型。当加工完成后，取出零件，未经烧结熔化的粉末基本可由自动回收系统进行回收。

8.3.3.3 熔融沉积快速成型(FDM)

熔融沉积(Fused Deposition Modeling, FDM)也被称为熔丝沉积,是一种不依靠激光作为成型能源,通过微细喷嘴将各种丝材(如 ABS 等)加热熔化,逐点、逐线、逐面、逐层熔化,堆积形成三维结构的堆积成型方法。

熔融沉积式快速成型制造技术的关键在于热熔喷头,适宜的喷头温度能使材料挤出时既保持一定的形状又具有良好的黏结性能。但熔融沉积式快速成型制造技术的关键并非只有这一个方面,成型材料的相关特性(如材料的黏度、熔融温度、黏结性以及收缩率等)也会极大地影响整个制造过程。基于 FDM 的工艺方法有多种材料可供选用,如 ABS、聚碳酸酯(PC)、PPSF 以及 ABS 与 PC 的混合料等。这种工艺洁净,易于操作,不产生垃圾,并可安全地用于办公环境,没有产生毒气和化学污染的危险,适合于产品设计的概念建模以及产品的形状及功能测试。

在 3D 打印技术中,FDM 的机械结构最简单,设计也最容易,制造成本、维护成本和材料成本也最低,因此是家用桌面级 3D 打印机中使用最多的技术。工业级 FDM 机器主要以 Stratasys 公司的产品为代表。

8.3.3.4 叠层实体制造

叠层实体制造(Laminated Object Manufacturing, LOM)又称分层实体制造,由美国 Helisys 公司的 Michael Feygin 于 1986 年研制成功。

在叠层实体制造工艺中,设备会将单面涂有热熔胶的箔材通过热辊加热,热溶胶在加热状态下可产生黏性,所以由纸、陶瓷箔、金属箔等构成的材料就会黏结在一起。接着,上方的激光器或刀具按照 CAD 模型分层数据,将箔材切割成所制零件的内外轮廓。

8.3.4 3D 打印的应用领域

3D 打印技术早期的应用大多数体现在原型概念验证和呈现,能够缩短新产品开发周期,体现个性化定制的特点,其应用场景多见于工业设计、交易会 / 展览会、投标组合、包装设计、产品外观设计等。随着 3D 打印技术的发展,可成型材料种类更多,成型零件的精度、性能等不断提高,其应用领域不断拓宽,应用层次也不断深入。3D 打印技术逐渐开始用于产品的设计验证和功能测试阶段,例如利用不断发展的金属 3D 打印技术,可以直接制造具有良好力学性能、耐高温、抗腐蚀的功能零件,直接用于最终产品。此外,通过制造模具等方式间接成型,更加拓宽了其应用上的可能性。目前,3D 打印技术在航空航天、汽车/摩托车、家电、生物医学、文化创意等方面已经得到了广泛的应用,下面介绍几种典型的 3D 打印应用领域。

8.3.4.1 个性化定制的消费品

3D 打印的小型无人飞机、小型汽车等概念产品已经问世。3D 打印的家用器具模型也被用于企业的宣传、营销活动中。目前,3D 打印也常见于珠宝、服饰、鞋类、玩具、创意 DIY 作品的设计和制造。

8.3.4.2 航空航天、国防军工

复杂形状、尺寸微细、特殊性能的零部件、机构的直接制造和修复,例如飞机结构件、发动机叶片等,特别是 C919 客机钛合金大型结构件的制造。

8.3.4.3 生物医疗

3D 打印技术在生物医疗方面的应用主要有四个层次,体现了从非生物相容性到生物相容性,从不降解到可降解,从非活性到活性的发展。

第一个层次主要包括在不直接植入人体的医疗模型、手术导航模板等方面的应用。医疗实体模型可以帮助医生在体外研讨订制手术方案,做模拟实验等;根据病人情况个性化订制的手术导航模板可以降低手术难度和风险等。这个层次的应用已经相对成熟。

第二个层次的应用主要是制作个性化假体和内置物,替代体内病变或缺损的组织,例如人工骨、人工关节等。3D 打印植入体一般具有良好的生物相容性,但不具备可降解性。这一层次的技术已经接近成熟,开始进入小批量的临床试验阶段,目前工业界已经开始寻求建立针对 3D 打印植入体的医疗规范和标准,如通过药监部门注册与验证,将实现大规模临床应用。

第三个层次的应用主要是可降解组织工程支架。植入人体的可降解组织支架将随着时间的推移慢慢降解为人体的一部分,适应不断变化的人体生理环境。这一层次的应用目前仍停留在实验室和临床试验阶段。

第四个层次的应用是活性组织的 3D 打印。将细胞作为“生物墨水”喷涂到凝胶支架上,通过细胞生长变成活性组织或器官。由于细胞的存活对生存环境要求苛刻,因此现今仍无法实现复杂的活性结构的制作。这一层次目前仍处于比较基础的研究阶段,真正的“器官打印”属于未来技术。

8.4　智能工厂

8.4.1 智能工厂的含义

智能工厂是指以计划排产为核心、以过程协同为支撑、以设备底层为基础、以资源优化为手段、以质量控制为重点、以决策支持为体现,实现精细化、精准化、自动化、信息化、网络化的智能化管理与控制,构建个性化、无纸化、可视化、透明化、集成化、平台化的智能制造系统。智能工厂是企业在设备智能化、管理现代化、信息计算机化的基础上的新发展。

数字化智能工厂主要聚焦以下三个方面:

(1)通过科学、快速的排产计划,将计划准确地分解为设备生产计划,是计划与生产之间承上启下的"信息枢纽",即"数据下得来"。

(2)采集从接收计划到加工完成的全过程的生产数据和状态信息,优化管理,对过程中随时可能发生变化的生产状况做出快速反应。它强调的是精确的实时数据,即"数据上得去"。

(3)体现协同制造理念,减少生产过程中的待工等时间浪费,提升设备利用率,提高准时交货率,即"协同制造,发挥合作的力量"。

8.4.2 智能工厂的主要特征

(1)系统具有自主能力。

可采集与理解外界及自身的资讯,并以之分析判断及规划自身行为。

(2)整体可视技术的实践。

结合信号处理、推理预测、仿真及多媒体技术,将实境扩增展示现实生活中的设计与制造过程。

(3)协调、重组及扩充特性。

系统中各组成部分可依据工作任务,自行组成最佳系统结构。

(4)自我学习及维护能力。

通过系统自我学习功能,在制造过程中落实资料库补充、更新,及自动执行故障诊断,并具备故障排除与维护的能力。

(5)人机共存的系统。

人机之间具备互相协调合作关系,各自在不同层次之间相辅相成。

8.4.3 智能工厂的层次结构

数字化智能工厂主要包括以下三个层次。

8.4.3.1 数字化制造决策与管控层

一是商业智能 / 制造智能(BI/MI): 可针对质量管理、生产绩效、依从性、产品总谱和生命周期管理等提供业务分析报告。

二是无缝缩放和信息钻取: 通过先进的可定制可缩放矢量图形技术, 使用者可充分考虑本企业需求及行业特点, 轻松创建特定的数据看板、图形显示和报表, 可快速钻取至所需要的信息。

三是实时制造信息展示: 无论在车间还是在公司办公室、会议室, 通过掌上电脑、PC、大屏幕显示器, 用户都可以随时获得所需的实时信息。

8.4.3.2 数字化制造执行层

一是先进排程与任务分派: 通过对车间生产的先进排程和对工作任务的合理分派, 使制造资源利用率和人均产能更高, 有效降低生产成本。

二是质量控制: 通过对质量信息的采集、检测和响应, 及时发现并处理质量问题, 杜绝因质量缺陷流入下道工序而带来的风险。

三是准时化物料配送: 通过对生产计划和物料需求的提前预估, 确保在正确的时间将正确的物料送达正确的地点, 在降低库存的同时减少生产中的物料短缺问题。

四是及时响应现场异常: 通过对生产状态的实时掌控, 快速处理车间制造过程中常见的延期交货、物料短缺、设备故障、人员缺勤等各种异常情形。

8.4.3.3 数字化制造装备层(工位层)

一是实时硬件装备集成: 通过对数控设备、工业机器人和现场检测设备的集成, 实时获取制造装备状态、生产过程进度以及质量参数控制的第一手信息, 并传递给执行层与管控层, 实现车间制造透明化, 为敏捷决策提供依据。

二是多源异构数据采集: 采用先进的数据采集技术, 可以通过各种易于使用的车间设备来收集数据, 同时确保系统中生产活动信息传递的同步化和有效性。

三是生产指令传递与反馈：支持向现场工业计算机、智能终端及制造设备下发过程控制指令，正确、及时地传递设计及工艺意图。

8.5　工业机器人

工业机器人是机器人家族中的重要一员，也是目前应用最多的一类机器人，已经成为衡量一个国家制造水平和科技水平的重要标志。本节主要介绍工业机器人的定义、特点、发展现状和典型应用相关知识。

8.5.1 工业机器人的发展

8.5.1.1 国外工业机器人的发展

20世纪50年代初美国开始研究工业机器人，约10年后日本、俄罗斯、欧洲等国才开始相关研究，不过日本的发展速度不逊于美国。欧洲特别是西欧各国比较注重工业机器人的研制和应用，其中英国、德国、瑞典、挪威等国的技术水平较高，产量也较大。

第二次世界大战期间，由于核工业和军事工业的发展，美国原子能委员会的阿尔贡研究所研制了"遥控机械手"，用于代替人生产和处理放射性材料。1948年，这种较简单的机械装置被改进，开发出了机械式的主从机械手。操作者需要直接操纵主机械手，控制系统会自动检测主机械手的运动状态，会让从机械手跟随主机械手执行操纵，进而能够远距离操作放射性材料。

由于航空工业的需求，1951年美国麻省理工学院成功开发了第一代数控机床（CNC），同时研究了与CNC相关的控制技术及机械零部件，从而为后续机器人的开发提供了技术基础。

1954年，美国人乔治·德沃尔设计并研制了世界上第一台可编程的工业机器人样机，将之命名为"通用自动化"，并申请了该项机器人专利。在此基础上，Devol与Engerlberge合作创建了美国万能自动化公司（Unimation）。该公司于1962年生产了第一台机器人，命名为Unimate。这种机器人采用极坐标式结构，外形完全像坦克炮塔，可以实现回转、伸缩、俯仰等动作。

20世纪80年代，世界工业得到了高度自动化和集成化，这无疑推动了工业机器人的高速发展，使得工业机器人在世界工业发展过程中起到了至关重要的作用。目前,世界范围内的工业机器人,其技术水平和装配数量都相当成熟,尤其是在日、美等少数发达国家,已经广泛用于工业发展中。

8.5.1.2 国内工业机器人的发展

随着高新技术的高速发展,在国家相关政策的有力推动下,工业机器人在我国工业自动化发展过程中占据了非常重要的地位。为了减小我国工业机器人发展现状与发达国家的差距,从高起点水平来提高工业机器人产业,这就需要我国重视和支持积极向国外学习成熟的机器人技术。

尤其从 20 世纪 90 年代初期起,我国的工业机器人在应用层面有了显著提高,先后研制出了点焊、弧焊、装配、喷漆、切割、搬运、包装码垛等各种用途的工业机器人,同时实现了一批机器人应用工程,形成了初具规模的机器人产业化基地。

近几年来,我国的汽车、电子工业从国外引进了多个生产线,这其中包含了配套的机器人设备。除此之外,我国的科研院校也从国外购置了机器人,为我国的机器人研究提供了更多实例。

8.5.2 大力发展工业机器人的意义及未来空间

新一轮工业革命呼唤着工业机器人产业的发展,市场激烈竞争、小批量多品种客户定制、劳动力成本不断上升、新技术突破进步对工业机器人存在着迫切的需求。信息化、智能化、绿色化将是未来制造业的重要发展方向,以工业机器人等为主体的技术与装备将成为未来制造强国的重要标志,在促进我国智能制造的发展,推动工业机器人产业化突破方面具有重要的意义。

随着我国劳动力成本的逐年增加,老龄化社会的到来,可进行传统加工制造业的一线工人将保持逐年减少的趋势,同时社会服务的成本将增加,我国对工业机器人及自动化加工装备的需求将逐步增加。国际制造环境竞争的日益激烈,客户可定制、柔性加工制造、成本投入与效率提高、整合全球资源逐渐成为制造业竞争力的核心要素[①]。因而,我国工业机器人的市场需求是刚性与持续的,期望一个新时代到来,厂厂都有机器人。工业机器人发展的临界点已经到来,工业机器人发展将是中国制造业历

---

① 王田苗,陶永.我国工业机器人技术现状与产业化发展战略[J].机械工程学报,2014,50(9):1-13.

史上一次机遇与革命。

8.5.3 工业机器人的基本组成及技术参数

工业机器人是面向工业领域的多关节机械手或多自由度的机器装置,它能自动执行工作,是靠自身动力和控制能力来实现各种功能的一种机器。它可以接受人类指挥,也可以按照预先编排的程序运行,工业机器人一般由操作机、驱动系统、控制系统、感知系统、末端执行器五部分组成。

8.5.3.1 工业机器人的基本组成

(1)操作机。

操作机是工业机器人的机械主体,是用来完成各种作业的执行机械。它因作业任务不同而有各种结构形式和尺寸。工业机器人的"柔性"除体现在其控制装置可重复编程方面外,还和其操作机的结构形式有很大关系。工业机器人中普遍采用的关节型结构,具有类似人体腰、肩和腕等的仿生结构。

(2)驱动系统。

工业机器人的驱动系统是指驱动操作机运动部件动作的装置,也就是工业机器人的动力装置。工业机器人使用的动力源有:压缩空气、压力油和电能。因此相应的动力驱动装置就是气缸、油缸和电动机。这些驱动装置大多安装在操作机的运动部件上,所以要求其结构小巧紧凑、重量轻、惯性小、工作平稳。

(3)控制系统。

控制系统是工业机器人的"大脑",它通过各种控制电路硬件和软件的结合来操纵工业机器人,并协调工业机器人与生产系统中其他设备的关系。普通机器设备的控制装置多注重其自身动作的控制。而工业机器人的控制系统还要注意建立其自身与作业对象之间的控制联系。一个完整的控制系统除了作业控制器和运动控制器外,还包括控制驱动系统的伺服控制器以及检测工业机器人自身状态的传感器反馈部分。

(4)感知系统。

机器人传感器信息融合是由内部传感器模块和外部传感器模块构成的,可获取内部和外部的环境状态中有意义的信息。内部传感器是用来检测机器人本身状态(如手臂间的角度)的传感器,多为检测位置和角度的传感器。具体有位移传感器、角度传感器等。外部传感器是用来检测机器人所处环境及状况的传感器。具体有距离传感器、视觉传感器、力觉传感器等。

（5）末端执行器。

工业机器人的末端执行器是指连接着操作机腕部的直接用于作业的机构，它可能是用于抓取搬运的手部（爪），也可能是用于喷漆的喷枪，或检查用的测量工具等。工业机器人操作臂的手腕，有用于连接各种末端执行器的机械接口，按作业内容的不同所选择的手爪或工具就装在其上，这进一步扩大了机器人作业的柔性。

8.5.3.2 工业机器人的技术参数

（1）工业机器人的运动自由度。

自由度是指工业机器人所具有的独立坐标轴运动的数目，不包括末端执行器的开合自由度。图 8-3 所示为由国家标准中规定的运动功能图形符号构成的工业机器人简图，其手腕具有回转角为 θ_2 的一个独立运动，手臂具有回转运动 θ_1、俯仰运动 Φ 和伸缩运动 S 三个独立运动。这四个独立变化参数确定了手部中心位置与手部姿态，它们就是工业机器人的四个自由度。工业机器人的自由度数越多，其动作的灵活性和通用性就越好，但是其结构和控制就越复杂。

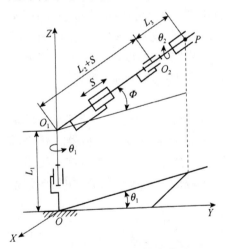

图 8-3　工业机器人简图

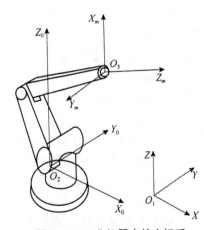

图 8-4　工业机器人的坐标系

（2）机器人的工作空间与坐标系。

工作空间是指工业机器人操作机的手臂末端或手腕中心所能到达的所有点的集合，也称为工作区域、工作范围。因为末端执行器的形状和尺寸是多种多样的，为了真实反映工业机器人的特征参数，工作空间是指不安装末端执行器时的工作区域。

工业机器人的坐标系按右手定则决定,如图 8-4 中的 X-Y-Z 为绝对坐标系, X_0-Y_0-Z_0 为机座坐标系, X_m-Y_m-Z_m 为机械接口(与末端执行器相连接的机械界面)坐标系。

(3)定位精度和重复定位精度。

工业机器人的工作精度主要指定位精度和重复定位精度。定位精度也称绝对精度,是指工业机器人末端执行器实际到达位置与目标位置之间的差异。重复定位精度(或简称重复精度)是指工业机器人重复定位其末端执行器于同一目标位置的能力,可以用标准偏差来表示,它用于衡量一列误差值的密集度,即重复度。

平地工业机器人具有绝对精度低、重复精度高的特点。一般而言,工业机器人的绝对精度要比重复精度低一到两个数量级,造成这种情况的原因主要是控制器根据工业机器人的运动学模型来确定末端执行器的位置,而这个理论上的模型与实际工业机器人的物理模型存在一定误差。大多数商品化工业机器人都是以示教再现方式工作,由于重复精度高,示教再现方式可以使工业机器人很好地工作。而对于采用其他编程方式(如离线编程方式)的工业机器人来说,绝对精度就成为其关键指标。

(4)最大工作速度。

最大工作速度,有的厂家指主要自由度上最大的稳定速度,有的厂家指操作机手臂末端最大的合成速度,通常都在技术参数中加以说明。很明显,工作速度越大,工作效率越高。但是,工作速度越大就要花费越多的时间去升速或降速,或者对工业机器人最大加速度的要求越高。

(5)承载能力。

承载能力是指工业机器人在工作空间内的任何位姿上所能承受的最大重量。承载能力不仅决定于负载的重量,而且还与工业机器人运动的速度和加速度的大小和方向有关。为了安全起见,承载能力这一技术指标是指高速运行时的承载能力。通常,承载能力不仅指负载,而且还包括了工业机器人末端执行器的重量。

8.5.4 工业机器人的分类

工业机器人按照机械本体部分进行分类,从基本结构来看主要有直角坐标式机器人、圆柱坐标式机器人、球坐标式机器人、关节坐标式机器人、平面关节式机器人、柔软臂式机器人、冗余自由度机器人、模块式机器人等;从动力源来看分为气动、液压、电动三种;根据感知部分进行分类,如视觉传感器、听觉传感器、触觉传感器、接近传感器等类型;根据控制部分进行分类,如人工操纵机器人、固定程序机器人、可变程序机器人、重演式示教机器人、CNC 机器人、智能机器人。

8.5.5 工业机器人的应用现状

工业机器人的种类众多,目前广泛应用的领域有喷涂、焊接、装配、搬运等。

8.5.5.1 喷涂机器人

在进行喷涂操作的过程中,使用的雾状漆料会威胁人体健康,并且实施喷涂操作环境中的照明、通风状况很差,也不能彻底地改善操作环境,因此在执行此操作的过程中会用到大量的机器人。喷涂机器人的使用不仅能够改善工人的劳动环境,而且能够提升喷涂效果、降低成本。

喷涂机器人的结构一般为六轴多关节型,图 8-5 所示为一典型的六轴多关节型液压喷涂机器人。它由机器人本体、控制装置和液压系统组成。手部应用了柔性用腕部件,能够绕臂的中心轴朝任何方向旋转。再加上腕部没有奇异位形,因此可以喷涂具有复杂结构的工件,提高生产率。

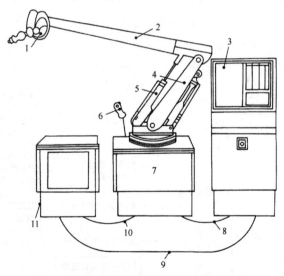

图 8-5　六轴多关节型液压喷涂机器人系统

1—操作机；2—水平臂；3—控制装置；4—垂直臂；5—液压缸；

6—示教手把；7—底座；8—主电缆；9—电缆；10—软管；11—油泵

8.5.5.2 焊接机器人

（1）弧焊机器人。

弧焊机器人不仅是以规划的速度和姿态携带焊枪移动的单机，而是包括各种焊接附属装置的焊接系统。图 8-6 所示为焊接系统的基本组成。图 8-7 为适合机器人应用的弧焊方法。

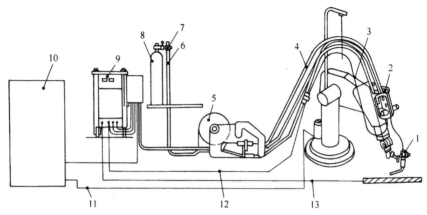

图 8-6 弧焊系统基本组成

1—焊枪；2—送丝电动机；3—弧焊机器人；4—柔性导管；5—焊丝轮；6—气路；7—气体流量计；8—气瓶；9—焊接电源；10—机器人控制柜；11—控制 / 动力电缆；12—焊接电缆；13—工作电缆

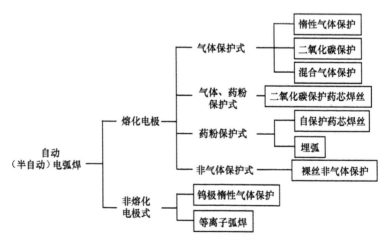

图 8-7 适合机器人应用的弧焊方法

对于小型、操作简单的焊接作业，仅需要四、五轴机器人；对于较复杂的工件，就需要采用六轴机器人；对于特大型工件，为加大工作空间，有时把关节型机器人悬挂起来,或者安装在运载小车上使用。表 8-1 是某个典型的弧焊机器人主机的规格参数。

表 8-1　典型弧焊机器人的规格

持重	5 kg,承受焊枪所必需的负荷能力
重复位置精度	± 0.1 mm,高精度
可控轴数	六轴同时控制,便于焊枪姿态调整
动作方式	各轴单独插补、直线插补、圆弧插补、焊枪端部等速控制
速度控制	快进给 6/1 500 m/ms,焊接速度 1/50 m/ms,调整范围广
焊接功能	焊接电流、电压的选定,允许在焊接中途改变焊接条件,断弧、黏丝保护功能,焊接抖动功能
存储功能	IC 存储器,128 kb
辅助功能	定时功能,外部输入输出接口
应用功能	程序编辑、外部条件判断、异常检查、传感器接口

TIG 弧焊机器人系统主要包括机器人本体、机器人控制器、TIG 焊接电源、送丝机、变位机和支臂等。机器人本体抓举力为 160 N,驱动为交流伺服驱动,重复精度为 ± 0.1 mm,自由度数为 6;机器人控制器实现:①在焊接过程中,会实时显示电流、电压值,并且能够用示教盒加以调整;②考虑到机器人可能会受到意外碰撞,应在机器人上安装快速停止碰撞传感器;③具有暂时停止、快速停止功能。

(2)点焊机器人。

点焊机器人可以焊接薄板材料,在汽车车体的组装工程中,有大部分的操作是进行点焊作业,可以使用点焊机器人完成。起初,点焊机器人只被用于增强焊作业,也就是在拼接好的工件上进行点焊;后来,为了提高拼接效果,又使用机器人进行定位焊。

表 8-2 列举了生产现场使用的点焊机器人的分类、特征和用途。

表 8-2　点焊机器人的分类、特性和用途

分类	特征	用途
水平多关节型	工作空间 / 安装面积之比大,持重多数为 100 kg 左右,有时还可以附加整机移动自由度	主要用于增焊作业
垂直多关节型	工作空间均在机器人的下方	车体的拼接作业

续表

分类	特征	用途
直角坐标型	多数为三、四、五轴,适合于连续直线焊缝,价格便宜	车身和底盘焊接
定位焊接用机器人	能承受 500 kg 加压反力的高刚度机器人,有些机器人本身带有加压作业功能	车身底板的定位焊

东风汽车公司生产 EQ114lG 驾驶室总成的总装线上引入了点焊机器人,完成的焊点如图 8-8 所示。总共有 610 个焊点,分布于驾驶室的六大部分,焊点数多,且分布广,另外有些地方搭接层数不尽相同。

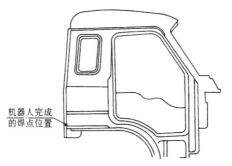

机器人完成的焊点位置

图 8-8　驾驶室焊点位置

根据被焊工件的要求,选择了 IR761/125 型点焊机器人。IR761/125 型点焊机器人本体具有带辅助轴 7 个自由度,重复精度小于 ±0.3 mm,工作范围体积为 37 m^3,载荷为 125 kg。其外型轮廓图如图 8-9 所示,其在竖直面的扫描范围如图 8-10 所示,其中 A=3 290 mm, B=2 510 mm, C=1 568 mm, D=3 152 mm, E=942 mm。IR761/125 型机器人采用了交流伺服电动机驱动。控制系统的核心部分由主 CPU、从 CPU、伺服 CPU、I/O 接口、RCM 处理器和内部电源诊断器组成。

根据生产线的工艺流程,两台机器人布置于第九工位上,完成前围和后围上的所有焊点,机器人在总装线中的平面布置图如图 8-11 所示[1]。

IR761/125 型机器人的机械传动部件制造精度高,驱动方式先进,控制系统的硬件和软件采用了分块设计方式。同时对温度、各轴的运动速度、加速度、位置、运动范围、电压进行监控。

---

① 王建明.自动线与工业机械手技术 [M].天津：天津大学出版社,2009.

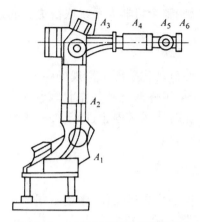

图 8-9　IR761/125 型点焊机器人

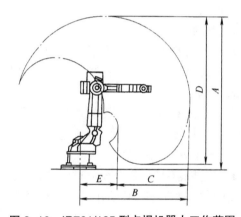

图 8-10　IR761/125 型点焊机器人工作范围

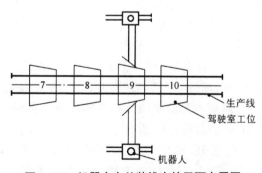

图 8-11　机器人在总装线中的平面布置图

目前正在开发一种新的点焊机器人系统,这种系统力图把焊接技术与 CAD、CAM 技术完美地结合起来,提高生产准备工作的效率,缩短产品设计投产的周期,以期整个机器人系统取得更高的效益。

8.5.5.3 装配机器人

装配机器人是柔性自动化装配工作现场中的主要部分。在机器人装配线上,输送装置承担把工件搬运到各作业地点的任务,输送装置中以传送带居多。通常是作业时传送带停止,即工件处于静止状态。这样,装载工件的托盘容易同步停止。

8.5.5.4 搬运机器人

搬运机器人用于自动化搬运操作,搬运不同形状和形态的工件时,可选择不同的末端执行器。搬运机器人省去了工人进行繁重的体力劳动,已用于机床上下料、冲压机自动化生产线、自动装配流水线、码垛搬运、集装箱自动搬运等方面。

（1）直角式搬运机器人。

直角式搬运机器人主要由 x 轴、y 轴和 z 轴组成。多数采用模块化结构,可根据负载位置、大小等选择对应直线运动单元以及组合结构形式。

（2）关节式搬运机器人。

①水平关节式搬运机器人。水平关节式搬运机器人是一种精密型搬运机器人,具有速度快、精度高、柔性好、重复定位精度高等特点。广泛应用于电子、机械和轻工业等产品的搬运。

②垂直关节式搬运机器人。多为 6 个自由度,其动作接近人类,工作时能够绕过基座周围的一些障碍物,动作灵活。广泛应用于汽车、工程机械等行业。

③并联式搬运机器人。多指 Delta 并联机器人,它具有 3~4 个轴,能安装于大部分斜面,独特的并联机构可实现快速、敏捷动作且非累积误差较低。具有小巧高效、安装方便和精度高等优点。

④自动导引运输。自动导引车（Automatic Guided Vehicle，AGV）是车间内自动搬运物品,辅助生产物流管理的一种工业机器人。AGV 广泛应用于机械、电子、纺织、造纸、卷烟、食品等行业。主要特点在于:作为移动的输送机,AGV 不固定占用地面空间,且灵活性高,改变运行路径比较容易;系统可靠性较高,即使一台 AGV 出现故障,整个系统仍可正常运行;此外,AGV 系统可通过 TCP/IP 协议与车间管理系统相连,是公认的建设无人化车间、自动化仓库,实现物流自动化的最佳选择。[1]

---

[1] 王喜文.工业机器人 2.0:智能制造时代的主力军 [M].北京:机械工业出版社,2016.

AGV 系统的组成可分为车体系统、车载控制系统等部分。

· 车体系统。它包括底盘、车架、壳体、防撞杆等，AGV 的躯体具有电动车辆的结构特征。

· 车载控制系统。它主要由电力与驱动系统、影像检测系统、红外感测系统组成。

AGV 系统包括硬件系统和软件系统两部分。该系统分为地面（上位）控制系统、车载（单机）控制系统及导航/导引系统，其中，地面控制系统指 AGV 系统的固定设备，主要负责任务分配、车辆调度、路径（线）管理、交通管理、自动充电等功能；车载控制系统在收到上位系统的指令后，负责 AGV 的导航计算、导引实现、车辆行走、装卸操作等功能；导航/导引系统为 AGV 单机提供系统绝对或相对位置及航向。

AGV 系统是一套复杂的控制系统，加之不同项目对系统的要求不同，更增加了系统的复杂性，因此，系统在软件配置上设计了一套支持 AGV 项目从路径规划、流程设计、系统仿真到项目实施全过程的解决方案。

AGV 地面控制系统即 AGV 上位控制系统，是 AGV 系统的核心。其主要功能是对 AGV 系统（AGVS）中的多台 AGV 单机进行任务管理、车辆管理、交通管理、通信管理、车辆驱动等。

⑤检测检验。消费品工业领域也将是工业机器人的一大应用方向：例如，制药行业的药品检测分析处理机器人能够替代测试员进行药品测试和监测分析。机器人的检验要比熟练的测试员更加精确，采集数据样本的精度更高，能够取得更好的实验效果。同时，在一些病毒样本检测的危险作业环境中，机器人能够有效替代测试人员。

参考文献

[1]（德）奥拓·布劳克曼著．智能制造 未来工业模式和业态的颠覆与重构 [M]．张潇，郁汲译．北京：机械工业出版社，2015．

[2]（美）库夏克（Kusiak，Andrew）著．智能制造系统 [M]．杨静宇，陆际联译．北京：清华大学出版社，1993．

[3]（美）李杰（JAY LEE），倪军，王安正．从大数据到智能制造 [M]．上海：上海交通大学出版社，2016．

[4]（日）松林光男．精益制造 智能工厂体系 [M]．北京：东方出版社，2019．

[5]白宏伟，龙华．解密智能制造 [M]．上海：上海教育出版社，2020．

[6]宾鸿赞．先进制造技术 [M]．武汉：华中科技大学出版社，2013．

[7]曾芬芳，景旭文．智能制造概论 [M]．北京：清华大学出版社，2001．

[8]陈定方，卢全国．现代设计理论与方法 [M]．武汉：华中科技大学出版社，2012．

[9]陈明．智能制造之路 数字化工厂 [M]．北京：机械工业出版社，2017．

[10]陈潭．工业 4.0 智能制造与治理革命 [M]．北京：中国社会科学出版社，2016．

[11]德州学院，青岛英谷教育科技股份有限公司．智能制造导论 [M]．西安：西安电子科技大学出版社，2016．

[12]邓朝晖，万林林，邓辉，等．智能制造技术基础 [M]．武汉：华中科技大学出版社，2017．

[13]豆大帷．新制造"智能+"赋能制造业转型升级 [M]．北京：中国经济出版社，2019．

[14]段新燕．智能制造的理论与实践创新 [M]．延吉：延边大学出版社，2018．

[15]范君艳，樊江玲．智能制造技术概论 [M]．武汉：华中科技大学出版社，2019．

[16]葛英飞.智能制造技术基础[M].北京:机械工业出版社,2019.

[17]郭继舜.智能制造[M].广州:广东科技出版社,2020.

[18]国家制造强国建设战略咨询委员会,中国工程院战略咨询中心.智能制造[M].北京:电子工业出版社,2016.

[19]何强,李义章.工业APP开启数字工业时代[M].北京:机械工业出版社,2019.

[20]洪露,郭伟,王美刚.机械制造与自动化应用研究[M].北京:航空工业出版社,2019.

[21]胡成飞,姜勇,张旋.智能制造体系构建 面向中国制造2025的实施路线[M].北京:机械工业出版社,2017.

[22]黄俊杰,张元良,闫勇刚.机器人技术基础[M].武汉:华中科技大学出版社,2018.

[23]雷子山,曹伟,刘晓超.机械制造与自动化应用研究[M].北京:九州出版社,2018.

[24]李圣怡.智能制造技术基础 智能控制理论、方法及应用[M].长沙:国防科技大学出版社,1995.

[25]李晓雪.智能制造导论[M].北京:机械工业出版社,2019.

[26]刘强,丁德宇.智能制造之路 专家智慧 实践路线[M].北京:机械工业出版社,2017.

[27]刘治华.机械制造自动化技术及应用[M].北京:化学工业出版社,2018.

[28]全燕鸣.机械制造自动化[M].广州:华南理工大学出版社,2008.

[29]史冬岩,滕晓艳.现代设计理论和方法[M].北京:北京航空航天大学出版社,2016.

[30]王芳,赵中宁.智能制造基础与应用[M].北京:机械工业出版社,2018.

[31]王京,吕世霞.工业机器人技术基础[M].武汉:华中科技大学出版社,2018.0

[32]王军,王晓东.智能制造之卓越设备管理与运维实践[M].北京:机械工业出版社,2019.

[33]王喜文.工业机器人2.0 智能制造时代的主力军[M].北京:机械工业出版社,2016.

[34]王义斌.机械制造自动化及智能制造技术研究[M].北京:原子能出版社,2018.

[35]杨现卿,任济生,任中全.现代设计理论与方法[M].徐州:中国

矿业大学出版社,2010.

[36]姚炜,刘培超,陶金.智能制造与 3D 打印 [M].苏州:苏州大学出版社,2018.

[37]张伯鹏.机械制造及其自动化 [M].北京:人民交通出版社,2003.

[38]张小红,秦威.智能制造导论 [M].上海:上海交通大学出版社,2019.

[39]智能科技与产业研究课题组.智能制造未来 [M].北京:中国科学技术出版社,2016.

[40]周骥平,林岗.机械制造自动化技术 [M].北京:机械工业出版社,2001.

[41]祝林.智能制造的探索与实践 [M].成都:西南交通大学出版社,2017.